应用型本科信息大类专业“十二五”规划教材

电子技术实训教程

主　编　何兆湘　卢　钢

副主编　张春志　云彩霞　胡菡静

高迎霞　方　浩　苏　明

华中科技大学出版社

中国·武汉

内容简介

本书针对工科类专业应用型本科人才培养要求编写，内容强调理论与实际应用相结合，特别适合于以培养应用型人才为目标的学校使用。本书共分为9章，内容包括：电子电气设备维修方法与技术，数字万用表的工作原理与电路分析，数字万用表DT-830B的电路原理、组装与调试，收音机的工作原理、组装与调试，ZX2035型5.5英寸黑白电视机原理分析、组装与调试，直流电源和直流稳压电源，开关电源，无工频变压器的开关电源及无线话筒。此外，本书中还配有大量的实例，方便学生更好地掌握电气、电子工程师应具备的技能。

为了方便教学，本书还配有教学课件等教学资源包，任课教师和学生可以登录"我们爱读书"网(www.ibook4us.com)免费下载，或者发邮件至hustpeiit@163.com免费索取。

本书可作为本科电子信息、自动化、电气工程、通信、机电类等专业的教材，也可供相关技术人员参考。

图书在版编目(CIP)数据

电子技术实训教程/何兆湘，卢钢主编. —武汉：华中科技大学出版社，2014.11
ISBN 978-7-5680-0514-2

Ⅰ.①电… Ⅱ.①何… ②卢… Ⅲ.①电子技术-高等学校-教材 Ⅳ.①TN

中国版本图书馆CIP数据核字(2014)第263346号

电子技术实训教程 何兆湘 卢钢 主编

策划编辑：康 序
责任编辑：康 序
封面设计：李 嫚
责任校对：祝 菲
责任监印：张正林
出版发行：华中科技大学出版社(中国·武汉)
武昌喻家山 邮编：430074 电话：(027)81321915
录 排：武汉正风天下文化发展有限责任公司
印 刷：武汉市籍缘印刷厂
开 本：787mm×1092mm 1/16
印 张：10.5
字 数：269千字
版 次：2015年4月第1版第1次印刷
定 价：28.00元

只有无知，没有不满。

Only ignorant, no resentment.

……………………迈克尔·法拉第(Michael Faraday)

迈克尔·法拉第（1791—1867）：英国著名物理学家、化学家，在电磁学、化学、电化学等领域都作出过杰出贡献。

应用型本科信息大类专业“十二五”规划教材

编审委员会名单

前言

PREFACE

在科学技术高度发展的今天，大大小小的电气设备、电子产品随处可见。这些电气设备、电子产品是由电气、电子工程师设计的，它们的维护和维修也需要电气、电子工程师的支持。

如何才能成为一名合格的电气或电子工程师呢？一般来说，大学电类专业本科生毕业后，经过2～3年的工作实践，再通过国家有关部门的考核认证就具备了电气或电子工程师的资质。为了使电类专业大学本科生毕业后能尽快适应电气或电子工程师的工作，我们编写了这本实训教材，并以讲义的形式在学生中试用了十年。

本书的特点是注重培养学生以下几个方面的能力：读图能力、元件映射能力、故障的分析与判断能力、实际动手能力。

读图能力，是指对于一张没有接触过的电路原理图，能经过分析，将其分解为不同的部分后理解它的功能的能力。本书中有很多读图分析举例，一部分采用定性分析的方式，另一部分采用定量分析的方式。通过本课程的学习，读图能力应有较大的提高。元件映射能力，是指根据电路原理图上的某一元件的符号就能找到其在实际产品中对应的元件实物的能力；或者根据实际产品中的某一元件的实物，能找到其在电路原理图上对应的元件符号的能力。

元件映射能力、故障的分析与判断能力、实际动手能力，这三种能力在本书中是通过几个典型电子产品套件的制作与调试来得到培养和提高的。这几个典型电子产品套件分别是DT-830B型数字万用表，ZX05型调频、调幅收音机，S66D型六晶体管超外差式收音机，ZX2035型5.5英寸黑白电视机，WXHT02型无线话筒，JC820型手机万能充电器。可根据学生和学时的具体情况，选择其中的1～3个套件进行学习。除电视机外，其他套件，大多数学生都可在4～8学时内完成，这可以激发学生学习电子技术的兴趣。电视机的制作则可以小组为单位进行，一般4人为一组，24学时可以完成。这几个典型电子产品的电路原理图及工作原理在相应各章节中都进行了分析和讲解。从焊接调试电子产品套件开始，到进行模仿设计，改进设计，最后达到自主设计的目的，这是成为一名电气、电子工程师的可行之路。

本书共分为九章，各章内容分别简要介绍如下。

第1章为电子电气设备维修方法与技术。本章讲述了电子电气设备维修的一般方法，有较多的维修实例，本章还简要介绍了计算机常见硬件故障的维修方法以及数字万用表的维修。本章授课可安排2学时，应由有一定维修经验的教师授课。

第2章为数字万用表的工作原理与电路分析。本章在介绍了专用大规模集成电路ICL7106的主要特点的基础上，讲解了由ICL7106构成的最小系统——数字电压表头的结构和作用，接着介绍了DT-830中各种转换电路的工作原理及设计举例，还讲解了LCD的工作原理与特性。本章授课可安排3～4学时。

第3章为DT-830B的电路原理、组装与调试。本章较详细地介绍了用ICL7106设计的一款学生实训用的数字万用表，与DT-830比较，它要简洁得多，但有很高的电路设计技巧。其中从整机原理图到各单元电路都进行了详细的分析，还介绍了快捷安装DT-830B的方法和技巧。本章授课可安排2～4学时。

第4章为收音机的工作原理、组装与调试。本章重点介绍了两种收音机的工作原理，即ZX05型单片集成电路调频调幅收音机和S66D型六晶体管超外差式收音机。首先运用“信号与系统”课程的知识对调幅波的频谱进行了分析，分析了声音信号在调幅发射和接收过程中时域波形的变化和还原的过程，以及声音信号在调幅发射和接收过程中其频谱搬迁的过程；然后运用“高频电子线路”课程的知识对调频波的特性进行了数学分析。本章还介绍了无线电波段的划分与用途。本章授课可安排2～4学时。

第5章为ZX2035型5.5英寸黑白电视机原理分析、组装与调试。本章首先给出了ZX2035型5.5英寸黑白电视机的原理框图，简要介绍其工作过程；接着根据电路原理图对其工作原理进行了较为详细的定性分析；最后，对各单元电路也进行了定性分析。本章授课可安排3～4学时。

第6章为直流电源和直流稳压电源。本章首先介绍了电源的一般概念，接着讲述了串联调整式直流稳压电源的工作原理，并举例进行了详细分析，最后介绍了集成电路线性直流稳压电源——三端稳压块的使用方法。本章授课可安排1～2学时。

第7章为开关电源。本章首先讨论了串联调整式稳压电源的缺点，在此基础上提出改进的措施，推导出了开关电源的原理框图；接着介绍了保留工频变压器的开关稳压电源并举例说明其电路工作原理；最后，较详细地介绍了三种常用的非隔离型直流-直流变换器（它们是低输入电压开关电源常用的原理电路），以及应用非隔离型直流-直流变换器进行电路设计的实例。本章授课可安排2～3学时。

第8章为无工频变压器的开关电源。本章介绍了目前在各类电子设备中广泛使用的一种电源——无工频变压器的开关电源。首先给出了无工频变压器的开关电源的原理框图，对其工作原理、各单元电路的作用进行了讲解；接着，对组成无工频变压器的开关电源的五种不同结构的直流-直流变换器进行了介绍，并对应用这五种不同结构的直流-直流变换器设计的无工频变压器开关电源给出了设计实例。本章授课可安排 3～4 学时。

第 9 章为无线话筒。本章首先介绍了一个简易无线话筒的电路原理图，对其工作原理进行了介绍，其次介绍了驻极体话筒的外特性、结构和工作原理。本章授课可安排 1 学时。

本课程的授课学时可安排在 16～24 学时，很多章节都可以由学生自学。实训学时应安排 24～32 学时，应选择 2～3 个套件，由学生制作完成。课程总学时为 48 学时较好，至少应安排 32 学时。

本书由文华学院何兆湘、卢钢担任主编，由哈尔滨石油学院张春志、燕京理工学院云彩霞，青岛理工大学琴岛学院胡菡静、石家庄铁道大学四方学院高迎霞、武汉东湖学院方浩、燕山大学里仁学院苏明担任副主编。其中，何兆湘编写了第 1 章、第 3 章，卢钢编写了第 2 章、第 4 章，张春志编写了第 5 章，云彩霞编写了第 6 章，胡菡静编写了第 8 章，高迎霞编写了第 7 章，方浩与苏明编写了第 9 章。

本书在编写过程中，容太平教授，涂仁发、孙立刚副教授提出很多很好的建议，在此表示由衷的感谢。还要感谢华中科技大学出版社的相关编辑，没有他们的努力和帮助，本书也不可能及时而顺利地出版。

为了方便教学，本书还配有教学课件等教学资源包，任课教师和学生可以登录“我们爱读书”网(www.ibook4us.com)免费下载，或者发邮件至 hustpeiit@163.com 免费索取。

由于时间紧迫和编者的水平有限，书中难免出现错误和不足之处，恳请广大读者批评指正。

编　者

2014 年 10 月

目录 CONTENTS

第1章　电子电气设备维修方法与技术 ……………………………………………… (1)
1.1　引言 …………………………………………………………………………………… (1)
1.2　电子电气设备检修的一般方法 ……………………………………………………… (1)
1.3　计算机常见硬件故障检修方法 ……………………………………………………… (5)
1.4　数字万用表的维修 …………………………………………………………………… (7)
思考题与习题1 …………………………………………………………………………… (8)

第2章　数字万用表的工作原理与电路分析 ……………………………………… (10)
2.1　数字电压表的结构框图 ……………………………………………………………… (10)
2.2　ICL7106的管脚功能 ………………………………………………………………… (10)
2.3　ICL7106的主要特点 ………………………………………………………………… (12)
2.4　ICL7106的内部电路和工作原理 …………………………………………………… (12)
2.5　LCD的工作原理、特性及导电橡胶条 ……………………………………………… (18)
2.6　由ICL7106构成的最小系统——数字电压表表头 ………………………………… (22)
2.7　小数点与低电压提示符驱动电路 …………………………………………………… (23)
2.8　直流电压测量电路 …………………………………………………………………… (26)
2.9　直流电流测量电路 …………………………………………………………………… (28)
2.10　交流电压测量电路 ………………………………………………………………… (29)
2.11　交流电流测量电路 ………………………………………………………………… (31)
2.12　电阻测量电路 ……………………………………………………………………… (31)
2.13　晶体三极管直流放大系数 h_{FE} 的测量电路 …………………………………… (33)
2.14　二极管测试电路的获取与工作原理分析 ………………………………………… (34)
2.15　蜂鸣器电路及工作原理 …………………………………………………………… (35)
2.16　DT-830的保护电路 ………………………………………………………………… (36)
2.17　换挡开关与小数点显示状态表 …………………………………………………… (37)

2.18 DT-830 的印制板结构、调试与检验 …… (38)
2.19 其他类型的数字万用表 …… (41)
思考题与习题 2 …… (41)

第 3 章 数字万用表 DT-830B 的电路原理、组装与调试 …… (44)
3.1 DT-830B 的整机电路原理图 …… (44)
3.2 V 型簧片 S_1、S_2 的功能和作用 …… (46)
3.3 DT-830B 中的数字电压表表头的组成与分析 …… (47)
3.4 DCV 各挡测量电路分析 …… (48)
3.5 ACV 各挡测试电路分析 …… (49)
3.6 DCA 各档测量电路分析 …… (51)
3.7 三极管参数 h_{FE} 的测量电路分析 …… (53)
3.8 Ω 挡测试电路分析 …… (54)
3.9 二极管挡测量电路原理分析 …… (55)
3.10 如何快捷地安装 DT-830B …… (57)
思考题与习题 3 …… (58)

第 4 章 收音机的工作原理、组装与调试 …… (60)
4.1 引言 …… (60)
4.2 声音信号的发送与频谱分析 …… (61)
4.3 超外差式收音机的工作原理 …… (63)
4.4 调频波的发送与接收 …… (67)
4.5 调频波的数学描述与性质 …… (69)
4.6 ZX05 型调频调幅收音机工作原理简述 …… (72)
4.7 无线电波波段划分 …… (74)
4.8 调频广播的优缺点及与调幅广播的对比 …… (75)
4.9 集成电路收音机的组装、调整与测试 …… (76)
4.10 S66D 型六晶体管超外差收音机 …… (80)
思考题与习题 4 …… (84)

第 5 章 ZX2035 型 5.5 英寸黑白电视机原理分析、组装与调试 …… (86)
5.1 ZX2035 的主要参数 …… (86)
5.2 ZX2035 型黑白电视机的原理框图 …… (86)
5.3 CD5151 的内部电路结构框图及引脚功能图 …… (87)
5.4 ZX2035 的整机原理图及信号处理、传输流程分析 …… (89)
5.5 ZX2035 的电源电路分析 …… (92)
5.6 ZX2035 的供电电路 …… (93)
5.7 ZX2035 的高频调谐器及其附属电路分析 …… (95)

5.8 ZX2035 的末级视频放大电路 …… (96)
5.9 行扫描电路及显像管供电电路分析 …… (97)
5.10 场扫描电路分析 …… (100)
5.11 伴音通道分析 …… (102)
5.12 插装、焊接前的准备工作及焊接注意事项 …… (102)
5.13 调试与总装 …… (104)
思考题与习题 5 …… (107)

第 6 章 直流电源和直流稳压电源 …… (109)
6.1 电源的基本概念 …… (109)
6.2 直流电源 …… (109)
6.3 串联调整式直流稳压电源 …… (109)
思考题与习题 6 …… (114)

第 7 章 开关电源 …… (116)
7.1 保留工频变压器的串联开关式稳压电源 …… (116)
7.2 非隔离型直流-直流变换器 …… (119)
7.3 保留工频变压器(低直流电压输入)的开关式集成稳压器 …… (121)
思考题与习题 7 …… (124)

第 8 章 无工频变压器的开关电源 …… (125)
8.1 无工频变压器开关电源的原理框图 …… (125)
8.2 单端反激式 DC-DC 变换器 …… (126)
8.3 单端正激式 DC-DC 变换器 …… (134)
8.4 推挽式 DC-DC 变换器 …… (136)
8.5 半桥式 DC-DC 变换器 …… (140)
8.6 全桥式 DC-DC 变换器 …… (143)
思考题与习题 8 …… (147)

第 9 章 无线话筒 …… (150)
9.1 无线话筒的电原理图 …… (150)
9.2 驻极体微音器(话筒)的外特性、结构和工作原理 …… (151)
思考题与习题 9 …… (153)

参考文献 …… (154)

第1章　电子电气设备维修方法与技术

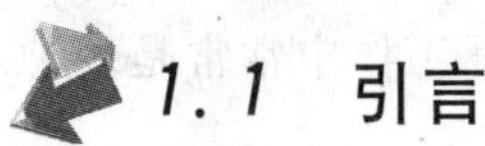

1.1　引言

电子与电气设备所包含的范围非常广泛，从国防、工农业生产到日常生活，各种各样的电子与电气设备可以说有成千上万种，一个人要能做到对每一种电子与电气设备都能掌握其工作原理并进行维修，确实是一件十分困难的事情。但是，如果牢固地掌握了各门电类课程的基础知识，经过阅读电子电气设备的说明书，通过查阅相关资料，不断补充自己的知识缺陷，再经过缜密的思考和分析，是能在较短时间内掌握并熟悉一台曾经陌生的电子电气设备的工作原理，从而制定出相应的维修步骤和方法的。

进行电子电气设备维修时，既要细心，又要大胆。最好是在分析并掌握了电子电气设备的工作原理的基础上，根据故障进行判断之后再动手，要对所采取措施的后果进行分析和判断，要确保虽不能将设备修好，也不至于将设备完全损坏！

【例 1-1】 发电机故障检修。

【故障现象】校办工厂的一台发电机坏了，返厂维修后送回来，却还是无法正常发电。

【原理分析】发电机的基本原理是线圈在磁场中切割磁力线产生电能。发电机采用的不是永磁铁，而是电磁铁，电磁铁只有在励磁圈通电后才会产生磁性。发电机的工作原理是当转子通电后产生磁场并在柴油发动机的带动下转起来后，定子线圈切割磁力线，在定子线圈中产生交流电。将此交流电首先传送到四个二极管组成的整流桥整流，变成直流电，再传送到转子的励磁线圈中去。转子中有了励磁电流，其磁场随励磁电流的增强慢慢增强，直到饱和。这时切割磁力线的定子线圈中的电流也越来越大，直到饱和。例如，每次停电后，发电机发电时，灯泡是慢慢地亮起来的，经过一段时间后才稳定下来。虽然这个过程很快，但人们能够明显地感觉出来。

【故障分析】将发电机的基本工作原理和基本结构弄清楚之后，就可以来分析故障原因了。既然发电机是刚修好运回来的，那么就不存在线圈烧坏的问题，关键是确认各个线路的接头有没有松脱。

【故障排除】因为这种发电机的接线并不复杂，于是按接线原理图逐一检查，用万用表欧姆(电阻)挡测试，检查结果发现由二极管组成的整流桥有一个二极管的螺丝松了，没有拧紧。这种整流桥所用二极管都是大功率的，所以不是焊接的，而是用螺丝拧紧的。将其拧紧后，又检查了其他的接线部位，确认没有其他的问题后，再启动发电机，厂区中灯泡正常点亮，发电机恢复正常工作。

1.2　电子电气设备检修的一般方法

当一台电子电气设备出现故障，不能工作或不能正常工作时，必须对它进行检修，这是一个电气工程师所必须具备的能力。

根据电子设备的复杂程度和技术含量，对于检修人员的知识结构要求也不一样。一般说来，检修人员在检修之前，首先应对电子电气设备的工作原理有所了解，最好能掌握和读懂电路原理图，至少应能读懂电路的结构方框图。其次要了解出现故障的过程，分析出现故障的原因，然后再开箱检查。进行开箱检查时，一般情况下应先断开电源，进行静态测试，根据静态测试的结果决定能否接通电源进行在线测试。只有在确保安全的情况下才能进行通电检查。

检修方法一般包括观察法、静态测试法、替代法、信号寻迹法等，实际工作中常常是多种方法综合使用。

1. 观察法

一台电子电气设备一般可由如图 1-1 所示的四大部分组成。

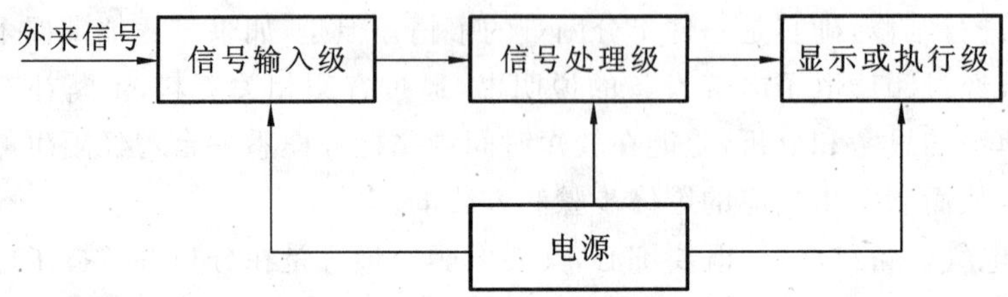

图 1-1 电子电气设备组成方框图

任何一个电子电气设备都需要直流电源或交流电源供电，也就是应具有电源供给部分。电子设备的前端是信号输入级，信号输入级可以是由传感器或天线送来的信号，也可以是由自激产生或由另一电子设备输送过来的信号。信号输入后，要进行相应的处理。信号处理级一般比较复杂，最后是显示或执行级。对信号处理的结果最终是显示出来或控制某个执行机构执行某个动作。在这四个部分中，电源供给部分和显示或执行级消耗的功率比较大，如果设计不合理或选择的元器件的质量不高、寿命不长，则将比较容易出现故障。电路的这些部分的元件若被损坏，通常可采用观察法来发现其中的问题。

【例 1-2】 计算机的 CRT 显示器的检修。

【故障现象】一台计算机的 CRT 显示器无法工作，全屏幕无光栅，没有任何反应。

【故障分析】首先断开电源，打开机箱后，仔细寻找和观察，发现一个较大个的白色电阻发黑，已烧毁，但从其标识上可以辨认这是一个起保险丝作用的 3 Ω 电阻。

【故障排除】并联一个阻值为 3 Ω、功耗大于 5 W 的等效电阻。接通电源并开机，显示器完全恢复正常。在此例的维修过程中，根本就没有去查看电路原理图，而是用观察法发现了一个保险电阻损坏，换了一个等效电阻后，就正常了。后面应该用一个同型号的电阻换上去。这种故障可能是器件的质量不高、寿命不长导致的，也可能是设计不合理造成的。如果换一个同型号的电阻，使用了很短时间后又烧了，那就要考虑更换一个功率大一点的电阻了，这个问题显然是原设计过于保守造成的。对于一些新上市的设备，因设计不合理，造成某些元件经常损坏，是很常见的事情。

上面这个例子中，换上保险电阻后，显示器就正常了。大多数电子设备是装有保险丝（或保险管）的，经常会出现保险丝烧断的情况。一旦保险丝烧断，如果是电源保险，就会出现整机停止工作的情况。这时，维修人员应先查出短路发生的地方，或者查出电流过大造成保险丝烧断的原因，如果不找出原因，贸然换上保险丝，它还是会再烧坏的。

【例 1-3】 创维 8000T 21 英寸彩色电视机检修。

【故障现象】一台创维 8000T 21 英寸彩色电视机，开机时“啪”的一声，闪了一下，立刻屏幕全黑，无法正常显示了。

【故障分析与检查】根据现象分析，很可能是电视机内部出现了短路，造成保险管烧坏。断开电源，打开机箱，找到保险管的位置，取下保险管，发现已烧断，用万用表检验，确实烧断了。再仔细观察，发现消磁电阻异常，因此，将消磁电阻换掉，再安装上新的保险管。此时插上电源插头，重新开机，结果又是“啪”的一声，一道闪亮，保险管又烧了。但同时看清了闪亮的地方，是整流桥，于是将整流桥取下，经检测，已有一个桥臂被击穿，换上新的整流桥，再次接通电源，电视机恢复正常。

【原理分析】从检修的最后结果来分析，是因为整流桥的质量不够好，或者参数设计不合理，安全系数不够高，导致长期工作后，一个桥臂被击穿，出现短路，因而造成保险管烧断的现象。最初凭观察和经验将消磁电阻换掉，不一定正确。但换一个新的也是可以的，因为消磁电阻是一个易损元件。

在贵重电子电气设备出现烧毁保险的情况下，如果不排除短路故障就换上新保险，可能会再次烧毁保险。下面就是一个这样的实例。

【例 1-4】 瑞士 Soudronic 半自动电阻焊接机电气线路故障检修。

【故障现象】深圳五洲包装容器有限公司的一台价值 5.5 万美元的瑞士产的 Soudronic 半自动电阻焊接机电气线路部分发生故障，致使该生产线停产。该厂的工程师检查后，发现是保险管烧断了，这是一种瑞士生产的专供该机使用的电子式保险管，这样一只保险管，当时在中国销售的价格为 800 多元。换上新保险管后，强行通电，新保险管又烧断了。

【故障分析】两次烧断保险管，说明该机器短路故障没有排除，必须找到短路的位置并将其排除后才能通电。

【故障排除】该机器是一台大型生产设备，输出功率大，所用的都是大功率元件，体积大，接线粗。它的控制部分是弱电，从故障现象来看，控制部分一般不会出问题。通过仔细检查，发现一个大功率线绕电阻已烧断，断开的部分将电源的两极短路了，将断开的电阻丝拿掉，测电源输出端，短路现象消失，说明故障就是由于此大功率线绕电阻烧断后，其断开的一小段电阻丝将电源的两极短路造成的。此时若将电阻丝还原，再用万用表测试，短路现象又重现。核对图纸和实物，发现这个大功率线绕电阻是一个取样电阻，换下这个线绕电阻后，故障排除了，生产恢复了正常。

2. 静态测试法

静态测试法，就是在断开电源的情况下，用万用表对电子设备的线路或元件进行在线测试，判断其线路或元件是否正常。一个元件焊接在印制板上，要通过在线的静态测试判断其是否正常，一般是不容易做到的，但是在熟悉电路图和元件性质的情况下，在使用万用表进行测试时，再结合整体电路来分析判断其是否正常则是可能的。不过必须掌握万用表的工作原理和一定的测试技巧。静态测试法往往配合观察法来使用，作为其验证和补充。进行静态测试时，也可以使少量焊点脱焊，从而避免复杂的电路分析。

如果是专业维修，也可以在电子设备正常时，测量并记录下某些端口的静态电阻值，将来可以在维修时作为参考。

【例 1-5】 彩色电视机电源滤波电容的静态测试。

【故障现象】一台从德国进口的彩色电视机，使用年限较长，开机后，声光全无。断开电源，打开机箱，观察发现保险管已烧毁，但没有发现其他任何可疑的现象。

【故障检查】静态测试。保险管已烧毁，说明电路中存在短路现象，由于短路造成电流过大，从而烧毁保险管。为了减少检查时间，理论分析与经验积累非常重要。一般来说，电源滤波用的电解电容击穿短路是常见的故障之一。因此，在电源的输出端用电阻挡进行静态测试（要注意万用表笔的正负极，如果是数字万用表，红表笔内接电源正极；如果是磁电式万用表，则黑表笔内接电源正极），发现没有出现充电过程，呈短路状态，这说明的确是电容被击穿短路，将输出端的电解电容取下，再测试，果然已经击穿短路了，换上一个耐压值高于先前电容、容量值相等的电解电容，再换上一个新的保险管，开机后，恢复正常。

【例 1-6】 彩色电视机故障检修。

【故障现象】一台 NEC4710NC2 的彩色电视机，图像正常，就是没有伴音，音量调节也不起作用。

【故障分析】根据现象分析，问题显然出在伴音电路上。断开电源，从喇叭开始，逐级向前进行观察，没有发现任何异常现象。电视机无伴音输出的现象，很可能是断路引起的，由于某个元件断路，致使声音信号的传送中断。当然，也可能是声音输出端先短路造成某个元件烧断，形成完全无声。这一部分电路的损坏并不会影响电视机其他部分的工作，这是因为伴音电路相对于其他电路来说，是一个比较独立的部分。

【静态测试】既然用观察法解决不了问题，则可进一步使用静态测试法进行测试。因为判断是断路造成的故障，所以从输出端喇叭开始，首先检测回路电阻是否接近喇叭的直流电阻值，经测量，该电阻不正常，于是将喇叭的一个接头取下，再测量，阻值为无穷大，说明喇叭已经断开了，将喇叭拆下来，仔细观察，发现喇叭的音圈与引出线相连的焊点松脱，导致断路。将此焊点焊好，重新装上去，电视机伴音就完全正常了。

【例 1-7】 某罐头厂 DODO QL-2612 型全自动电阻焊机的检修。

【故障现象】某罐头厂的 DODO QL-2612 型全自动电阻焊生产线中的一台价值 4.5 万美元、日本进口的逆变器损坏，全线停产。

【故障分析】生产线其他部分输入、输出均正常，只是逆变器无电压电流输出，很可能是由于断路造成的。

【静态测试】从现象来看，根据原理分析，应该是出现了断路，电不能从输入端送到输出端，下面主要是要找到断路的原因和断路的位置，将其恢复。因为是断路，又没有烧坏保险丝，所以用观察法无法找到断路的原因。断电并打开机箱，取出控制板，用观察法看不出什么损坏的元件，进行静态测试，从输出端口开始，往前逐一地进行静态测试。当测试到一个大功率电阻时，图纸上标的是 18 kΩ，但实际在线测试却大很多，将这个电阻从线路上断开一头，测量其阻值，显示无穷大，说明已烧断，看来这个电阻很关键，它断开后，电源便没有输出了。

【故障排除】换上一个阻值相同、功率稍大的电阻，开机试验，电源恢复正常，于是这条生产线又恢复了生产。逆变器后来再也没有出过故障。

3. 替代法

在检修电子电气设备时，如果怀疑某个元件出现故障，但又不能肯定的情况下，可用一个确认为没有问题的相同型号的元件去替代被怀疑的元件，如果替代后，设备恢复正常，那就说明原来的元件是坏的。替代法是常用的一种方法，尤其是在手中缺少必要的工具和仪表时。

【例 1-8】 日光灯的检修。

替换日光灯管：实验室里一盏 40 W 的日光灯不亮了，将日光灯管取下，将另一盏能亮的日光灯管换上，仍然不亮。将不亮的日光灯管上到能亮的灯座上，可以亮了，这说明日光灯管没有坏。

替换启辉器：更换启辉器后，发现启辉器也没有问题。这两个元件用替代法比较方便。然而它们都没有坏。

检查镇流器和接线：镇流器的损坏一般可用观察法看出来，有的镇流器可被烧黑，甚至可以闻到烧焦的气味。检查接线是否出现故障，可用静态测试法或信号寻迹法。这些方法必须使用万用表，至少要有试电笔。

【例 1-9】 TV-2150N 型彩电无声故障的排除。

一台 TV-2150N 型彩电开机后图像正常，左声道无声，经静态测试喇叭正常，用手触摸伴音电路功放集成电路 TA8211 的散热片，很烫手（没有经验的同学不要这样做，彩电因没有电源变压器，在出现故障时，很可能发生底板及有关元件带高压电的情况），怀疑 TA8211 损坏。更换一只后，彩电恢复正常。

4. 信号寻迹法

使用信号寻迹法时，必须掌握电子电气设备的电路原理图，按照信号传输的路径，逐点逐点地跟踪测试，直到发现故障为止。下面通过一个简单的例子来说明此法的要领。常用的日光灯电路原理图如图 1-2 所示。

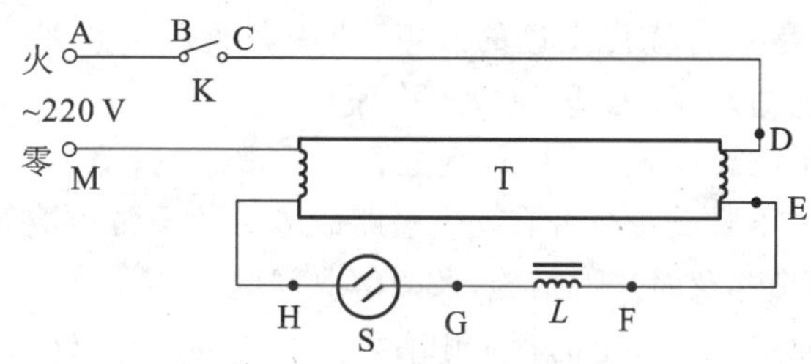

图 1-2　日光灯电路原理图

【例 1-10】 一盏日光灯不亮了，试用信号寻迹法排除故障。

当一盏日光灯不亮时，熟悉日光灯电路原理图和其工作原理的修理人员，手中只要有一只试电笔就可以在通电的情况下，通过信号寻迹法判断故障所在。这里将电源的进线电压（即火线电压）220 V 作为信号，可以从 A 点开始，用试电笔逐点地按 A、B、C、D、E、F、G、H、M 的顺序进行测试。现在是开关 K 合上了，日光灯没有亮。假如，试电笔测 C 点时，试电笔有显示，测 D 点时没有了显示，这说明交流 220 V 电压传到了 C 点，而没有到达 D 点，那么一定是 CD 这段导线断了，或者在 D 点接触不良。又假如，试电笔从 A 点开始按 A、B、C、D、E、F、G、H 逐点测试，测到 H 点时，试电笔不显示了（或显示电压为零），那该进行怎样的判断呢？应采取什么措施呢？请读者思考并回答。

如果电子电气设备较复杂，其电路原理图也会较复杂。维修人员进行检修时，必须先看懂电路原理图，至少应能够看懂结构框图，明确信号的输入端及传输的路径，并能够从电路原理图对应到相应的实物，按照上述方法的要领从输入端开始向输出端逐级地、逐点地进行测试。例如，早期出售的电视机都在其电路原理图中标出若干个测试点的正常波形，这给维修带来了极大的方便。

1.3　计算机常见硬件故障检修方法

计算机可以说是一台非常复杂的电子设备，其用户又有千千万万个。对于计算机用户来说，掌握计算机常见硬件故障的检修方法是有好处的，本节将进行简单介绍。

1. 清洁法

计算机应放在通风、凉爽、干燥和清洁的地方，如果使用环境较差，或者长时间未进行清洁整理，就可能对计算机硬件设备造成影响。过多的灰尘附着在芯片、风扇表面上，会导致这些元件散热不良，进而会造成元件的损坏或使其性能变差。如果潮湿、高温的环境长期得不到改善，可能会导致元件或电路板的短路。因此，建议定时对计算机进行清洁整理，清洁时可使用柔软的猪毛刷轻轻地刷去主板和外设上的灰尘，也可用吹风机的低热挡将受潮元件烘干，但要注意不要对部分元件加热太久或使其温度过高，避免损坏元件。

由于主板上的一些板卡或芯片采用插脚的形式安装，故常会因为振动、灰尘及潮湿等原因造成引脚氧化，接触不良，这时可使用橡皮擦擦去它表面的氧化层，重新插接好后再开机检查故障是否排除。使用清洁法整理完成之后，如果故障仍未排除，就必须进行下一步的具体检查了。

2. 观察法

观察法主要是“看”，但也包括“听”“闻”“摸”等检查方法。

“看”，就是用人眼观察易损元件（如大功率电阻、大容量电容）是否有异常现象；各个插头、插座是否歪斜，表面是否有烧焦变色的迹象；芯片表面是否开裂；主板上的铜箔是否烧断；是否有异物掉进主板的元器件之间造成短路等。

“听”，就是用耳朵听电源风扇、CPU 风扇是否有异常声响；硬盘电机或寻道机构的工作声音是否正常；显示器变压器设备是否有发生短路故障时的异常声响等。总之，通过监听可以及时发现一些事故隐患并及时采取措施，及时解决问题。

“闻”，就是用鼻子闻主板及其上的板卡中有没有烧焦的煳味，这时也可以发现硬件短路损伤的元件或印刷线路等。

“摸”，就是用手轻轻地接触各主要芯片的顶部，感觉它的温度是否过高（如发烫等），以决定是否进一步对它进行检查。

【例 1-11】 计算机系统文件丢失故障的排除。

【故障现象】开机后计算机屏幕提示系统文件丢失，要求插入系统盘装系统文件。但经过多次重装，还是显示此提示。

【故障分析】故障现象说明可能是硬件故障，如某条信号通路出现故障，使系统文件无法从硬盘调入 CPU，因而提示系统文件丢失。

【故障排除】打开机箱，先做清洁，打扫灰尘。边打扫边观察，发现硬盘与主板的接插排线不正常，拔出来擦拭干净后重新插入。做完清洁后，重新开机，计算机恢复正常。

3. 拔插法

计算机故障发生的原因和现象多种多样，有可能是主板的故障，也可能是各种板卡的故障，或者是输入设备、输出设备的故障。所谓拔插法是指在关机的情况下将怀疑出现故障的板卡拔出，如果拔出板卡后再开机，计算机的其他部分运行正常，则说明这块拔出的板卡有问题。

【例 1-12】 计算机经常自动重启和出现蓝屏的检修。

【故障现象】开机后，没工作多久，计算机就经常自动重启，最后出现蓝屏，无法工作。

【故障分析】这种故障大多也是连接线出现问题，导致信号传输不畅。尤其是在南方潮湿季节，已使用多年又没有经常做清洁的计算机，常会发生此问题。它们的各种插件的接插处经常会出现接触问题。可以采用拔插法来解决问题。该计算机有 2 根内存条，拔掉其中一根，再开机，计算机能正常工作。其实这个内存条并没有坏，只要用一块干净的橡皮擦把它的插脚仔细擦几下，再装上去，计算机依然可以正常工作。

4. 替代法

在上述拔插法的基础上，如果用同一型号的能正常运行的板卡替代拔出的板卡，计算机能正常运行，就说明原来拔出的板卡是坏的。如果将新的板卡插上，仍出现同样的故障现象，则说明是主板或插槽有问题，需要进一步检查。

从以上介绍可以发现，计算机虽然复杂，且有其特殊性，但毕竟还是一台电子设备，所以检修电子设备的一般方法对它来说仍然是适用的。

另外，要指出的是，当一台计算机出现故障时，应首先判断是软件故障还是硬件故障，只有在确定了是硬件故障后，才能采用上述方法。

1.4 数字万用表的维修

数字万用表本身就是一台电子测试仪器，但在使用不当时也会损坏，如在潮湿酸性环境中使用或保存不当就会出现故障，这时也需要进行检修。

一台电子设备需要进行检修时，首先要根据这台设备的价格及维修费用，判断其是否有维修的必要。如果维修费用达到或接近设备的价格，就没有必要维修了。这种没有必要维修的设备可以用于实践教学，即将其拆开后让学生了解其结构和组装过程。当设备的维修费用小于其价格的二分之一或更低时就应该维修。

下面以 DT-830 为例讲述如何根据电路原理图和故障现象来检修数字万用表。

【例 1-13】 一台 DT-830 数字万用表，用蜂鸣器挡测试电路的通断时，LCD 可以显示但蜂鸣器不发声，数字万用表的其他各挡均能正常工作。

【分析】根据 2.15 节介绍的蜂鸣器电路及工作原理（见图 2-33），可以采用信号寻迹法或替代法来进行修理。如果条件允许，最好采用信号寻迹法。

首先使用示波器观察 4011B 的 10 脚或 11 脚在表笔短路时有无方波输出，如果有方波输出，那么可以肯定压电陶瓷片损坏或该电路断路了。如果 4011B 没有方波输出，就测试 4011B 的 5 脚是否为高电平，如果为高电平，则说明 A_{1b} 输出正常，而故障就发生在 4011B，可能是芯片坏了，也可能是电源线断了，还有可能是接触不良；如果 4011B 的 5 脚为低电平，则是比较器 A_{1b} 输出不正常，就要进一步对 A_{1b} 进行检测。上述过程，就是典型的信号寻迹法。信号寻迹法就像顺藤摸瓜一样，对每一个因素进行分析和排除，最后确定问题所在。

从上述讲解中我们看到，维修者懂得设备的电路原理是很重要的，但是仅这样还不够，还应具备将原理图中相应的元器件映射到实物中去的能力，这个过程也是相当复杂的。如果维修人员手中不仅有设备的电路原理图，还有印制电路板的元件装配图，那将给维修工作带来极大的方便。所以，我们平时应当注意多积累资料。

DT-830 的另一个常见故障是直流电流挡和交流电流挡都不能归零，这种故障是由于使用者不慎用电流挡去测量较高的电压而造成的，结果导致保护二极管 D_1、D_2（见图 2-23）损坏，并且常常有大电流通过电表，造成换挡开关的动片 S_{1-1}（或 K_{1-1}）与印制电路板上的铜箔的接点烧黑，导致接触电阻增大。维修时除了检查或更换二极管 D_1、D_2 外，还要清洗铜箔，一般很难恢复到初始状态。因此，尽管数字万用表有保护电路，但是错误操作带来的后果往往也是相当严重的。

操作者的另一个失误，就是在数字万用表处于电阻挡的情况下测量较高的电压，结果可能导致过压保护电路 R_{16}、R_t、Q_1、Q_2 损坏，同样会导致铜箔与动片间的接触点烧黑，甚至烧断，如不及时检修，再发生同样的误操作，将更加严重地烧坏动片与铜箔，这种故障一般很难修复。因为芯片 ICL7106 一般不会损坏，故其他挡还是可以照常使用。

对于使用其他芯片组装成的数字万用表的检修方法，大致也是相同的，并且故障现象也都差不多。大部分检修数字万用表的方法，在前面的介绍中都涉及了，有一种方法还未提到，特补充如下。

数字万用表中有一类故障称为软故障，所谓软故障是相对于硬故障而言的。硬故障是指容易查明的显性故障，如前面各例中介绍的那些故障都是硬故障。软故障属于隐性故障，其故障现象时隐时现，仪表也时好时坏，带有随机性，难以发现其变化规律。此类故障最为复杂，也最令维修人员感到棘手。常见原因包括焊点松脱形成虚焊、接插件松动、转换开关接触不良、元器件性能不稳定、元器件的工作参数接近于临界值、引线将断未断或在内部断芯而又碰在一起等。

对于软故障有两种处理方法：一是检查可疑部位，如印制电路板有无松动或翘曲、插头不紧、元器件虚焊或固定不牢、量程转换开关是否接触不良；二是人为地促使软故障转化成硬故障，如摇晃仪表、拍打机壳、拨动元器件及引线，同时观察故障有无变化以确定故障位置，必要时还可以连续开机，使将要坏的元器件及时损坏，使故障暴露出来。

最后，值得指出的是，大规模集成电路的发展和贴片工艺的成熟与推广，使得电子设备的维修已经逐步从元件级维修过渡到了板级维修。所谓“元件级维修”，就是经过诊断判定印制电路板上某个元件损坏后，就将其换下来，印制电路板不更换。所谓“板级维修”，就是经过诊断，故障在某块印制电路板上时，就将这块印制电路板换下来。因为一块印制电路板上有很多集成电路和元件，如果只是坏了其中的某一个元件或集成电路，但是整块印制电路板就作废了。这样做虽然浪费了材料，但提高了劳动效率，仍然是合算的。因为在大规模集成电路和贴片工艺时代，要将印制电路板上的某一集成电路取下来，或者判定它是好的还是坏的都是很困难的事情。但是对于功率驱动部分和电源部分，仍然是以分离元件居多，故仍要采用“元件级维修”的方式，或者是采取“元件级维修”和“板级维修”二者相结合的方式。

思考题与习题 1

1.1

1. 一台电动机抬到打麦场上，由于转速太低，带动脱粒机转动时，因转速不够不能正常脱粒。打开电动机的接线盒，内部有 12 根接线头，采用不同的连接方式连接这些线头，电动机的转速就不同，你认为应该怎样改变接法，能提高电动机的转速而实现正常脱粒呢？

2. 有一次在打谷场上放电影，突然没电了，经检查，火线有“火”，是零线断了，而断线的地点可能在 1 千米以外的田地里，怎样才能尽快安全地恢复供电，使电影放映下去呢？

1.2

1. 画一台你所知道的电子设备的结构框图，说明各框的作用。
2. 计算机主机的电源结构是怎样的，为什么采用这样的结构？
3. 观察法适用于什么场合？你试验过自己动手维修家用电器吗？
4. 查找有关资料，研究彩色电视机的电源结构，分析哪个元件最易损坏。
5. 在什么条件下使用静态测试法？
6. 用磁电式万用表和数字万用表的静态测试电容有何不同？

7. 替代法在什么情况下适用?

8. 日光灯的启辉(即点燃启动)既可以采用传统的电感式镇流器,又可使用新型电子镇流器,查找资料说明二者的异同点。

9. 举例说明信号寻迹法。

1.3

1. 总结自己的计算机硬件维修经验,你是用什么方法排除故障的?

2. 计算机的硬件维修和其他电子设备维修相比较,有哪些共性,又有哪些特殊性?

3. 计算机主板的维修能用信号寻迹法吗? 为什么?

1.4

1. 设想在图 2-17 中转换开关 S_1 的动片 $S_{1\text{-}6}$ 在各挡均产生接触不良的问题,DT-830 型数字万用电表将出现什么现象?

2. 数字万用表的故障多数是由什么造成的?

3. 分析 DT-830B 的电路原理图,按照转换开关在各挡的位置,分离出各测量电路的电路原理图。

4. 按照图 2-17 设想几个元件损坏,分析将分别出现什么现象。

5. 画出三控开关原理图及布线图。三控开关就是用三个开关同时控制同一盏灯,任何一个开关动作都可以使灯点亮或熄灭。

第2章 数字万用表的工作原理与电路分析

 2.1 数字电压表的结构框图

随着科学技术的发展和进步，电子测量中常用的指针式万用表已逐步被数字式万用表（以下简称数字万用表）所取代。数字万用表的结构基础是数字电压表。只要在数字电压表电路中加入各种转换电路，即可构成数字万用表。

世界上第一台数字电压表是由美国 NLS 公司于 1952 年生产出来的，我国从 1958 年开始研制数字电压表。与计算机的发展历程类似，数字电压表的发展也经历了电子管、晶体管、集成电路和大规模集成电路等阶段。现在数字电压表已经进入了智能化时代。智能化数字电压表均含有微处理器和标准接口，能连接计算机与打印机来进行数据处理及自动打印的操作，从而构成完整的测试系统。由大规模集成电路芯片 ICL7106 构成的数字电压表的结构框图如图 2-1 所示。

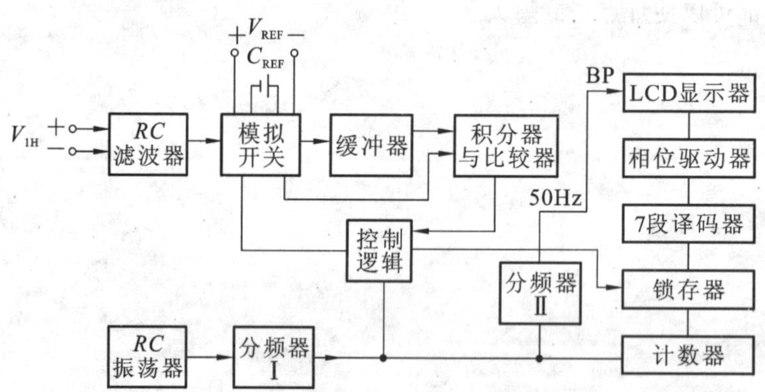

图 2-1 由大规模集成电路芯片 ICL7106 构成的数字电压表结构框图

在图 2-1 中，LCD 显示器是指液晶数码管显示器。其中，LCD 是英文 liquid crystal display 的缩写，可译为液晶显示器。图 2-1 中使用的 LCD 显示器是由液晶构成的三位半数码管，每一位又具有七段显示笔画，与发光二极管构成的七段数码管类似，但其对驱动电源的要求不同。关于 LCD 显示器的驱动原理，后面会详细介绍。

在图 2-1 中，除了 LCD 显示器、*RC* 滤波器和电容 C_{REF} 外，其余各功能部分都被集成到一块 CMOS 大规模集成电路 ICL7106 中，还有少数无法用集成电路技术制造的电阻、电容等，则通过管脚和内部电路连接，这使得 ICL7106 的管脚多达 40 个。

ICL7106 是美国 Intersil 公司的产品，其对应的国产型号为 CC7106。ICL7106 是一个系列产品，还包括 ICL7107、ICL7116、ICL7117、ICL7126、ICL7136、ICL7137 等，它们的功能和用途略有差别。

 2.2 ICL7106 的管脚功能

ICL7106 有两种封装形式，一种为双列直插式塑料封装，另一种则为陶瓷封装，均有 40

个引出端。引出端俗称管脚,其管脚排列如图 2-2 所示。

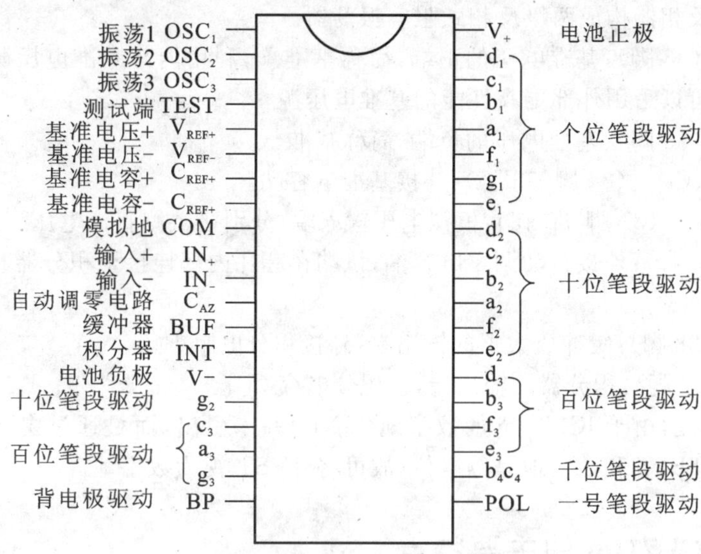

图 2-2 ICL7106 的管脚排列与名称符号

ICL7106 各管脚的功能分别介绍如下。

(1) V_+ 和 V_-(1 脚,26 脚):分别接 9 V 电源的正负极。

(2) COM(32 脚):模拟信号的公共端,简称模拟地。使用时该端与输入信号的负端 IN_- 相连,在集成电路内部则与基准电压的负端相连(见图 2-4)。

(3) TEST(37 脚):测试端。此端经内部 500 Ω 电阻接至数字电路的公共端,因这两端呈现等电位,故 TEST 端也可称为数字地 、逻辑地。此端有两个功能:一个是用于测试指示,将此端与 V_+ 短接(注意:不要超过 15 秒,否则会损坏 LCD),则 LCD 的全部笔段应点亮,显示值为 1888,这样可以检查 LCD 是否有笔段残缺现象;第二个功能是作为数字地供外部小数点驱动电路使用,这是因为 ICL7106 内部没有集成小数点的驱动电路。

(4) $a_1 \sim g_1$(5 脚,4 脚,3 脚,2 脚,1 脚,6 脚,7 脚,8 脚):个位笔段驱动端,它们分别连接至 LCD 个位相应的笔段电极。LCD 的笔段结构如图 2-3 所示,图中 dP 是小数点。

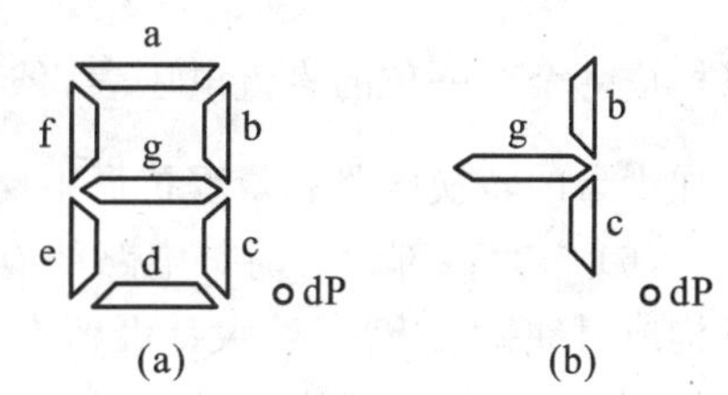

图 2-3 LCD 数码的笔段结构

(5) $a_2 \sim g_2$(12 脚,11 脚,10 脚,9 脚,14 脚,13 脚,25 脚):十位笔段驱动端,显然,它们应分别接至 LCD 十位的相应的笔段电极。

(6) $a_3 \sim g_3$(23 脚,16 脚,24 脚,15 脚,18 脚,17 脚,22 脚):百位笔段驱动端,连接至 LCD 百位的相应的笔段电极。在图 2-3(a)中,dP 表示小数点。

(7) b_4c_4(19 脚):千位(即最高位,又称 1/2 位,或称半位)笔段驱动端,连接 LCD 千位的 bc 两个笔段电极,如图 2-3(b)所示。当计数大于 1999 时,LCD 发生溢出,仅千位显示“1”,其余位均不显示(又称消隐),以此表示仪表过载。

(8) POL(20 脚):负极性指示输出端,连接 LCD 千位的 g 段,如图 2-3(b)所示,当 POL 端输出的方波与背电极方波反相时,显示出负号“—”(原理将在后面的内容中讲述)。

(9) BP(21 脚):LCD 背面公共电极的驱动端,简称背电极。

(10) OSC_1～OSC_3(40 脚,39 脚,38 脚):时钟振荡器的外接元件端,通常是外接阻容元件,以便与内部反相器构成两级反相式阻容振荡器。

(11) V_{REF+}(36 脚):基准电压的正端,简称基准+,利用内部基准电压源可获得所需要的基准电压,也可以采用外部更高性能的基准电压源。

(12) V_{REF-}(35 脚):基准电压的负端,简称基准-。

(13) C_{REF+}、C_{REF-}(34 脚,33 脚):外接基准电容端。

(14) IN_+、IN_-(31 脚,30 脚):模拟电压输入端,分别接被测直流电压 V_{IN}的正、负两端。

(15) C_{AZ}(29 脚):外接自动调零电容端,该端在芯片内部连接至积分器和比较器的反相输入端。

(16) BUF(28 脚):缓冲放大器的输出端,外接积分电阻 R_{INT}。

(17) INT(27 脚):积分器的输出端,接积分电容 C_{INT}。

需要说明的是,由于 ICL7106 的数字地(GND)并未引出,而是通过内部 500 Ω 电阻和 TEST 相连,但 TEST 和数字地呈等电位,故可将 TEST 视为数字地。

2.3 ICL7106 的主要特点

ICL7106 属于大规模 CMOS 集成电路,它将模拟电路和数字电路集成在同一块芯片上,具有如下特点。

(1) 采用单电源供电,电源电压范围是 7～15 V,因此可以使用 9 V 叠层电池供电,便于制造袖珍式测量仪表。

(2) 功耗低,芯片本身的工作电流仅为 1.8 mA 左右,功耗约为 16 mW,使用一节 9 V 叠层电池能连续工作 200 小时左右,正常断续使用,可使用半年以上。

(3) 输入阻抗极高,典型值为 10^{10} Ω,对输入信号没有衰减作用。

(4) 数字输出部分为异或门输出电路(又称相位驱动电路),能直接驱动 $3\frac{1}{2}$位的 LCD。

(5) 整机组装方便,不需要外加有源器件,只需要配上几个电阻、几个电容及 LCD 就可以构成一个 $3\frac{1}{2}$位的直流电压表,俗称数字电压表表头。在数字电压表表头的基础上只需增加少量的转换电路和量程扩展电路即可制成数字万用表。

(6) 芯片内部设有时钟电路的有源部分,设计者只要通过引脚外接阻容或石英晶体便可构成时钟振荡电路,给设计者留有充分的选择余地。

(7) 能通过内部的模拟开关实现自动调零,能自动判定被测电压的极性。

(8) 内置基准电压,使用方便。

(9) 可以很方便地对芯片进行功能检查,从而判断芯片质量的好坏。

(10) 因为 ICL7106 是 CMOS 集成电路,其 A/D 转换采用了双积分式工作原理,故抗干扰能力强、噪声低,失调温漂与增益温漂均很小,并且可靠性高,寿命长。

2.4 ICL7106 的内部电路和工作原理

2.4.1 内部模拟电路工作原理概述

ICL7106 的内部电路分为模拟电路和数字电路两大部分。其模拟电路部分如图 2-4 所示。

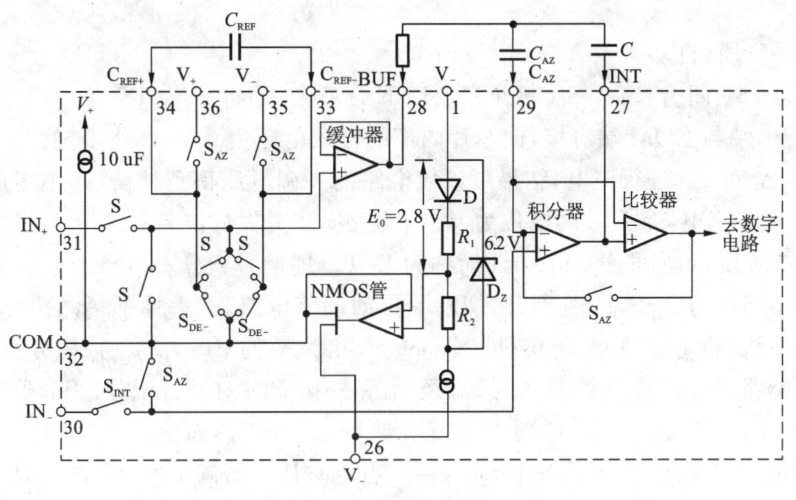

图 2-4　ICL7106 的模拟电路部分

图中虚线框内部表示 ICL7106 内部的电路结构，虚线框上的小圆圈表示引出脚，旁边的标号表示管脚的序号。虚线框外部的元件表示外接元件。

从图 2-4 可以看出，其模拟电路部分分别由以下各单元电路组成。

1. 基准电压源

基准电压源由稳压二极管 D_Z、硅二极管 D、电阻 R_1 和 R_2 组成。当接至 V_+ 和 V_- 之间的外部 9 V 层叠电池电压 $E \geqslant 7$ V 时，D_Z 被反向击穿，其稳定电压 $V_Z=6.2$ V。V_Z 经过 D、R_1 和 R_2 分压后，得到 $E_0=2.8$ V(典型值，具有分散性，图 2-4 中已标出)。选用 D 和 R_1、R_2 分压，是为了提高 E_0 的温度稳定性。为了提高 E_0 带负载的能力，将 E_0 经过一级缓冲器 A_4 接至 COM 端。NMOS 管加在 COM 与 V_- 之间，可使 COM 端的电位比 V_- 高 4～6.4 V。这个高出的电压值与电源电压有关，当 $E=9$ V，$E_0=2.8$ V 时该值约为 6.2 V，当 E 降至 7 V 时，该值约为 4.2 V。读者完全可以根据已学过的电子线路知识进行计算。E_0 的允许范围是 2.4～3.2 V。E_0 不仅给芯片提供了基准电压，而且还为设计万用表的电阻挡、二极管挡、h_{FE} 挡提供了便利，这些内容，将会在后面的章节中讲到。在普通的数字万用表中，均通过电阻分压器从 E_0 获得 V_{REF}，这一点在后面也会讲到。

在实际的万用表电路中，COM 端应与 IN_- 端短接，否则二者的电位不等，会产生一个共模电压，引起测量误差。

2. 模拟开关

ICL7106 中有 3 组模拟开关，分别为 S_{AZ}、S_{INT}、S_{DE}。S_{AZ} 是自动调零开关，S_{INT} 为正向积分开关，S_{DE+} 和 S_{DE-} 是反向积分开关。S_{DE+} 和 S_{DE-} 每次只有一组工作，视被测电压的正负而定，当被测电压为正时 S_{DE+} 工作，当被测电压为负时 S_{DE-} 工作。它们的基本电路都是 CMOS 模拟开关，其工作原理已在电子技术中讲过，这里不再赘述。

3. AD 转换器

双积分 AD 转换器由积分器 A_2、比较器 A_3 和外接元件 R_{INT}、C_{INT} 组成。

下面讨论 ICL7106 利用双积分 AD 转换器进行电压测量的工作原理。

AD 转换器的每个测量周期可分为三个阶段，即自动调零(AZ)、正向积分(INT)和反向积分。

(1) 第一阶段：自动调零 AZ(auto-zero)。

在此阶段，S_{AZ}闭合，S_{INT}、S_{DE}断开完成以下的工作：①将 IN_+，IN_- 的外部输入断开，同时把 A_1的"+"端与 COM 端短接，使芯片内部的输入电压为 0 V；②将 A_2的"−"端与 A_3的输出端短接，A_3对 C_{AZ}进行充电，结果可以使电路的失调电压得到补偿，减小零点误差；③通过 V_{REF}端向 C_{REF}充电，令 C_{REF}的电位为 V_{REF}，为反向积分做好准备。

(2) 第二阶段：正向积分(integral 简称为 INT)，即信号积分、采样。

此阶段中 S_{INT}闭合，S_{AZ}、S_{DE}断开，切断了自动调零电路，并去掉了 A_1的"+"端与 COM 端之间的短路线，将 IN_+、IN_- 端分别与 A_1的"+"端、A_2的"+"端接通，积分器 A_2、比较器 A_3、缓冲器 A_1都开始工作。被测电压 V_{IN}经 A_1和外接 R_{INT}对 C_{INT}积分，积分器 A_2在固定时间 T_1内，以 $-V_{IN}/(R_{INT} \cdot C_{INT})$的斜率对 C_{INT}进行充电(正向积分)。设定时计数脉冲的频率为 f_{CP}，周期为 T_{CP}，则选定 $T_1=1\,000\ T_{CP}$。当定时计数器满 1 000 个脉冲时，控制电路自动将模拟开关 S_{AZ}、S_{IN}断开，得 S_{DE+}或 S_{DE-}闭合，正向积分停止，转为反向积分开始，此时积分器的输出电压为：

$$V_0 = \frac{-K}{R_{INT}C_{INT}}\int_0^{T_1} V_{IN}\,dt = \frac{-KT_1}{R_{INT}C_{INT}}V_{IN}$$

正向积分结束时，被测电压的极性即被判定。其中，K 为缓冲器 A_1的电压放大倍数，约为 1。

(3) 第三阶段：反向积分，又称解积分(decompose integral，缩写为 DE)。

此时 S_{AZ}、S_{INT}断开，S_{DE+}或 S_{DE-}闭合，控制逻辑在对 V_{IN}的极性进行判断之后，接通相应极性的 S_{DE+}或 S_{DE-}，将 C_{REF}上在第一阶段已充好的基准电压 V_{REF}按照相应的极性来代替 V_{IN}，进行反向积分，斜率变为$\pm V_{REF}/(R_{INT} \cdot C_{INT})$。假定经过时间 T_2后，积分器的输出电压又回到零，如图 2-5 所示。图 2-5(a)表示 $V_{IN}<0$ 时的情况，而图 2-5(b)则表示 $V_{IN}>0$ 时的情况。

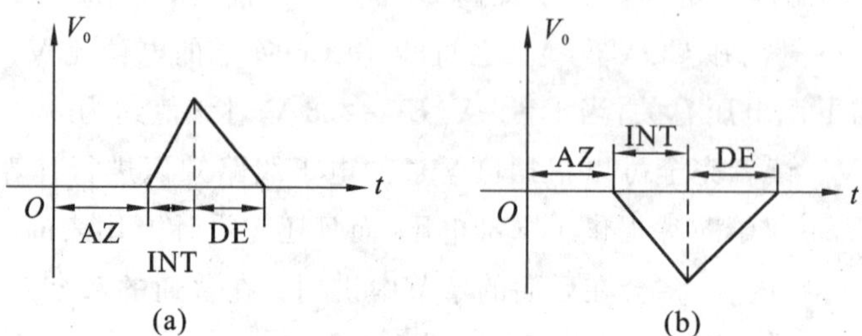

图 2-5　两次积分示意图

当反向积分结束时，根据积分电路的基本公式，可以导出式(2-1)。

$$\frac{KT_1}{R_{INT}C_{INT}}V_{IN} - \frac{K}{R_{INT}C_{INT}}\int_0^{T_2} V_{REF}\,dt = 0 \tag{2-1}$$

解之得

$$T_2 = \frac{V_{IN}}{V_{REF}} \cdot T_1 \tag{2-2}$$

假定在 T_2时间内的计数值为 N(即 LCD 的显示值不考虑小数点)，则 $T_2=NT_{CP}$，代入式(2-2)可得：

$$N = \frac{V_{IN}}{V_{REF}} \cdot \frac{T_1}{T_{CP}} = \frac{V_{IN}}{V_{REF}} \cdot 1000 \tag{2-3}$$

由式(2-3)可以看出，由于 T_1、T_{CP}、V_{REF}都是预先设计好的固定值，所以计数值 N 仅与被测电压 V_{IN}成正比，从而实现了对模拟直流电压 V_{IN}的数字化测量。并且 V_{IN}的大小与计数值 N 的关系已被式(2-3)所确定，在决定数字电压表的读数和量程时将会用到这个基本关系式。

4. AD 转换过程的时间分配

在测量过程中 ICL7106 能在控制逻辑电路的控制下自动完成如下循环。

→自动调零 → 正向积分 → 反向积分→

现在要讨论的问题是，一次测量周期是多长，以及在每一个测量周期中，上述循环过程的时间是如何分配的。假定数字电路的时钟振荡器的振荡频率为 $f_{CL}=40\ \text{kHz}$，经过 4 分频得到 $f_{CP}=10\ \text{kHz}$ 的脉冲方波，以此方波作为计数脉冲 CP，则 CP 的周期 $T_{CP}=T_0=\frac{1}{10^4}\ \text{s}=0.1\ \text{ms}$，以后以此作为时间的计量单位，则可以设计出每个测量周期 $T=4\ 000T_0=4\ 000\times 0.1\ \text{ms}=0.4\ \text{s}$，因此测量速率为：

$$\text{MR}=\frac{1}{T}=\frac{1}{4\ 000T_0}=\frac{1}{4\ 000T_{CP}}=\frac{f_{CP}}{4\ 000}=\frac{\frac{1}{4}f_{CL}}{4\ 000}=\frac{f_{CL}}{16\ 000}$$

式中：f_{CP} 为计数脉冲频率；f_{CL} 为时钟振荡频率。这里取 $f_{CL}=40\ \text{kHz}$，$f_{CP}=10\ \text{kHz}$，当 $T=0.4\ \text{s}$ 时，$\text{MR}=2.5\ \text{s}^{-1}$。

测量周期选定之后，由于每个测量周期分为三个阶段，每个阶段的时间分配如图 2-6 所示。其中，每个阶段具体的时间分配如下。

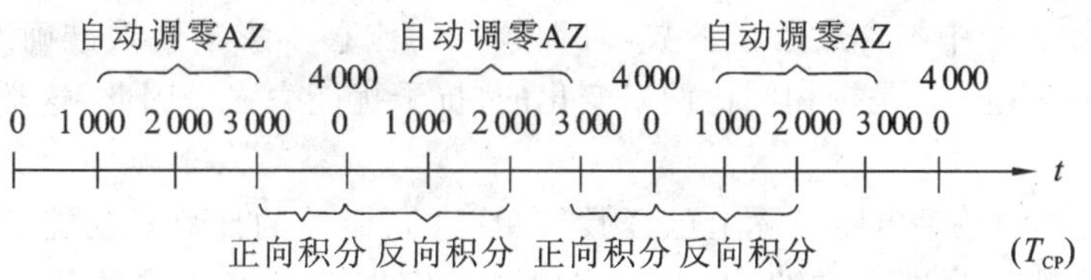

图 2-6 AD 转换器时间分配示意图

(1) 上次反向积分时间 T_2：从第 0 个 T_0 到第2 000个 T_0。T_2 由被测电压 V_{IN} 决定，但最大不超过1 999T_0。

(2) 自动调零时间：从 T_2 结束到第 3 000个 T_0。注意：开始的时间由 T_2 的长短决定，但结束的时刻是确定的。

(3) 正向积分时间 T_1：从第 3 000 个 T_0 开始到第 4 000 个 T_0 结束。T_1 有确定的时间长度，即 $T_1=100T_0$。正向积分又称信号积分。

(4) 反向积分时间 T_2：从第 4 000 个 T_0（即第 0 个 T_0）到第 2 000 个 T_0 之前的某个时刻，又开始新的一个周期。

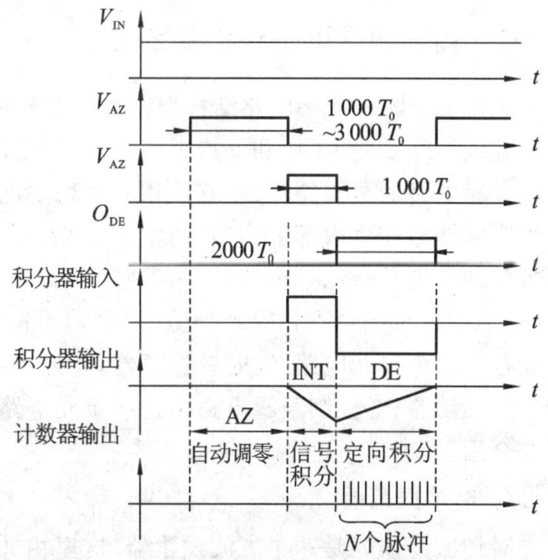

图 2-7 AD 转换器的时序波形

AD 转换器转换过程的时序波形如图 2-7 所示。图 2-7 中 V_{IN} 是输入正向电压，V_{AZ}、V_{INT}、V_{DE} 分别是控制三组模拟开关的波形，高电平时，开关导通，低电平时开关断开。

因为 $T_1=1\ 000T_{CP}$ 是固定的，T_2 随 V_{IN} 的变化而改变，选择适当的分压电阻参数，使得 $V_{REF}=100.0$ mV，那么由式(2-3)可得：

$$N=\frac{T_1}{T_{CP}}\cdot\frac{V_{IN}}{V_{REF}}=\frac{1\ 000}{100.0}V_{IN}=10V_{IN} \tag{2-4}$$

注意，上式中的 V_{IN} 的单位也应为 mV，以便和分母中的单位相抵消。由式(2-4)得：

$$V_{IN}=0.1N$$

N 是在 T_2 时间间隔内计数器的计数，在 LCD 上显示出来，只要预先将小数点定在十位的后边，读数的结果就是 V_{IN}，单位自然是 mV。由于 LCD 是 3 位半，最高位最多只能显示 1，最大显示为 1 999，故满量程时，$N=2\ 000$，$V_{IN}=V_M$，由式(2-3)可得：

$$V_M=2V_{REF} \tag{2-5}$$

这便是设计万用表时经常要用到满量程电压 V_M 与基准电压 V_{REF} 的关系式。当 $V_{REF}=100.0$ mV 时，$V_M=200$ mV。$3\frac{1}{2}$ 位袖珍式万用表，大多数都是选择这个参数设计数字表头，此时最大显示值为 1 999，满量程时将显示“1”，表示过载。

要指出的是，上述定时关系是由 ICL7106 内部线路结构所决定的，外界无法改变。

为了提高万用表抑制工频干扰的能力，采样时间 T_1 应选择为工频周期 20 ms 的整数倍。上述选择 $T_1=1\ 000T_{CP}=1\ 000\times0.1$ ms $=100$ ms $=5\times20$ ms，是工频周期的 5 倍，是符合这个原则的，这也是将 T_1 定为 $1\ 000T_{CP}$ 的原因。

根据 ICL7106 内部模拟电路的结构，可知它有如下特点：积分元件 R_{INT}、C_{INT} 不影响转换精度。因为式(2-3)中不含这两个参数，时钟频率的漂移不影响转换准确度；因为当时钟频率发生漂移时，T_1 和 T_2 是按相同比例来变化的，抗干扰能力强。因此，这类芯片得到了广泛应用。

ICL7106 内部的数字电路实际上已经具有单一的、简单的计算机功能。计算机的发明是在数字电路基础上改进而成的，至少是利用了数字电路已经成熟的技术。下面就看看 ICL7106 内部的数字电路结构。

2.4.2 内部数字电路结构概述

ICL7106 内部数字电路结构框图如图 2-8 所示。

虚线框外部是 LCD 和外接阻容，虚线框上的小圆圈表示管脚，并且标出了序号和名称。

数字电路的显著特征是，它采用一个稳定电压为 6.2 V 的稳压管与一个 MOS 场效应管源极跟随器来产生内部数字地(通常用 GND 或 DGND 表示)。若以 V_- 为参考电位的零点，则数字地的电位 $V_{GND}\approx(V_+-V_-)/2$。当 $V_+=9$ V 时，则 $V_{GND}\approx4.5$ V。显然 GND 与 COM 端的直流电位不相等，因此这两个地不能短接，否则芯片无法正常工作。其数字部分主要包括七个单元电路：①时钟振荡器；②分频器；③计数器；④锁存器；⑤译码器；⑥异或门构成的驱动器；⑦控制逻辑电路。这些单元电路都在电子技术课程中都学习过，下面只进行简要介绍。

1. 时钟振荡器

时钟振荡器就是一个方波发生器，这里由非门 F_1、F_2 以及外接阻容元件 R、C 组成。由电子技术的相关知识分析可知，其输出方波的占空比为 1∶1，振荡频率与周期的估算公式分别如下。

$$f_0=\frac{0.455}{RC} \tag{2-6}$$

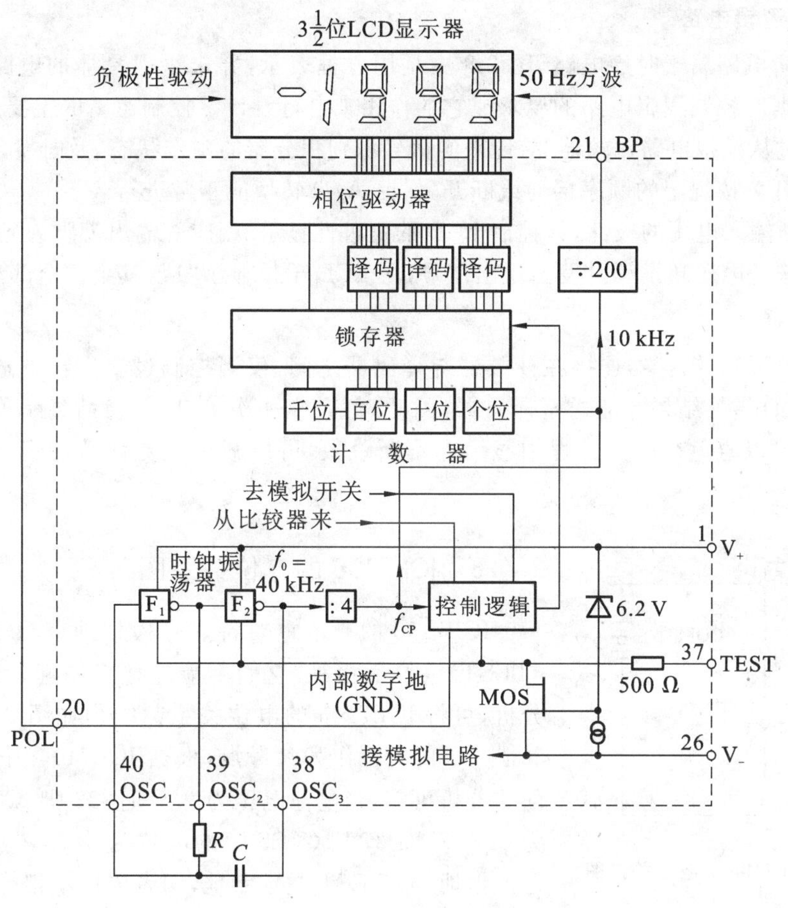

图 2-8　ICL7106 内部数字电路结构框图

$$T_0 - 2RC\ln 3 - 2.2RC$$

2. 分频器

对时钟振荡器产生的时钟脉冲进行逐级分频，即可分别获得所需要的计数频率 f_{CP} 和 LCD 背电极的方波电压频率 f_{BP}(50 Hz)。分频器由一级 4 分频、一级 2 分频和两级 10 分频组成。整个分频电路完成 800 分频。

3. 计数器

使用四位二进制数表示十进制数 N 时，通常采用 8421BCD 码。CMOS 计数器的计数单元一般采用 T 型触发器。由于 $3\dfrac{1}{2}$位数字电压表是准四位显示，因此 ICL7106 内部的计数器有 3 级二-十进制计数器(整位)，千位$\left(\dfrac{1}{2}\text{位}\right)$只能显示数字 1，故用一个触发器就足够了。

4. 译码器

译码器的功能是将 BCD 码译成 LCD 的 7 段显示码，供 7 段显示使用，从而将二进制的 BCD 码译成对应的十进制数显示出来。译码器属于组合逻辑。

5. 异或门构成的驱动器

LCD 的一个重要特点，就是必须采用交流驱动方式。实验表明，采用交流驱动时液晶的寿命可达 5 000 小时以上，而采用直流驱动时液晶的寿命大约为 500 小时。

6. 控制逻辑电路

控制逻辑电路属于时序电路，图 2-8 中是用方框表示，并未给出具体的电路原理图，但读者可以根据对控制逻辑电路的要求或它的作用来自行设计。控制逻辑的主要作用如下。

(1) 通过从模拟电路比较器 A_3 传来的信号识别积分器的工作状态，及时发出控制信号，使 3 组模拟开关按规定的顺序接通或断开，保证 A/D 转换能正常进行。

(2) 判断输入电压的极性，并控制 LCD 的负极性显示，相应的输出管脚为 POL(20 脚)。

(3) 当输入电压超量程时发出溢出信号，使 LCD 千位显示“1”，其余位全部消隐。

7. 锁存器

由图 2-8 可知，锁存器连接在计数器与译码器之间，仅当控制逻辑发出选通信号时，计数器中的 A/D 转换结果才能送至译码器，因此，每完成一次 A/D 转换后显示值改变一次。增加锁存器可以避免在计数过程中显示器不断跳数，可以减少视觉疲劳，并且便于观察和记录。

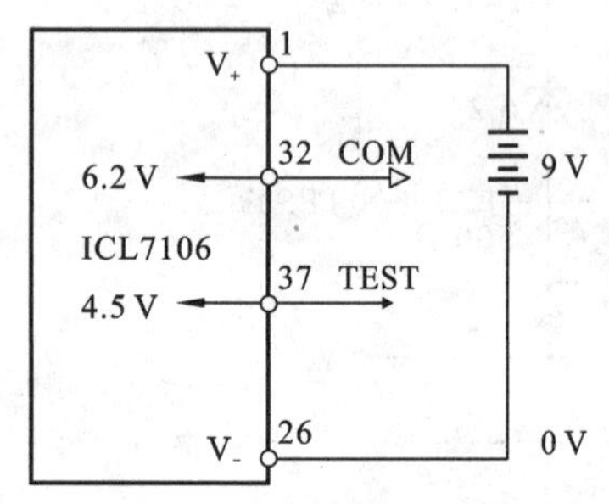

图 2-9 ICL7106 的电位关系图

2.4.3 ICL7106 的电位关系图

ICL7106 的一个重要特点是模拟地(COM)与数字地(TEST)电位不相等，它们不能连接在一起。根据前面的分析，可将 ICL7106 的电位关系归纳为如图 2-9 所示。以 26 脚 V_- 的电位作为参考点，根据 ICL7106 内部结构及前面的分析可知，当电池电压为 9 V 时，32 脚(COM)的电位为 6.2 V，而 37 脚(TEST)的电位为 4.5 V。其中，COM 是模拟地，而 TEST 是数字地，两者电位不相等。

2.5 LCD 的工作原理、特性及导电橡胶条

袖珍型数字万用表 DT-830 中的主要元件是 ICL7106 与 LCD。下面简要介绍一下液晶显示器的基本原理与特性，最后介绍导电橡胶条。

1. 液晶的发现与光学特性

1888 年，奥地利植物学家莱尼泽(F. Reinizer)首先发现液晶。1889 年德国物理学家雷曼(O. Lehmann)发现液晶具有光的双折射现象。光的双折射是由晶体固有的光学各向异性引起的特有现象。

液晶发现后，因未得到实际应用，故研究工作两次中断，直至 1963 年制成液晶温度计才实现实际应用。此后，以液晶电光效应为原理的液晶显示器(常用英文缩写词 LCD 代替)获得迅速发展和广泛应用。到 20 世纪 70 年代，LCD 在使用段显方式的电子表和电子计算器的字符显示领域，已经具有独占地位；而在 21 世纪的今天，LCD 已经抢占了大部分彩色电视机和显示器的市场。

将一般的固体加热到熔点就会变成透明的液体，但有一类有机化合物晶体，将其加热到温度 T_1 时熔解成混浊的黏稠状液体，若继续加热至温度 T_2 时，则变为透明的液体。当用偏光显微镜观察时，发现在 T_1 与 T_2 温度之间的混浊黏稠液体具有双折射现象，表明其有着类似晶体的光学各向异性。而在温度 T_2 时形成的透明液体则显示其具有光学各向同性。因此，将在 T_1 与 T_2 温度之间既有液体的流动性又有晶体的光学各向异性的物质状态称为液晶。它既不同于不能流动的晶体，也不同于各向同性的液体，被称为物质的第四态。

根据形成液晶方式的不同，可将液晶分为热致液晶和溶致液晶。热致液晶为加热溶解有机化合物，使其在某一温度范围内呈现液晶性质；而溶致液晶是将有机化合物溶解于一定的溶剂中而形成的液晶。热致液晶常用于显示器件。

2. 液晶显示器的结构与工作原理

液晶显示器常做成液晶盒的形式，即在密封的两片基片之间注入液晶，形成很薄的液晶层，由于液晶层的分子排列方式决定液晶的光学性质，因此使液晶盒内的液晶分子按照给定的规则排列极为重要。由于盒内液晶很薄，呈薄膜状态，使得液晶分子的排列可由基片的表面状态控制，即由基片与液晶分子间的相互作用，可决定盒内液晶的全部排列。常见的排列形式有沿面排列、垂面排列、倾斜排列、扭曲排列、混合排列、平面排列和焦锥排列等。这里仅介绍与制造液晶数码管有关的扭曲排列，其结构示意图如图 2-10 所示。

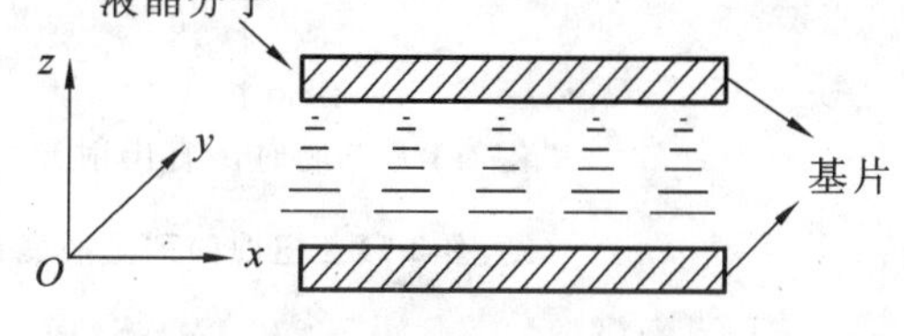

图 2-10　液晶分子的扭曲排列

在扭曲排列形式下，所有液晶分子与上下两基片表面平行，但是从下向上（或从上向下）每一层分子都在 xy 平面内旋转了一个小角度。

如图 2-10 所示，最下面一层分子的轴线是平行于 x 轴的，逐层慢慢旋转，最上面一层分子的轴线则是垂直于 x 轴而平行于 y 轴的。这样最上面一层相对于最下面一层正好扭曲了 90°，这就是所谓的扭曲排列。

液晶有许多优良的特性，它能用来制造显示器件，主要是基于其光学特性和电光效应的。液晶可以使入射光偏向分子轴方向，还可以使入射光的偏振光状态和偏振光方向发生改变。当液晶分子的某种排列状态在电场作用下变为另一种排列状态时，液晶的光学性质随之改变而产生光被电场调制的现象称为液晶的电光效应。液晶的电光效应是由液晶的介电系数、电导率和折射率的各向异性引起的。现在已知的电光效应有很多种，其中电场效应有四种，电流效应有三种，热效应有两种，这里仅介绍与液晶的段位显示有关的扭曲向列效应，简称为 TN 效应，TN 是 twisted nematic 的缩写词。

扭曲向列型液晶盒的组成及其显示工作原理如图 2-11 所示。在涂覆了 $I_{n2}O_3$ 或 S_nO_2 透明导电膜的两片玻璃基片之间夹着厚度为 10 μm 的液晶层，液晶为扭曲排列。此外，在液晶盒的上、下各设置一片偏振片，入射光一侧为起偏器，出射一侧为检偏器。起偏器的偏振方向与该侧基片上的液晶分子轴方向一致，在实际应用中，段位显示的是黑像，因此检偏器的偏振方向应与起偏器的偏振方向垂直，如图 2-11 所示，图中检偏器的偏振方向与纸面垂直，用圆点表示。

当液晶盒上没有加电场时，由于液晶分子扭曲的螺距为 40 μm（螺纹旋转一圈上升的距离为螺距，扭曲排列旋转 90°上升的距离为 10 μm，故螺距为 40 μm），远大于可见光波长（0.38～0.78 μm），因此射入液晶的直线偏振光的偏振方向在通过液晶层时沿着液晶分子的扭曲旋转 90°，由于出射侧的检偏器的偏振方向与起偏器的偏振方向垂直，故出射光能顺利通检偏器，液晶盒呈现透明，如图 2-11(a)所示。这个过程，被称为旋光性。当液晶盒两端加高于阈值 V_{th} 的电压时（液晶的 V_{th} 值很低，可低至 1 V，一般为 2～3 V），液晶分子排列改变为分子轴与电场方向平行，由于分子轴顺着电场方向，液晶的旋光性消失，入射光的偏振方向不旋转，由于起偏器与检偏器的偏振方向垂直，故光不能透过，液晶盒呈黑色，如图 2-11(b)所示。如果起偏器与检偏器的偏振方向平行，将会出现什么现象，读者可自行分析。

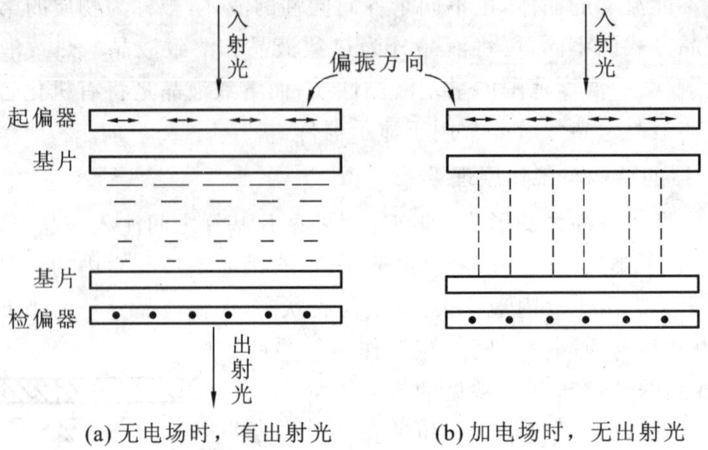

(a) 无电场时，有出射光　　(b) 加电场时，无出射光

图 2-11　扭曲向列型液晶盒的组成及其显示工作原理

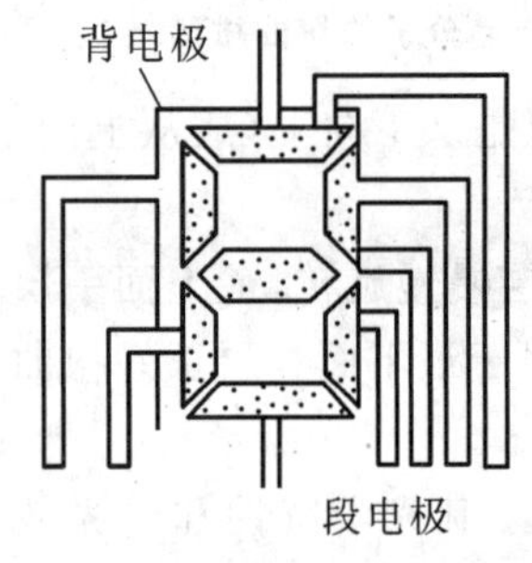

图 2-12　段电极与背电极示意图

根据上述工作原理设计制造的液晶七段数码显示器的结构如图 2-12 所示。显示器的前电极根据字符的形状被分割成七部分(俗称七段)，并从每段引出一个电极端子，显示器背后的电极则不分割，为前面的电极所共用，称为公共电极，又称背电极。在某些段电极与背电极之间加上电压，则这些段的组合即显示出一特定的字符，如 1，2，…，8 等。加到段电极与背电极的电压不能是直流电压，因为直流电压会引起液晶的化学反应，缩短液晶的使用寿命，因此必须采用交流驱动，交流驱动时还应尽量减小因波形不平衡造成的直流分量。其次，液晶光学特性对电压的响应速度较慢，其响应时间一般为几十毫秒至几百毫秒。液晶响应驱动电压的有效值，即响应驱动电压的能量而不是响应电压的瞬时值，因而与驱动电压的波形无关。此外，液晶显示器件是在两层透明电极之间夹着绝缘体(液晶)，因此对驱动电源而言，液晶显示器是一个无极性的容性负载。满足上述要求的驱动电路图和波形图如图 2-13 所示。在图 2-13(a)中，50 Hz 的方波电压同时加到了 LCD 的背电极和异或门的 A 输入端，当异或门的 B 端为高电平时，由图 2-13(b)的波形分析可知，有交流方波加到 LCD 上，于是该段显示；当 B 端为低电平时，则该段不显示，称该字段消隐。异或门 B 端应连接译码器的相应控制端。ICL7106 芯片正是按上述原理设计的驱动电路，最后的驱动输出为异或门。

上述这种驱动方式称为静态驱动方式，当被驱动的段数目增多时，所需的引线和驱动单元也增多，使得引线制作难度增大，成本增加。这时可以改用动态驱动方式或称多路驱动方式，关于动态驱动方式，读者有兴趣或需要时可查阅有关资料，这里不再介绍。

下面将 LCD 的优缺点及使用注意事项简单归纳一下。

因为液晶显示时液晶本身不发光，而且液晶的弹性系数非常小，微弱的外部作用就能改变其分子排列，产生电光效应，因此，液晶显示具有如下优点。

(1) 驱动电压低：1～3 V。

(2) 驱动功率小：每平方米仅需毫瓦级功率。

(3) 被动显示，本身不发光，眼睛不易疲劳。

(4) 无有害射线辐射，安全。

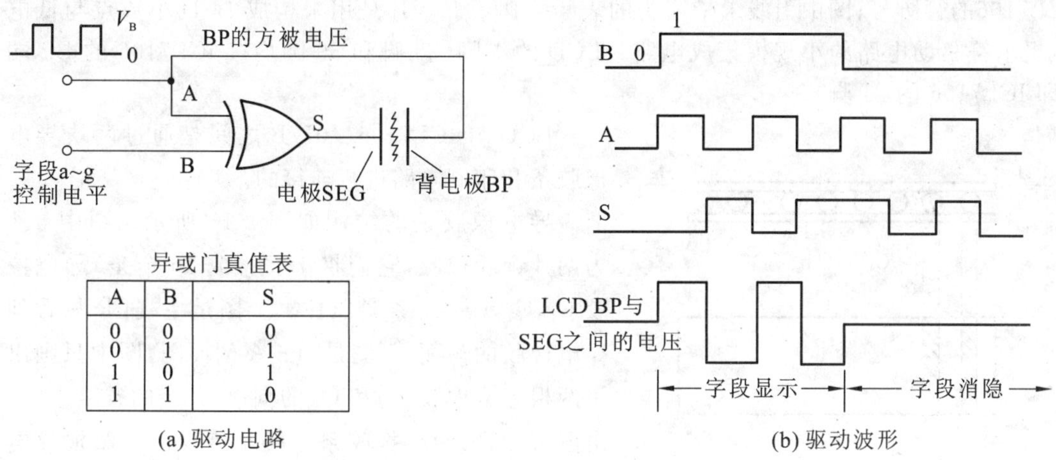

A	B	S
0	0	0
0	1	1
1	0	1
1	1	0

(a) 驱动电路　　(b) 驱动波形

图 2-13　LCD 静态驱动电路图和波形图

(5) 显示屏可以做得很薄、很平，容易实现小型化和壁挂平板显示，也易于大型化。

(6) 因为所需驱动电压低，功率小，能用 CMOS 集成电路直接驱动，便于实现电子设备的大规模集成和低功耗。

但是由于液晶的性质所致，也有一些不可避免的缺点，因此使用时要注意如下事项。

(1) 液晶显示器不能用直流电压驱动，否则会使液晶材料很快老化。要求驱动电压波形的直流分量不能大于 50 mV，这是设计者要特别注意的。

(2) 使用温度范围较窄，工作温度范围是－5～45 ℃，储存温度范围极限是－20～55 ℃。温度较高时液晶态会消失而不能显示，温度过低则会使响应时间变长。因此液晶显示器应远离热源并避免阳光直射。

(3) 注意防止挤压和潮湿。挤压后会因显示器玻璃表面的定向层变形使液晶定向紊乱而不能复原；潮湿则可能造成玻璃表面导电，引起显示时出现错误或失真。

3. 数字万用表常用的 LCD 结构及导电橡胶条

DT-830 常用的 $3\frac{1}{2}$位 LCD 的内部接线图如图 2-14 所示，其型号为 LD-B7015A。图中引线箭头所指的数字中，带圆圈的表示异或非门 4077B 的管脚号，不带圆圈的则表示

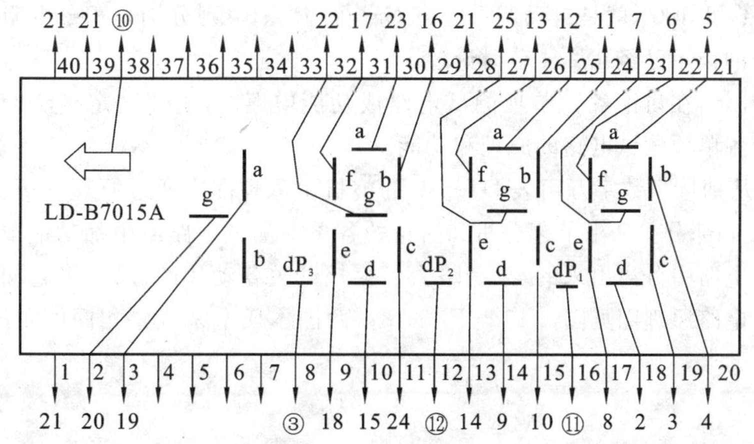

图 2-14　LD-B7015A 型 LCD 管脚与接线图

ICL7106的管脚号；图中引线未带箭头的表示空脚。4077B 是用来构成 LCD 小数点与低电压提示符驱动电路的小规模集成电路。LCD 的 1 脚、28 脚和 39 脚均接 ICL7106 的 BP 端(即 ICL7106 的 21 脚)。

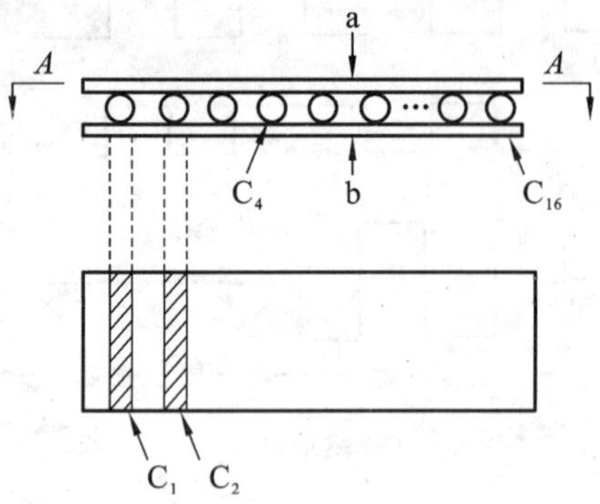

LCD 与 ICL7106、4077B 之间是通过两块导电橡胶条和印刷电路进行连接的。

导电橡胶条的结构如图 2-15 所示。图中 a、b 为两片绝缘橡胶，它们将 16 条(或 20 余条)导电橡胶 C_1，C_2，…，C_{16} 紧紧压住。上图是主视图，只看到导电橡胶的截面，下图是 A—A 剖面图，图中只画出了两根导电橡胶 C_1 和 C_2 的剖面，其余的省略未画。由图可知，每两根橡胶条之间是绝缘的。每根导电橡胶条的电阻值约为 10 kΩ，这对于驱动 LCD 来说，已足够小。

图 2-15　导电橡胶条的结构示意图

2.6　由 ICL7106 构成的最小系统——数字电压表表头

在学习了 ICL7106 的内部结构、工作原理、管脚功能以及 LCD 的结构和工作原理之后，便可以进一步讨论用一片 ICL7106 和一片 $3\frac{1}{2}$位 LCD，以及几个外接电阻、电容构成的最小测试系统，该系统的接线原理图如图 2-16 所示。图 2-16 所示实际上是一个单量程的 $3\frac{1}{2}$位数字电压表，在此电压表的基础上，再增加各种转换电路和附加电路便可以组成一个功能较齐全的数字万用表，因此常将此具有基本量程的数字电压表称为数字表头，该表头的满量程是 200 mV。各外围元件的作用分别为：①R_{18}、R_{19}、R_{P3}、R_{20} 与 R_{48} 组成参考电压调整电路，调整 R_{H3} 可以使 $V_{REF}=100.0$ mV，因此满量程 $V_M=2V_{REF}=200$ mV；②R_{28}、C_7 组成时钟振荡器的 RC 网络，根据式(2-6)可求得振荡频率 $f_0=\dfrac{0.455}{R_{28}\cdot C_7}\approx 40$ kHz；③C_8 和 C_{10} 分别与 R_{29}、R_{30} 和 R_{31} 构成低通滤波电路，各电阻同时还有限流保护作用；④C_9 就是基准电容 C_{REF}；⑤与图 2-4 对照，可知 C_{11} 就是自动调零电容 C_{AZ}，而 R_{32}、C_{12} 则分别是积分电阻 R_{INT} 和积分电容 C_{INT}，它们的作用已经在 2.4 节讨论过了。

从下一节开始，在讨论各种单项测试电路或功能电路时，上述固定接法的元件不再画出，而着重讨论各单项测试电路的原理和功能。

图 2-16 是从袖珍型数字万用表 DT-830 的整机由原理图中通过原理分析分离出来的，是 DT-830 的核心部分。从下节起分析和讨论的各单项测试电路或附加功能电路也都是从 DT-830 的整机电路中分离出来的，只是略去了换挡开关各动片的位置，将它们画成了导线而已。DT-830 电路原理图见图 2-17 与图 2-18。两图本质上来说是相同的，只是画法和符号稍有不同。

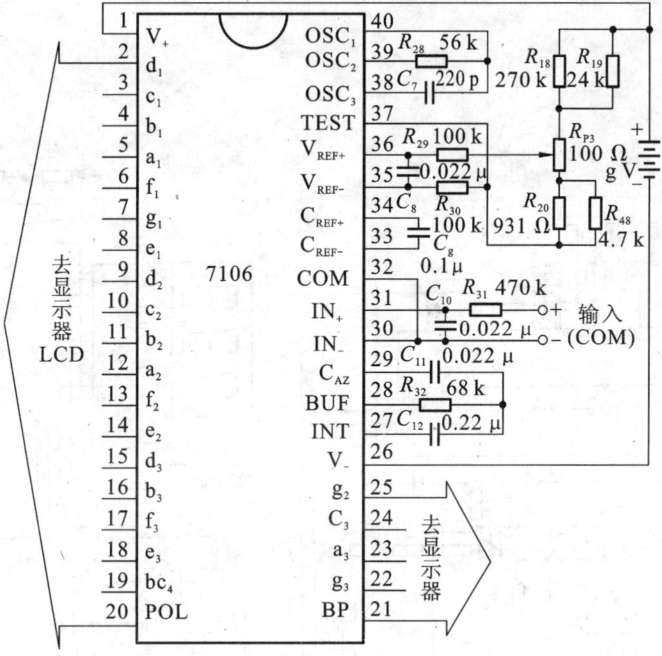

图 2-16　由 ICL7106 构成的数字电压表

 2.7　小数点与低电压提示符驱动电路

按照图 2-16 组装的数字电压表表头存在一个问题，它的满量程是 200 mV，假定被测电压是 156.6 mV，那么表头的显示值则只能是 1566，缺少了个位后面的小数点。这是因为在图 2-16 中没有设计小数点驱动电路。由于 ICL7106 内部没有集成小数点驱动电路，若想显示小数点，必须在外围电路中选择小规模集成电路进行小数点驱动电路的设计。由于 ICL7106 使用 9 V 层叠电池，当电池电压低于 7 V 时，芯片已不能正常工作，因此常常设置有低电压提示符驱动电路。一般都是将小数点驱动与低电压提示符驱动电路合并在一起设计，共用一块小规模集成电路即可。DT-830 数字万用表的小数点驱动电路和低电压指示符驱动电路如图 2-19 所示。注意图中已将小数点 dP_1、dP_2、dP_3 分别定义为"十位""百位""千位"的小数点，记住它们在 LCD 中的位置。

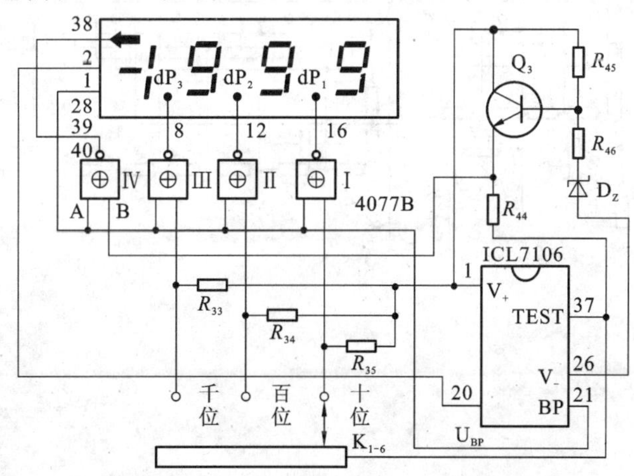

图 2-19　小数点与低电压提示符驱动电路

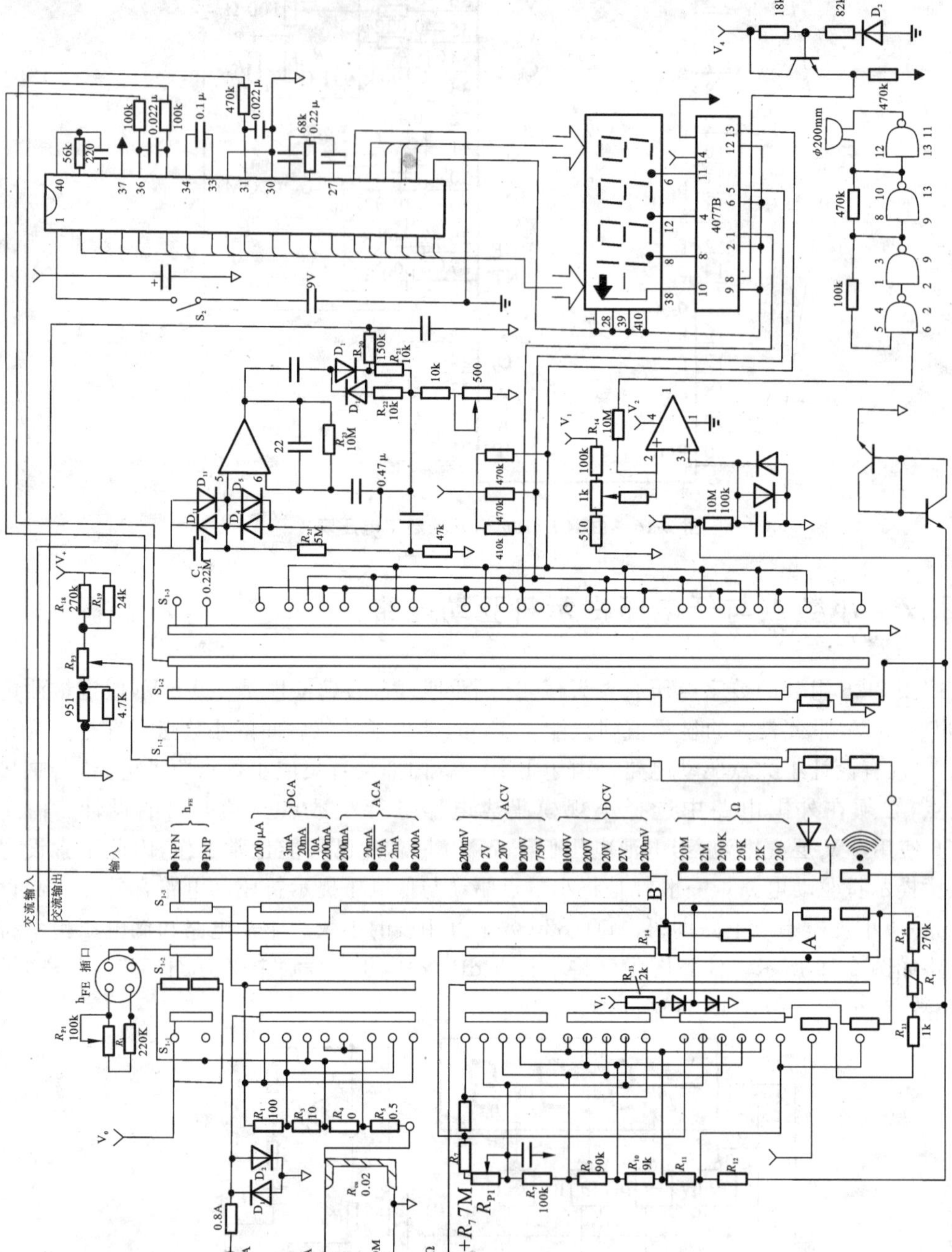

图2-17　DT-830型数字万用电表电路原理图

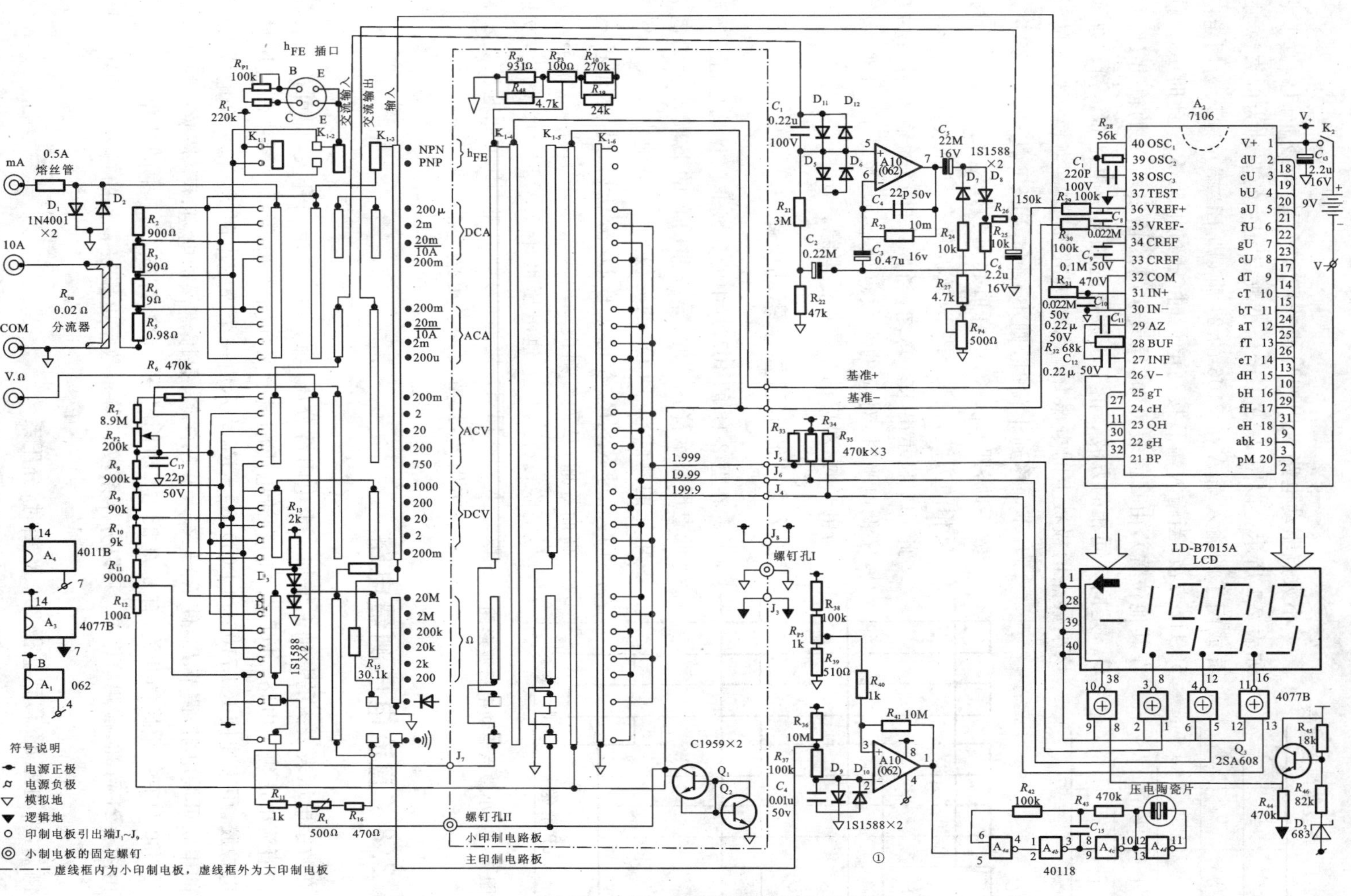

图2-18　DT-830电路原理图

2.7.1 小数点驱动电路

表 2-1 异或非门真值表

A	B	Y
0	0	1
0	1	1
1	0	0
1	1	1

小数点驱动电路采用四异或非门 4077B，异或非门的真值表如表 2-1 所示。以图 2-19 中十位小数点 dP_1 的驱动为例来说明。异或门Ⅰ的输入端 A 接 7106 的 21 脚（即 BP 端），输入为固定的 50 Hz 方波，当输入端 B 接高电位时（通过电阻 R_{35}，此时 K_{1-6} 应在其他位置），由真值表可知，异或非门的输出端 Y 的输出 U_Y 同 U_A，是同频同相的方波。由于小数点的背电极也是 U_A，所以加到该小数点两极板上的电压 $U_{YBP}=0$，见图 2-20。当换挡开关的动片 K_{1-6} 移到十位时，则 B 端和 TEST 接通。TEST 是数字地，即 $U_B=0$，由真值表可知，U_Y 变成与 U_A 同频反相的方波，结果 dP_1 两极板具有交换极性的方波，因此 dP_1 显示出来。总之，当异或非门的输入端 B 为数字低电平时，对应的小数点便显示；反之，当 B 为数字高电平时，对应的小数点便消隐。

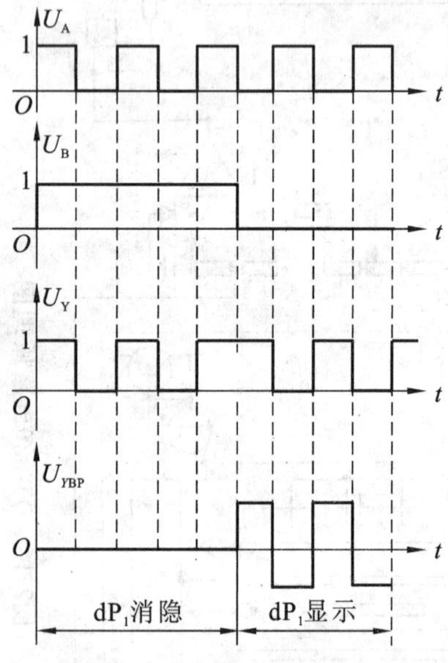

图 2-19 小数点驱动电路波形图

2.7.2 低电压显示驱动电路

在图 2-18 的 4077B 中的异或非门Ⅳ就是用于驱动低电压显示符"⇐"的，异或非门Ⅳ的 B 端连接到电池电压的测试端（即 Q_3 的 e 极）。当电池电压大于 7 V 时，经过 R_{45}、R_{46} 和稳压管 D_Z 分压后，Q_3 因基极电压高而导通，从而发射极输出高电平至 B 端，低压显示符号消隐；反之，当电池电压低于 7 V 时，T_3 截止，发射极经 R_{44} 与 TEST 接通，为低电平，因此低电压显示符号显示出来，提醒使用者更换电池。

2.8 直流电压测量电路

在数字电压表表头的基础上增加一个电阻链分压电路和一个换挡开关，即可构成各种量程的直流电压测量电路。DT-830 的直流电压测量电路如图 2-20 所示。图中斜线区域代表导电橡胶，用来连接 ICL7106 和 LCD；R_7+R_{P2} 表示由一个固定电阻 R_7 和一个电位器 R_{P2} 组成的串联可调电阻，调节 R_{P2} 使 $R_7+R_{P2}=9\ \mathrm{M\Omega}$；$R_6$ 是限流保护电阻；K_1 是换挡的动片之一（DT-830 只有一个换挡开关，有 6 刀 28 位，动片用↔表示），即图 2-17 中的动片 S_{1-6}。

由图 2-21 可知，被测电压 V_x 乘以分压系数 F 等于数字电压表表头的输入电压 V_{IN}，即

$$V_{IN}=V_x\cdot F \tag{2-7}$$

例如，当动片 K_1 移到量程 200 V 挡时，分压系数

$$F_{200}=\frac{R_{11}+R_{12}+R_{10}}{R_7+W_2+R_8+R_9+R_{10}+R_{11}+R_{12}}=\frac{10\ \mathrm{k\Omega}}{10\ \mathrm{M\Omega}}=0.001$$

当表头显示值为 1999 时，表示表头的输入电压 V_{IN} 为 199.9 mV（因为没有加入小数点驱动电路，所以显示 1999 时代表表头输入的电压实际上是 199.9 mV），而电压表的输入端

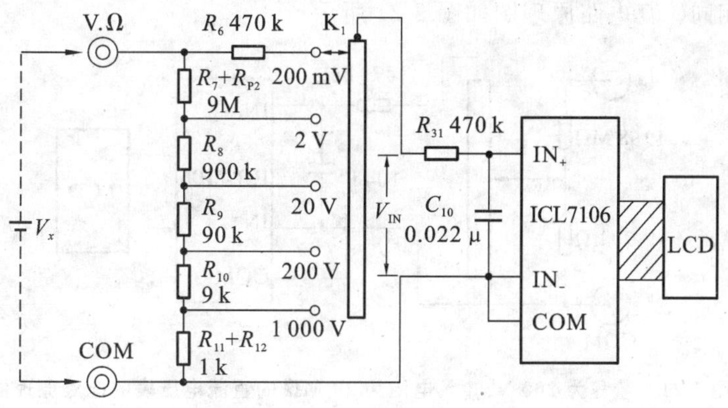

图 2-20　DT-830 的直流电压测量电路

输入的电压，则由式(2-7)可求得

$$V_x=\frac{V_{IN}}{F_{200}}=\frac{199.9\ mV}{0.001}=199.9\ V \tag{2-8}$$

即代表此挡满量程为 200 V，其余各挡量程算法相同。如果配以小数点驱动电路，那么在各个量程时，LCD 就会显示出实际的测量值。到底在各挡时应驱动哪一位后面的小数点，也是由换挡开关来同步控制的。

由式(2-8)可知，在 200 V 挡时，应该让 dP_1 总是显示，这个工作是由换挡开关的动片 $S_{1\text{-}6}$(见图 2-17)同步实现的。

需要说明的是，电压表在工作时，是与被测电路并联的，为了不影响被测电路的正常工作，电压表的输入电阻应当越大越好，无穷大时最好。读者可自行分析，图 2-21 中的电压表，其输入电阻就是 10 MΩ。

由图 2-21 可以看出，DT-830 直流电压表的量程共有五挡，分别是 200 mV，2 V，20 V，200 V 和 1 000 V。

【例 2-1】　利用 ICL7106 构成的数字表头设计一个满量程为 199.9 V(实际的万用表标为 200 V)的直流数字电压表，给出电路原理图及转换电路的各元件的计算过程，要求电压表的输入电阻为 20 MΩ。

【解】　方法一：按图 2-21 将分压电阻链的 5 个电阻的阻值分别乘以 2，将功能开关 K_1 指向 200 V 挡即可。因为分压电阻链的总阻值就是电压表的输入电阻，所以符合题意要求。

上述设计是否正确，还需要验证。按题意要求，设被测电压 V_x 为 199.9 V，由分压电阻链可求得

$$V_{IN}=V_x\cdot\frac{R_{10}+R_{11}+R_{12}}{20\times10^6}=V_x\cdot\frac{20\times10^3}{20\times10^6}=0.001V_x$$

所以

$$V_x=1\ 000V_{IN}=1\ 000\times10^{-4}\ N=0.1\ N$$

于是

$$N=\frac{V_x}{0.1}=\frac{199.9}{0.1}=1\ 999$$

这就证明了数码的显示是正确的，再将小数点 dP_1 点亮即可。小数点驱动电路是单独设计的，由功能旋转开关同步控制。

方法二：可将图 2-21 中分压电阻链的 5 个电阻换成 2 个电阻，上分压电阻为 19.98 MΩ，下分压电阻为 20 kΩ。将功能开关 K_1 指向两分压电阻的联结点即可。此时电压表的输入电阻为分压电阻链的串联电阻，即 19.98 MΩ+20 kΩ=20 MΩ，符合题意要求。其验证过程

与方法一基本相同。其电路原理图如图 2-21 所示。

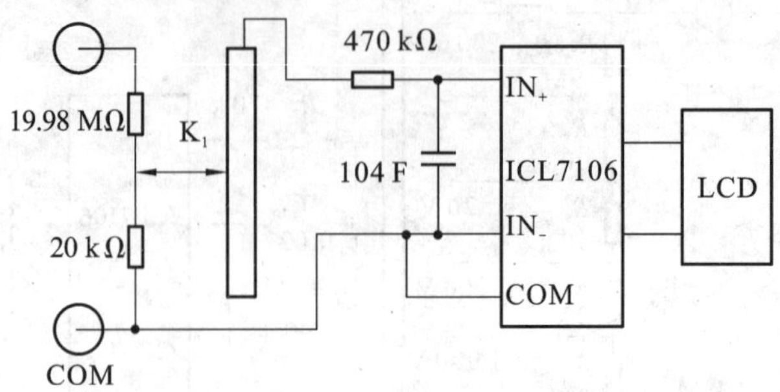

图 2-21 量程为 200 V、输入电阻为 20 MΩ 的直流电压表的电路原理图

2.9 直流电流测量电路

在数字电压表表头的基础上，增加一个电流输入插孔和电流-电压转换(I-V)电路，就可构成一个多量程的直流电流表。DT-830 中的直流电流测量电路，单独绘制出来如图 2-22 所示。图中，标以 mA 的圆孔符号表示新增的电流输入插孔，F 为保险管。电流-电压转换电路由电阻 $R_2 \sim R_5$ 和 R_{cu} 组成，R_{cu} 实际上是一根长约 5 cm 的康铜丝。K_1 是换挡开关的动片之一，与图 2-20 的动片是同一个(也即图 2-17 中的动片 S_{1-1})。硅二极管 D_1、D_2 用于双向限幅。这个电流表有五个量程，分别是 200 μA、2 mA、20 mA、200 mA、10 A。要注意的是，10 A 挡要使用专设的“10 A”插孔，即将红表笔从“mA”插孔移至“10 A”插孔，而面板上的换挡开关要旋转到指向 20 mA(10 A)位置，这样做可以使小数点定在百位上，因为换挡开关的六个动片是同时移动的。

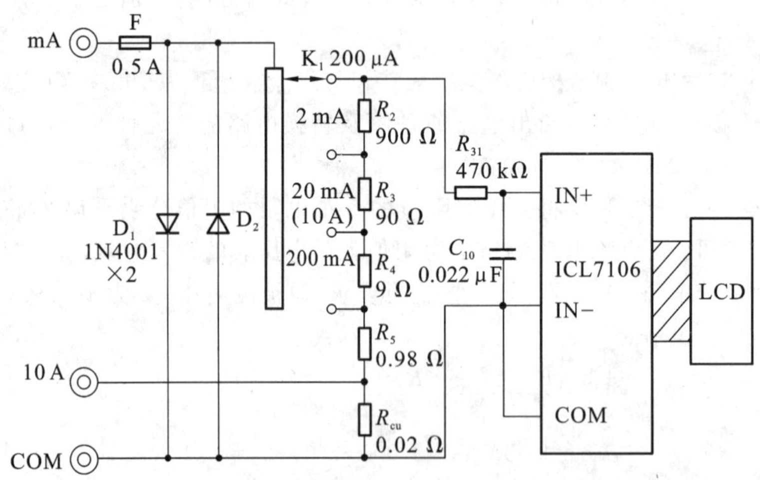

图 2-22 DT-830 中的直流电流测量电路

电流表工作时是串联在电路中的，为了不影响被测电路的正常工作，电流表的内阻应该越小越好，理想电流表的内阻为零。为了将被测电流转换成电压让表头进行测量显示，故设置了表头的分流电路，即由 $R_2 \sim R_5$ 和 R_{cu} 组成的串联电路，它们与表头并联，故称为分流电路。各电阻值的计算过程如下。表头支路的电阻大于10^9 Ω，可以认为是无穷大，设各挡的分流电阻为 R_x，量程为 I_m，那么根据并联电路两端电压相等的原理，以及表头的基本关系式

$V_{IN}=1\times10^{-4}N$,可得

$$R_x I_m = V_{IN} = 1\times10^{-4}N$$

所以 $$R_x = 1\times10^{-4}N/I_m \quad (2\text{-}9)$$

10 A 挡的分流电阻计算如下。

$$R_x = 1\times10^{-4}N/10 = 1\times10^{-5}N$$

此时,N 应为 1 000,所以,$R_x=1\times10^{-5}N=1\times10^{-5}\times1\,000\ \Omega=0.01\ \Omega$

即 10 A 挡的分流电阻为 $$R_{cu}=0.01\ \Omega$$

在 10 A 挡,小数点驱动电路会将 dP_2 点亮。

对于 200 mA 挡,此时实际的最大输入电流为 199.9 mA,而 N 应显示 1999(小数点驱动电路会将 dP_1 点亮),于是可以求得 200 mA 挡时的分流电阻如下。

$$R_x = 1\times10^{-4}N/I_m = \frac{1\times10^{-4}\times1\,999}{199.9\times10^{-3}}\ \Omega = 1\ \Omega$$

故 $$R_5 = R_x - R_{cu} = 1\ \Omega - 0.01\ \Omega = 0.99\ \Omega$$

图中 R_4、R_3、R_2 的阻值计算,请读者自行完成。

由于表头的输入电阻可以认为是无穷大,所以图 2-22 所示的电流表在不同量程的情况下其内阻是不一样的。例如,在 200 μA 挡内阻为 1 kΩ,在 2 mA 挡为 100 Ω,在 20 mA 档为 10 Ω,而在 10 A 挡则为 0.01 Ω。这些分析计算过程读者可按上述方法进行。

【例 2-2】 利用 ICL7106 构成的数字表头设计一个满量程为 2 A 的直流数字电流表,要求显示值精确到小数点后第 3 位。

【解】 对图 2-22 进行如下修改:将 10 A 插孔标志改为 2 A,重新计算电阻 R_{cu}的值。

设输入直流电流为 1.999 A,则应有

$$1.999\times R_{cu} = V_{IN} = 1\times10^{-4}N$$

所以 $$R_{cu} = \frac{1\times10^{-4}N}{1.999}$$

显示数码为 1999,即 $N=1999$,代入上式后,得

$$R_{cu} = \frac{1\times10^{-4}\times1999}{1.999}\ \Omega = 0.1\ \Omega$$

进行以上两点改动的同时,要将小数点 dP_3 同时点亮。

对以上设计进行验证。设输入电流为 1.523 A,则应满足

$$1.523\times R_{cu} = V_{IN} = 1\times10^{-4}N$$

将 $R_{cu}=0.1\ \Omega$ 代入上式,可求得数码值如下。

$$N = \frac{1.523\times0.1}{1\times10^{-4}} = 1523$$

即数码显示正确,小数点驱动电路同时将 dP_3 点亮,数码显示器便显示出 1.523,这正是输入电流的大小。

2.10 交流电压测量电路

交流电压测量电路只需要在直流电压测量电路的基础上,增加一级线性整流电路即可。具体做法为在分压器和数字表头之间串入线性整流电路。DT-830 的交流电压测量电路见图 2-23。

与图 2-22 对比,可知 K_1 的右侧和 R_{31}的左侧之间的部分就是串联的线性整流电路。

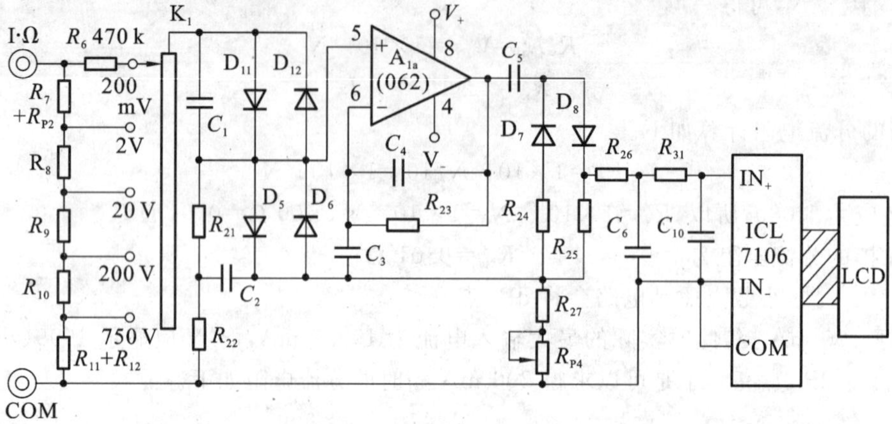

图 2-23 DT-830 的交流电压测量电路

线性整流电路起着 AC-DC 变换的作用。如果仅用二极管作整流，由于二极管有阈值电压，所以当输入信号小于阈值电压时将无法转换，并且二极管整流输出具有非线性，这给校准带来困难，采用线性整流电路就克服了上述困难和缺点。下面简要介绍该电路的工作原理。

(1) 二极管 D_5、D_6、D_{11}、D_{12} 的作用。这四个二极管构成过压保护电路，如果因操作不当，在低挡量程时不慎加入了高压，则二极管 D_5 和 D_{11} 在正半周同时导通，D_6 和 D_{12} 在负半周时导通，保护了电路中的其他元件，使电路不至于损坏。正常工作时，可将其视为开路。

(2) 电容 C_1、C_2、C_3、C_5 的作用。由于测量电压频率范围为 45～500 Hz，在这个频率范围内，这些电容与电路中的相应元件比较，它们是交流耦合电容，对于被测交流电压来说，可视为通路。

(3) R_{21}、R_{22}、R_{23} 的作用。R_{21} 和 R_{22} 为运放 A_{1a} 的同相输入端的直流偏置电路，R_{23} 为反相输入端提供直流偏量，由于它们的电阻值都很大，故它们对交流信号而言，均可视为开路。

(4) C_4 的作用是为了消除高频自激，分析工作原理时，可将其视为开路。

综上所述，在 K_1 右侧与 R_{31} 左侧之间串入的线性整流电路可简化为图 2-24 所示。

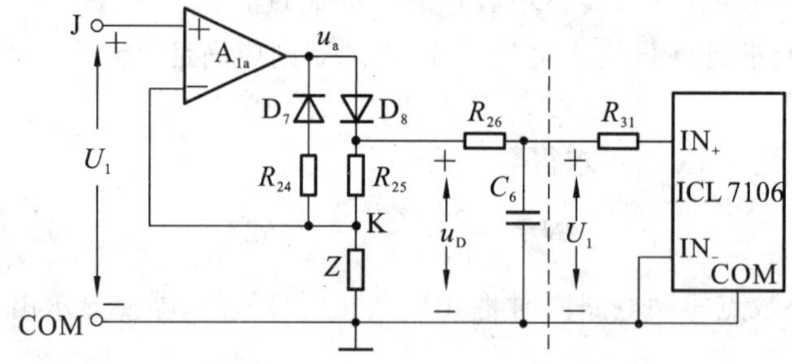

图 2-24 精密整流电路的简化电路

其中，Z 是图 2-23 中 K 点对地的等效阻抗，它随电位器 R_{P4} 动端的位置及信号频率的变化而变化，若忽略 C_2 的容抗，则 Z 为纯电阻且变化范围是 4.27～4.68 kΩ。R_{26}、C_6 构成低通滤波器，同时 R_{26}、C_6 也可看成是一个积分电路，被测电压经过精密整流电路后在 C_6 上积分，C_6 上的积分电压作为 V_{IN} 供表头测量显示。

(5) 简化电路的粗略分析。设图 2-24 中的输入电压为正弦波，正半周时 $u_J>0$，A_{1a} 的输出电压 $u_a>0$，二极管 D_8 导通，D_7 截止，此时有

$$u_Z = \frac{u_D . Z}{R_{25} + Z}$$

故
$$\frac{u_D}{u_Z} = A_{a+} = 1 + \frac{R_{25}}{Z}$$

将 Z 的变化范围之值代入可得 A_{a+} 的调节范围是3.14～3.34。负半周时 $u_J < 0$，则 $u_a < 0$，二极管 D_8 截止，D_7 导通。此时，$u_D = u_K = u_J$，可见 $A_{a-} = 1$，这说明运放 A_a 对正弦输入电压的正半周和负半周的放大是不相等的，并且正向整流和负向整流的负载也是不一样的，正向整流的负载是 $R_{25} + Z$，而负向整流的负载是 $R_{24} + Z$，而且正向整流与负向整流在负载 z 上的压降是相反的，这意味着正向整流电压在 C_6 上的积分会被负向整流电压抵消一部分。由以上分析可画出 u_D 的电压波形如图 2-25 所示。u_D 经 R_{26}、C_6 积分后得到 ICL7106 所需的直流输入电压 $V_{IN} = U_I$，它等于 u_D 的平均值。经过数学计算，可以得 U_I 与正弦输入电压有效值 U_J 的关系式是

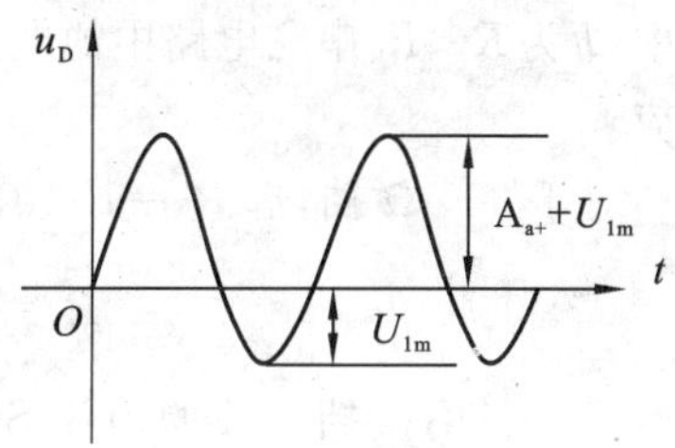

图 2-25　u_D 的波形图

$$U_I = 0.45(A_{a+} - 1)U_J \tag{2-10}$$

为了使 LCD 的读数与被测电压的有效值相等，应令式(2-10)中的 $0.45(A_{a+} - 1) = 1$，由此解得

$$A_{a+} = 1 + \frac{1}{0.45} = 3.22 \tag{2-11}$$

上面分析已经指出，调节 R_{P4}，A_{a+} 可在 3.14～3.34 范围内变化，因此，调节 R_{P4} 可使式(2-11)得到满足。这样一来，从 LCD 上可直接读出被测交流正弦电压的有效值。

要指出的是，DT-830 的频率范围设计为 40～500 Hz，当被测信号频率超过这个范围时，测量精度无法保证。

2.11　交流电流测量电路

只需将图 2-23 中的分压器电路换成图 2-22 中的分流器电路即可得到交流电流测量电路。如何将分压器电路换成分流器电路，这个工作留给读者自己完成。也可以直接从图 2-17所示的 DT-830 的电路原理图中分离出交流电流测量电路。

2.12　电阻测量电路

本小节先讨论电阻测量方法的原理，然后分析实际电路。通常采用比例法测量电阻，其原理见图 2-26。

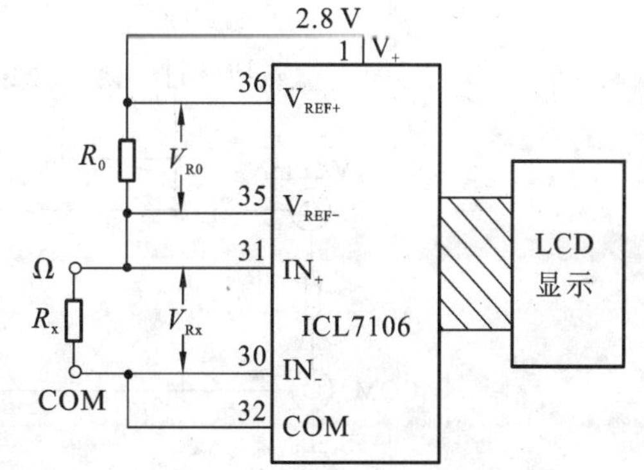

图 2-26　电阻测量原理图

被测电阻 R_x 与标准电阻 R_0 串联后接到 V_+ 与 COM 之间。V_+ 与 V_{REF+}、V_{REF-} 与 IN_+、IN_- 与 COM 端口两两短接。前面已经介绍 V_+ 与 COM 之间有一个基准电压 $E_0 = 2.8$ V（见图 2-4）。在图 2-26 所示的接法中，R_0 上的

压降 V_{R0} 就是 ICL7106 的 V_{REF}，即 $V_{REF}=V_{R0}$，而 R_x 上的压降 V_{Rx} 就是表头的输入电压 V_{IN}。根据表头参数的设计，由式(2-3)可知当 $V_{IN}=V_{REF}$ 时，也即 $R_x=R_0$ 时，表头显示半量程值1000，而当 $R_x=2R_0$ 时为满刻度溢出，此时满足式(2-5)，即 $V_{IN}=V_M=2V_{REF}$。当 $R_x<2R_0$ 时的一般情况，可根据式(2-3)导出显示读数 N_x 的公式为

$$N_x=\frac{V_{IN}}{V_{REF}}\cdot\frac{T_1}{T_{CP}}=\frac{R_xI}{R_0I}\frac{1000T_{CP}}{T_{CP}}=\frac{R_x}{R_0}\times1000 \tag{2-12}$$

式中，I 为 R_x、R_0 串联电路中的电流，将读数显示 N 设为 N_x 是为了与被测电阻 R_x 的下标相对应。

对于 200 Ω 挡，选 $R_0=100\ \Omega$，则由式(2-12)可得

$$R_x=\frac{R_0}{1000}\cdot N_x=\frac{100}{1000}N_x=0.1N_x \tag{2-13}$$

只要利用换挡开关的动片 $S_{1\text{-}6}$ 将显示屏上的小数点定在 10 位，让图 2-18 中的小数点 dP_1 常亮，LCD 显示的数值就是 R_x 的欧姆数。再利用换挡开关改变标准电阻 R_0 的数值，便构成了多量程的数字欧姆表。DT-830 的欧姆表一共有六挡，实际电路原理图如图 2-26 所示。图 2-27 与图 2-28 相比有如下差别或改进。

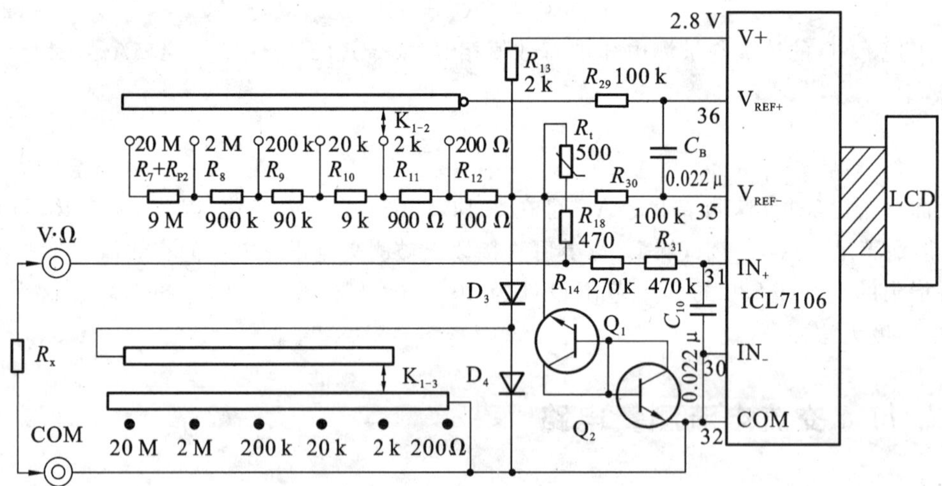

图 2-27　欧姆表实际电路图

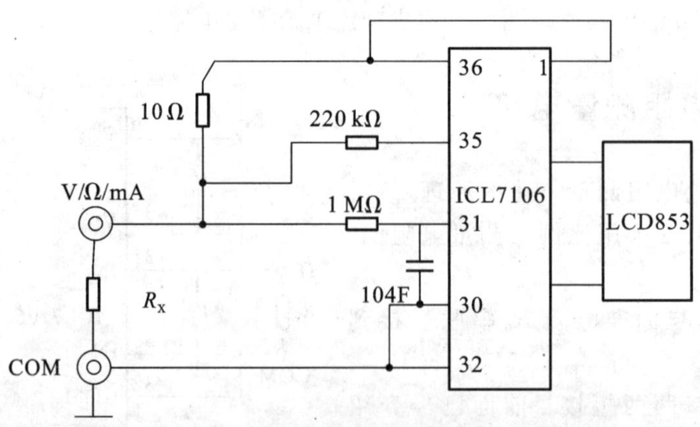

图 2-28　量程为 20 Ω 的数字欧姆表电路原理图

(1) 增加了二极管限压电路，由 R_{13}、D_3、D_4 组成。D_3、D_4 的导通压降各为 0.6 V，共 1.2 V，这样便将 V_{REF} 限制在 1.2 V 左右。由于动片 $K_{1\text{-}3}$ 的短路作用，仅在 200 Ω 挡时 V_{REF} 为 1.2 V，而其他各挡则只有 0.6 V。

(2) V_{REF-} 和 IN_+ 没有短接，而是串入了电阻 R_t 和 R_{16}，它们和 Q_1、Q_2 组成过压保护电路。Q_1、Q_2 接成二极管的形式再反向串联接到电路上，一旦用户不小心将电阻挡测电压，高压会使 R_t、R_{16}、Q_1、Q_2 迅速通导，起到保护作用。正常工作时，保护电路处于截止状态，不起作用。将图 2-27 和图 2-20 对比，可看出欧姆表的标准电阻链 R_{12}、R_{11}、R_{10}、R_9、R_8、R_7+R_{P2}，就是电压表的分压电阻链，它们是共用的，通过换挡开关的动片 $S_{1\text{-}2}$、$S_{1\text{-}1}$ 和 $S_{1\text{-}3}$ 的移动来实现（见图 2-17 DT-830 的电路原理图）。在实际测量电路图中，对于各量程的电阻挡，式(2-12)依然成立。这样一来，只要依据不同的 R_0 来确定量程和小数点的位置即可。其余各挡的具体分析，读者可仿照式(2-13)来进行，从而得出结论。

【例 2-3】 设计一个量程为 20 Ω（实际为 19.99 Ω，想一想，量程能否为 10 Ω）的欧姆表，试确定基准电阻 R_0 的值。

【解】 根据式(2-13)，有

$$R_x=R_0N_x/1000$$

由题意可知，当 $R_x=19.99\ \Omega$ 时，N_x 应当显示为 1999，代入上式，解得

$$R_0=1000R_x/N_x=10\ \Omega$$

欲验证上述设计是否正确，可进行如下检验。设被测电阻 R_x 为 15.23 Ω，则 N_x 的显示值为

$$N_x=1000\ R_x/R_0=1000\times 15.23\ \Omega/10\ \Omega=1523$$

数码 N_x 显示正确，小数点驱动电路在功能开关的作用下，将小数点 dP_2 与数码 1 523 同时点亮，显示为 15.23，即表示被测电阻为 15.23 Ω，至此证明了电路设计的正确性。根据以上设计可画出电路原理图如图 2-28 所示。

2.13 晶体三极管直流放大系数 h_{FE} 的测量电路

DT-830 设置了专门用于测量 h_{FE} 的插座，配合换挡开关可进行 NPN 管和 PNP 管的测量，测量范围是 0～1 000。h_{FE} 的专用插座有四个孔，分别标上 C、B、E、E，其中两个 E 孔在内部已连通。以 NPN 管为例，其测量原理图见图 2-29。同样，以 ICL7106 内部的基准电压源 $E_0=2.8$ V 作为测量电源，发射极电阻由图 2-22 直流电流测量电路中的分流器电阻 R_4、R_5、R_{cn} 串联组成，合并记为 $R_0=R_4+R_5+R_{cn}=10\ \Omega$。流过 R_0 的电流为 $I_e\approx I_c$，R_0 起到了电流-电压转换的作用，它将自身的电压降 $V_e=R_0\cdot I_e\approx R_0I_c$ 送到数字电压表表头的输入端 IN_+、IN_- 进行测量。由于在测量过程中 V_e 值很小，小于 0.1 V，其与 NPN 管的发射结压降 0.6 V 相比，还要小许多，故可认为图 2-27 中流过基极的电流恒为 $I_b=\dfrac{2.8\ \text{V}-0.6\ \text{V}}{220\ \text{k}\Omega}=10\ \mu\text{A}$，这可以通过微调 100 kΩ 电位器实现。由

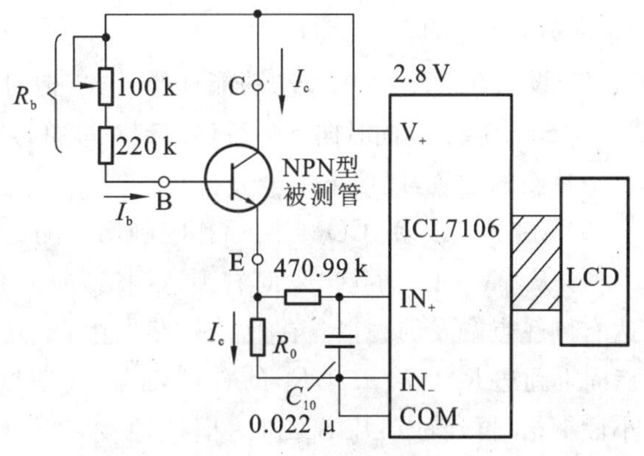

图 2-29　h_{FE} 测量原理图

上可知，加到数字电压表头去测量的电压为

$$V_e = V_{IN} = R_0 \cdot I_c = 10\ \Omega \cdot h_{FE} \cdot 10\ \mu A = h_{FE} \times 0.1\ mV$$

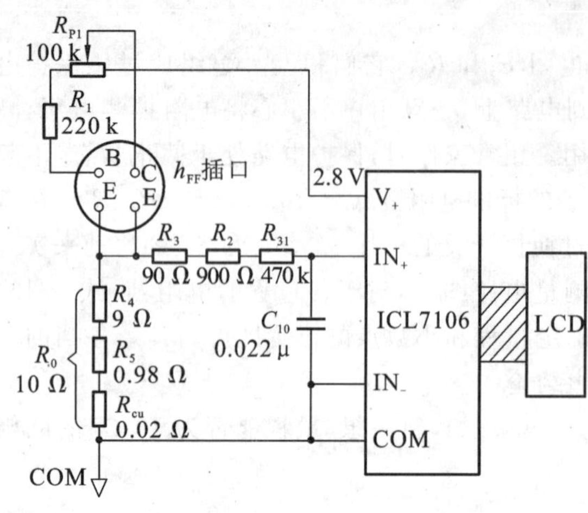

图 2-30 测量 h_{FE} 的实际电路图

因此，LCD 显示的数值就是 $h_{FE} \times 0.1$。如果此时不接通十位小数点 dP_1 的驱动电路，LCD 显示的就是 h_{FE} 的值。这就是测量 h_{FE} 的原理。将 h_{FE} 测量部分的有关线路从 DT-830 的整机原理图中分离出来，则如图 2-30 所示。

注意：动片 $S_{1\text{-}1}$ 是插入在 E、E 和 R_3、R_4 点之间，动片 $S_{1\text{-}3}$ 则是插在 R_2 与 R_{31} 之间。图2-30所示的电阻 R_2、R_3、R_4、R_5、R_{cu} 就是电流测量电路部分的分流器，它们也是共用的。还要提出的是，这里的 h_{FE} 是在静态工作点 $I_B = 10\ \mu A$、$V_{CE} \approx 2.8\ V$ 的条件下测出的。大家知道 h_{FE} 是与静态工作点有关的，当静态工作点改变时，误差是存在的。

关于 PNP 管的测试原理的分析是类似的，读者可自行完成。

 2.14 二极管测试电路的获取与工作原理分析

1. 从 DT-830 整机电路原理图分离出二极管测试部分电路图

当我们拿到一张仪表或电气设备的整机电路原理图时，可能感到很复杂，无从下手。但是，只要仔细阅读说明书或原理介绍，搞清仪器设备的主要用途和特点，找出通路，化整为零，再分析功能，就能够像前述的各节那样分析，困难就会小很多。最困难的任务是什么资料也没有，只有一台坏了的设备在那儿，需要修复，这时就需要自己去找资料，或对着实物画出其原理图，然后再来分析。这种任务是最考验人的，它不仅考验用户的基础知识是否宽广，基础知识掌握是否牢固，还考验着用户应用基础知识分析问题的能力，最后还考验着用户的动手能力，以及现场灵活处理问题的能力。

从 DT-830 整机电路原理图中分离(画)出二极管测试电路的过程如下。

(1) 画出数字电压表表头，此表头中只画出 R_{31} 和 C_{10}，其余元件省去不画，画出电源开关 S_1 和 9 V 电池，以及 LCD。

(2) 设想在图 2-17 中转动功能选择开关，指向二极管测试挡"—▷|—"，即将六个动片 $S_{1\text{-}1}$、$S_{1\text{-}2}$、$S_{1\text{-}3}$、$S_{1\text{-}4}$、$S_{1\text{-}5}$、$S_{1\text{-}6}$ 同时向下平行移动到对准符号"—▷|—"的位置(可用记号笔在图 2-17 中画出各动片新的位置，以便下一步分析)。

(3) 在"V · Ω"和"COM"两插孔间画出被测二极管 D_x。

(4) 从"V · Ω"插孔出发向右到达铜箔，向下经 $S_{1\text{-}2}$ 左侧触点触及的铜箔，通过动片 $S_{1\text{-}2}$ 到达右侧触点触及的铜箔。在此处一路向上，一路向下，相当于一个节点，记此点为 A。从 A 点向上到达 R_{14}(274 kΩ)，R_{14} 的右端又是一个节点，记为 B，从 B 向下经过 R_{15}(30.1 kΩ)到达一小段铜箔，再经过动片 $S_{1\text{-}3}$ 到达模拟地▽，即 COM。再回到 B 点，由 B 点连接电阻 R_{31}(470 kΩ)到达 ICL7106 的 31 脚，即 IN_+ 输入端，将上述过程用草图记录下来。还要再回到

节点 A,从节点 A 沿铜箔向下经过电阻 R_{16}(270 kΩ),接着经过热敏电阻 R_t,到达节点 C。从节点 C 经过电阻 R_{17}(1 kΩ)到一小块铜箔,再经过动片 S_{1-1} 到达电源正极。再回到节点 C,支路虽多,但都不形成回路,舍去。从节点 D 向右,经过 Q_2、Q_1 到达模拟地。Q_2、Q_1 虽然都是三极管,但基极都和集电极短接,实际上是两个反向连接的发射结。将上述过程也画到草图中去,整理草图得图 2-31。上面叙述过程中所提到的"铜箔",就是 PCB(印制板)上的印刷线。因为它们是连接转换开关动片的,所以被印刷成圆形,分布在不同的圆周上。在电路原理图 2-17 和图 2-18 中,它们都被画成了长条形。

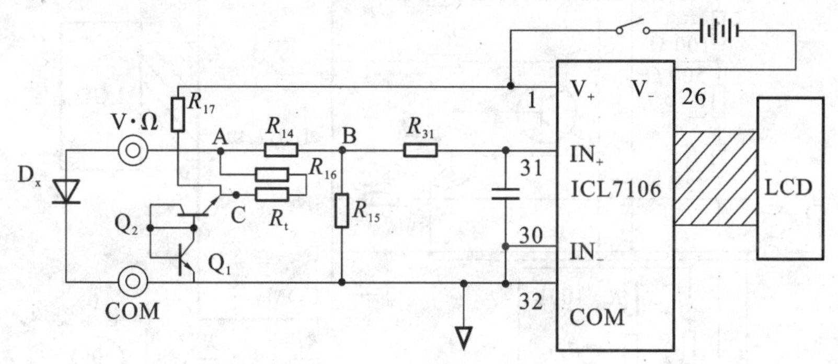

图 2-31 二极管测量电路

2. 工作原理

现在根据图 2-31 来说明二极管测试的工作原理。

由图 2-31 可以看出,利用 ICL7106 的 1 脚(即 V_+ 端)和 COM 之间的基准电压 $E_0=2.8$ V,通过 R_{17}、R_t、R_{16} 和被测二极管 D_x 形成直流通路,可以估算出通过 D_x 的直流电流约为 1.2 mA(设 D_x 为正常的硅二极管)。二极管的正向压降经 R_{14} 和 R_{15} 分压得 V_{IN},即

$$V_{IN}=V_D\cdot\frac{R_{15}}{R_{14}+R_{15}}\approx\frac{30}{270+30}\cdot V_D=0.1V_D \tag{2-14}$$

式中:V_{IN} 即送入数字表头进行检测;V_D 的正常值为 0.1~1.8 V,发光二极管可达 1.8 V 左右。$0.1V_D$ 正好在 200 mV 以内,属于数字表表头的检测范围。由式(2-14)可得

$$V_D=10V_{IN}$$

V_{IN} 的满量程是 200 mV,因而 V_D 的满量程是 2000 mV 即 2 V,这相当于测量 2 V 的直流电压表,因此只要将小数点驱动电路固定在 dP_3 显示即可,这时 LCD 显示的就是正常范围的管压降值(即 V_D)。若 LCD 显示"1",则表示被测管 D_x 的管压降超过 2 V,已损坏,一般为断路。若 LCD 显示".000",则表示被测二极管 D_x 已被击穿短路。综上所述,二极管测试电路,与 2 V 量程的直流电压测试电路相当。

2.15 蜂鸣器电路及工作原理

可以按照上节的方法,将蜂鸣器电路从 DT-830 的电路原理图中分离出来,如图 2-32 所示。它是在电阻测量电路 200 Ω 挡的基础上扩展而成的。图中虚线以上部分是 200 Ω 挡的电路,虚线以下部分为扩展的电路。扩展的电路为比较器和可控振荡器。电压比较器由双运放中的 A_{1b} 构成,由于引入了正反馈,因此它是一种滞迟比较器,参考电压由分压器 R_{38}、R_{P5} 和 R_{39} 提供,调整 R_{P5} 使同相端 3 对 COM 的电压 V_3 略高于 0 V,如+0.02 V。由 R_{36}、R_{37} 和 D_9 构成的分压器,给运放的反相输入端 2 提供电压 $V_2=0.40$ V,因此,电压比较器的输入

电压是 $V_3-V_2=-0.38$ V，经放大后输出反向饱和为 $V_1=-3.86$ V，使振荡器停振。当被测电路接通时，相当于在 R_{37} 上端与 COM 之间并联了一个小阻值电阻 R_x，使 $V_2=0$。此时，比较器翻转，输出为正电压，$V_1=2.43$ V，使振荡器起振。可控振荡器由两输入端四与非门 4011B 和 R_{43}、C_{13}、R_{42} 组成，比较器的输出接 A_{4a} 的输入端，起控制作用。R_{42} 的作用是提高频率稳定性，若忽略 R_{42} 的影响，则振荡频率为

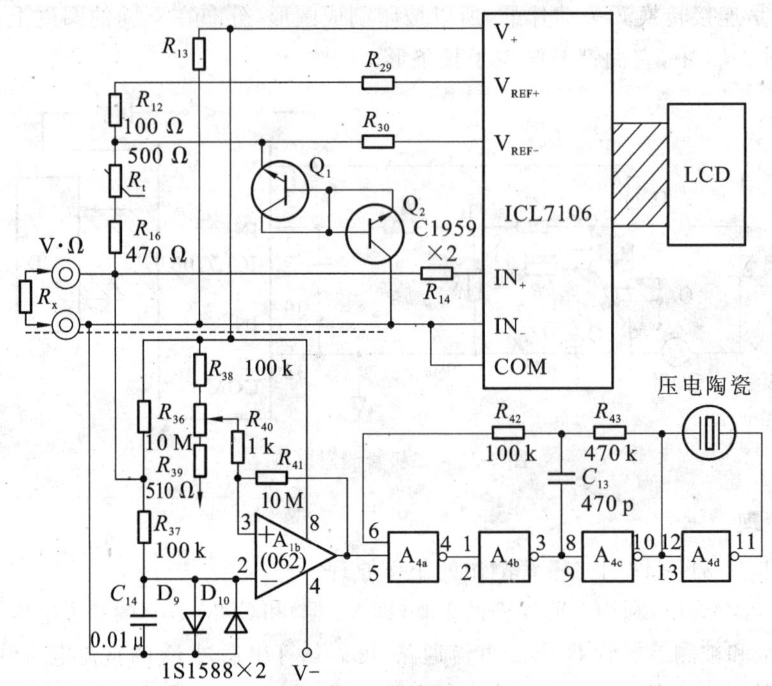

图 2-32 蜂鸣器电路

$$f_0\approx\frac{0.455}{R_{43}C_{12}}=2\ 060\ \text{Hz}$$

可控振荡器起振后，压电陶瓷片发出蜂鸣声。

二极管 D_9 和 D_{10} 起保护作用，避免误操作时用"◦)))"挡测电压而导致损坏运放 A_{1b}，正常使用时 D_9 和 D_{10} 相当于开路。C_{14} 是为滤除比较器输入干扰而加入的。

使用"◦)))"挡测试线路通断时，当被测线路的电阻 R_x 小于某个值时，即当 $V_2>V_3$ 时，蜂鸣器便发出蜂鸣声。这个阻值的大小，可通过调节 R_{P5} 的中心抽头位置得到。这个计算工作可由读者自己完成。

由于使用"◦)))"挡时，使用者可以只听声音而不必注视万用表，这样可以专心关注表笔和电路的接触，从而提高检测效率。综上所述，蜂鸣器电路可以用于快速测试电路的通断状态，并能显示电路的通态电阻值（<200 Ω）。

2.16 DT-830 的保护电路

以上各小节讨论了 DT-830 的各挡测试电路，包括 NPN、PNP 型三极管的 h_{FE} 测试，直流电压和交流电压的测试，直流电流和交流电流的测试，电阻值的测试，二极管的测试，电路的通断测试和蜂鸣器电路。使用者在使用 DT-830 时，错误操作是经常会发生的，如何在错

误操作发生时保护电表的主要部分不致损坏，这是设计者应该考虑的问题。只需测试 h_{FE} 的两挡，这两挡是对三极管进行静态测试的，故不可能引入外界高压，因而没有设置保护电路，而其余各挡均设置了保护电路。保护电路可分为如下几种类型。

(1) 由 R_{16}、R_t、Q_2、Q_1 组成的保护电路。

在如图 2-31 所示的二极管测量电路，如图 2-32 所示的蜂鸣器电路，以及如图 2-26 所示的电阻测量电路中都画出了由 R_{16}、R_t、Q_2、Q_1 组成的保护电路，并且都介绍了它们的工作原理。实际上，在直流电压和交流电压的测试电路中，保护电路仍然是由上述元件组成的，只是增加了一个电阻 R_{14}(270 kΩ)，将它们按照 R_{14}、R_{16}、R_t、Q_2、Q_2 的顺序串联起来，并连接在芯片 ICL7106 的 30 脚(IN_-)和 R_{31} 之间，只是在图 2-20 和图 2-23 中没有画出来而已。

(2) 由快速熔丝 BX，二极管 D_1、D_2 组成的保护电路。

此保护电路是在电表进行直流电流和交流电流测试时起作用的，该保护电路在图 2-22 中画出，其电路保护原理介绍如下。如果使用者不慎将处于电流测试状态的万用表用于测量高电压，若输入电流超过 0.5A，则快速熔丝 BX 会迅速烧断，避免分流器损坏。如果 BX 的熔断速度不够快(这是完全有可能的，因热效应总是有滞后的)，那么，D_1、D_2 就可能会损坏。如果输入电流小于 0.5A，则 D_1、D_2 将起到限幅作用，使分流器两端的电压不超过 D_1、D_2 导通时的正向压降 V_D(即不超过 0.7V)，从而保护了分流器。如果 D_1、D_2 此前已经烧断，或造成接触不良，那么电阻分流器就有可能损坏。

(3) ICL7106 芯片 IN_+ 与 IN_- 之间的保护电路。

在误操作的情况下，如将 200 mV 挡用于测量 500 V 高压，有可能出现保护电路中的 Q_2 被反向击穿，而 Q_1 正向导通的情况，这时加到 R_{31} 或 IN_+ 与 IN_- 间的电压仍将超过 180 V，由此可见，仅靠 Q_1、Q_2 保护 ICL7106 是不可靠的，因此在 ICL7106 内部 IN_+ 与 IN_- 之间设计了自身的保护电路，如图 2-33 所示电路中虚线框内的部分即为保护电路。R 的阻值一般设计为 1.5～2.5 kΩ。由图 2-33 可知，即使外面的保护电路被击毁，加到 R_{31} 和 IN_- 间的电压 U_1 可能达到±200 V，则通过 R_{31} 的电流不会超过 0.43 mA，而电压则被相应的二极管所钳位。因此，DT-830 的直流电压挡具有很好的保护功能及过载能力，一般不会损坏 ICL7106 芯片。

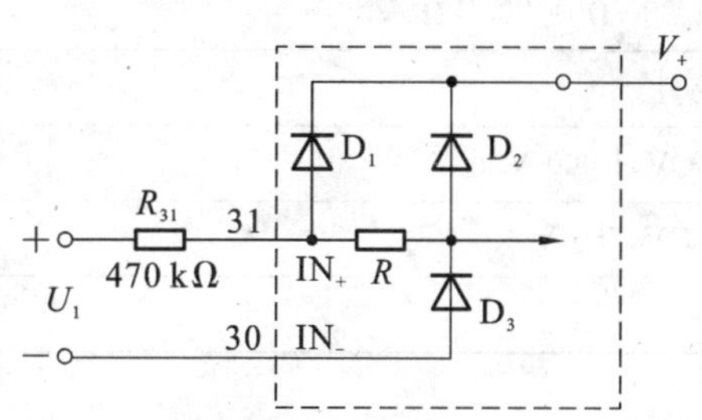

图 2-33　ICL7106 内部保护电路

 2.17　换挡开关与小数点显示状态表

DT-830 的测试功能较多，前面各节已分别进行了介绍。可以将 DT-830 整机电路看成是由各功能模块电路组成的，这些功能模块有些是所有测试功能都要使用的，这就是数字表头部分；有些只是部分功能公用的，如由 D_1、D_2 组成的保护电路，只是电流测试功能使用，又如电流分流器模块(由电阻 R_2、R_3、R_4、R_5、R_{cu} 组成)也只是电流测试功能使用的；而由 Q_1、Q_2、R_{16}、R_t 组成的过压保护电路模块则是电压测试、电阻测量、h_{FE} 和线路测试等使用的。这些公用模块的转换则是通过换挡开关的 6 片动片 $S_{1\text{-}1}$，$S_{1\text{-}2}$，$S_{1\text{-}3}$，$S_{1\text{-}4}$，$S_{1\text{-}5}$，$S_{1\text{-}6}$ 的同步旋转来实现的。由于换挡开关可以有 28 挡指示位置，有 6 个动片，故又称为 6 刀 28 位转换开关。从 DT-830 的电路原理图(见图 2-17)上看，当换挡开关指向某一功能挡时，如直流电压 1 000 V 时，则代表 6 个动片的 6 个双箭头符号"↔"同时向下移到对准直流电压 1 000 V 的同一水平

线上。

另外，前面介绍过的 LCD 上的小数点 dP_1，dP_2，dP_3（见图 2-18）是由外围电路 4077B 驱动的，在各挡测量中，到底驱动哪一位小数点显示，是根据量程预先设计好的，接线功能的转换则是由换挡开关中的动片 $S_{1\text{-}6}$ 来实现的。当换挡开关在不同测试挡位时各小数点的显示与否如表 2-2 所示。

表 2-2　小数点显示与否状态表

换挡开关位置	对应显示的小数点	LCD 的量程读数
DCV 或 ACV，2 V	dP_1	1.999
DCA 或 ACA，2 mA		
Ω、2 kΩ 或 2 MΩ		
—▷|—		
DCV 或 ACV，20 V	dP_2	19.99
DCA 或 ACA，20 mA（或 10 A）		
Ω、20 kΩ 或 20 MΩ		
DCV 或 ACV，200 mV 或 200 V	dP_3	199.9
DCA 或 ACA，200 μA 或 200 mA		
Ω、200 Ω 或 200 kΩ		
•)))		
DCV，1 000 V	都不显示	1 999
ACV，750 V		
h_{FE}		

2.18　DT-830 的印制板结构、调试与检验

DT-830 的全部电路制作在一大一小两块印刷电路板上。在图 2-18 中，虚线框内的电路制作在小印刷电路板上，其余制作在大印刷电路板上，二者通过 8 针插头插座和两个螺钉孔相互连接。图 2-18 中 $J_1 \sim J_8$ 表示 8 针插头插座的连接线。

任何一台电子仪器或电子设备在焊接组装过程中，或者组装完毕之后，都要进行必要的调试和检测，数字万用表也不例外，否则不能合格出厂并投放市场。下面结合 DT-830 的具体情况讨论数字万用表的调试和检验的方法、流程。

调试数字万用表应在标准测试条件下进行，这些条件包括环境温度、相对湿度、工作位置等，不同国家对不同等级的仪表具体的规定有差异。需要注意的是，仪表对大气压强也是有要求的，这是因为气压低，空气就稀薄，仪表的散热条件变差，功耗容易超出规定值。因此，在高山、高原地区应适当缩短仪器仪表的连续开机时间。

在规定的标准条件下，应该使用标准源对仪器仪表进行调试和检验。选择标准源时有一定的基本要求，主要是标准源的各项误差要小于被测仪表，其精度至少也应高一个档次，标准源要定期送交国家法定的计量部门检定合格后，在规定的合格期内使用。

数字万用表的一般调试流程是先调零点，后调功能；先直流，后交流；先电压，后电流；先低挡，后高挡；先基本挡，后附加挡。

对于 DT-830 来说，具体流程如下。

1. 零点检验

转换开关置于 DCV 200 mV 挡，当输入开路时，显示屏上可能会有数字出现，这是外界感应电压造成的，但其显示应在 10 个字以下，如果用手触摸表笔，显示字应有变化。将两表笔短接后显示值应为“00.0”，否则不正常，应予以检查，或判为不合格。DT-830 的数字表头是一个 200 mV 的直流电压表，表头的零点检验首先应该合格，其合格后，其他各挡的零点检验才可能合格。如果不合格，则要根据图 2-16 进行检修，从原理上判断，一定是在 IN_+ 和 COM 的输入回路中存在断路现象。例如，表笔线断了或接触不良，也可能是动片 K_1 与两边的铜箔接触不良，也可能电阻 R_{31} 焊接不良存在假焊现象等。只有在表头零点检验合格的基础上，才能进入下一步的检验或调试。

2. 表头满量程的调试

将 DT-830 与标准直流电压源按图 2-34 连接。调节标准电压源，使其输出为 100.0 mV，找到 DT-830 中电位器 R_{P3}，微调 R_{P3}，使 DT-830 显示“100.0”；改变输入为 199.9 mV，观察 DT-830 的显示是否也为“199.9”；再将输入分别改变为 20 mV 和 −100.0 mV，分别观察 DT-830 的显示是否与输入吻合，或误差不超过±0.1 mV，否则要反复微调 R_{P3}，使以上各种情况均符合要求为止。如果都不行的话，则要更换元件或判为次品。表头调试完毕后，R_{P3} 便不能再随意调动了，一般要滴上一滴防动胶或防动漆，以防止在运输或移动过程中，R_{P3} 中心头的位置发生移动而产生误差。

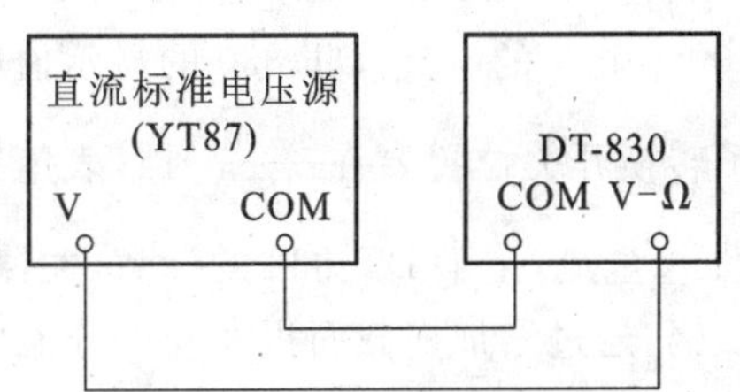

图 2-34　表头的调试接线示意图

表头调试完毕后，其余各挡大多只是检验的问题，只要各转换电路的参数设计和元件选择均符合要求，焊接也不存在问题，那么检验过程一般是能满足设计指标的。如果有问题，就要检查上述的各环节在哪一步出了差错，再有针对性地予以纠正。

3. 直流电压挡各挡的检验

依次将转换开关转至 2 V、20 V、200 V、1 000 V 等量程，接线图仍如图 2-34 所示，分别输入 1.000 V、10.00 V、100.0 V、1 000 V 的标准直流电压，观察 DT-830 的显示值，其显示值应在规定误差之内。

4. 交流电压挡各挡的调试与检验

交流电压挡各挡的检验接线图如图 2-35 所示。标准源为标准交流电压源。

将 DT-830 设置在 ACV 2 V 挡，并使标准源输出 50 Hz、1.000 V(RMS 值)的信号，调节 DT-830 电路原理图中 R_{P4}，使 DT-830 的读数显示为 1.000 V；然后依次将量程开关设置在 200 mV 挡、20 V 挡、200 V 挡、750 V 挡，分别输入 100.0 mV、10.00 V、100.0 V、750 V 交流电压，DT-830 均应显示在规定的范围内，否则微调 R_{P4}，直到各挡都满足误差要求为止。最后，还要改变输入交流电压的频率，一般可选择 60 Hz 和 400 Hz 作为代表，重复上述过程。

5. 直流电流挡的检验

直流电流挡的电路接线如图 2-36 所示。直流电流源可以输出 0～10 A 的可调直流电流，将其与监测表和 DT-830 串联起来组成检验电路。

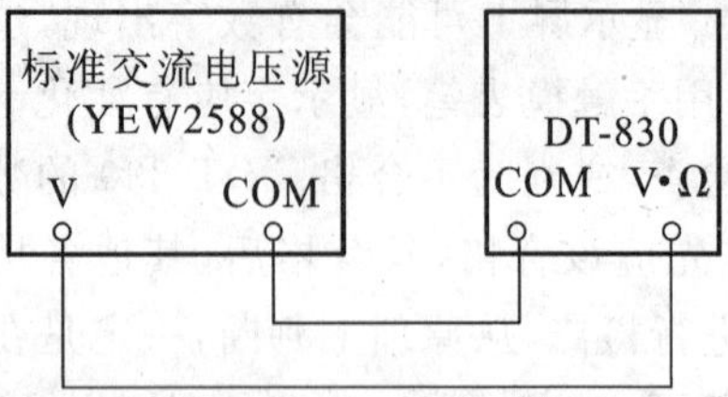

图 2-35　交流电压挡的检验接线示意图

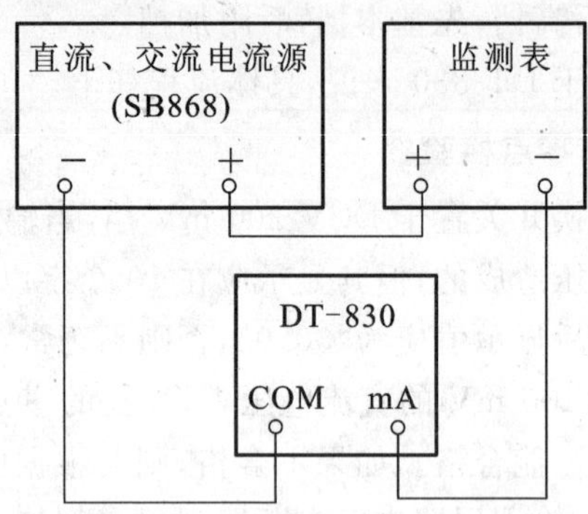

图 2-36　直流电流挡的检测接线示意图

在 200 μA 挡、2 mA 挡、20 mA 挡、200 mA 挡，分别输入 100.0 μA、1.000 mA、10.00 mA、100.0 mA 的电流，DT-830 的显示值应在规定范围内。对于 10 A 挡的检验要特别注意：除了转换开关位置要在$\frac{20\ \text{mA}}{10\ \text{A}}$挡，表笔插孔也要移到 10 A 插孔中来。检验时，由电流源输出 10 A 电流，记下 DT-830 的计数，关掉电源，如果计数为上偏差，则在 R_{cu}（即锰铜丝电阻）上加锡，通过增加横截面积来减少分流电阻值，若为下偏差则刮锡。重复上述步骤，直至显示值在误差范围之内。

6. 交流电流挡的检验

交流电流挡的电路图与检验方法都与直流电流挡类似，只是电流源输出的是频率为 50 Hz 的交流电流而已。50 Hz 交流电流检验完毕后，还要改变频率到 60 Hz 交流电流、400 Hz 交流电流各检验一遍。

7. 电阻挡的检验

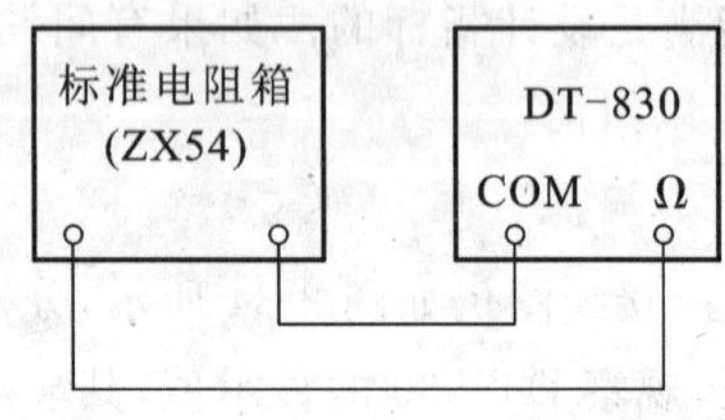

图 2-37　电阻挡的检验接线示意图

电阻挡(Ω)的检验线路图如图 2-37 所示。将 DT-830 依次设置在 200 Ω 挡、2 kΩ 挡、20 kΩ 挡、200 kΩ 挡、2 MΩ 挡、20 MΩ 挡，分别测量标准电阻箱所设置的 100.0 Ω、1.000 kΩ、10.00 kΩ、100.0 kΩ、1.000 MΩ、10.00 MΩ 的标准电阻，其显示值应在规定的范围内，否则记下计数，分析原因后，重新更换 DT-830 内部的标准电阻。

8. 二极管测试挡的检验

将 DT-830 置于二极管挡，将被测二极管的一端接“V-Ω”插孔的表笔，另一端接 COM 插孔的表笔，先测一次，然后表笔交换插孔再测一次，两次测试中，若第一次显示“1”，第二次显示“2.000”以下的值（如“0.656”）时，表示二极管正常。显示“1”时表示接“V-Ω”插孔的一端为二极管的阴极，第二次的显示值则表示二极管正向导通时的管压降。如果两次测试都显示“1”，表示二极管两个方向均不导通，意味着该二极管已烧断。如果两次测试都显示“0.000”，则表示二极管已经短路，一般是被击穿或过热短路。后两种情况都表示被测二极管已经损坏，不能再使用。

9. 蜂鸣器挡的检验

蜂鸣器挡的电路是在 200 Ω 挡电路的基础上扩展而来的。因此，蜂鸣器挡的检验电路与电阻挡检验电路相同，见图 2-37。将 DT-830 的功能转换开关转向蜂鸣器挡，两表笔连接到标准电阻箱后，可以调节标准电阻箱的电阻值，使其等于零。这时蜂鸣器应该鸣叫起来，同时 LCD 显示“000.0”值或很小的数值(如“000.2”),这个数值表示表笔的导线电阻;如果蜂鸣器不叫,则可判定图 2-32 所示电路中虚线以下部分工作不正常,应进行检修。

假设蜂鸣器和 LCD 均能正常工作,则可渐渐地加大电阻箱的电阻值,同时观察 LCD 的显示值及监听蜂鸣器的叫声,当电阻箱的电阻值加大到某一数值时,蜂鸣器会停止鸣叫,这一电阻值称为蜂鸣器的阈值电阻,并记为 R_{th}。R_{th}的大小可通过调整图 2-32 中电位器 R_{P5} 中心抽头的位置来控制。DT-830 出厂时,R_{th}的大小一般设置在 25 Ω 左右。用户也可以根据自己的需要重新调整 R_{th}的值。

2.19 其他类型的数字万用表

DT-830 是一种普及型的数字万用表,功能比较简单,相对来说价格较低。除了普及型的数字万用表外,还有中档数字万用表和智能数字万用表等多种类型的数字万用表。

中档数字万用表相对于普及型数字万用表,有三个方面的优点:①功能较多,如增加了电容挡,200 MΩ 高阻挡或电导挡,有的还增加了测温挡及频率挡和逻辑电平测试挡;②准确度较高,并且具有计数保持功能;③位数较多,如采用 $4\frac{1}{2}$位、$5\frac{1}{2}$位等,位数多的一般做成台式的形式,采用交流供电,并用发光二极管制成的数码管显示(简称 LED)。

所谓智能数字万用表一般采用 4 位～8 位单片机,或者内部带 8～16 位微处理器,通过 RS-232 或 IEEE-488 接口与计算机相连,显示位数至少为 $3\frac{3}{4}$位,有的高达 $7\frac{1}{2}$位。

除此之外,还有数字/模拟混合式万用表、数字/模拟条图双显示及多重显示数字万用表,这里不再详细介绍,有兴趣的读者可以查阅相关资料。

思考题与习题 2

2.1

1. 你使用过或见过指针式万用表吗?了解它的基本工作原理吗?能利用数字万用表的结构框图画出指针式万用表的框图吗?先试试看,再自己去找资料验证。

2. ICL7107 与 ICL7106 的区别仅在于输出级的驱动电路结构不同。ICL7107 用于制造台式万用表,使用交流电作电源,显示器采用 LED 数码管。试画出用 ICL7107 制造的台式万用表的原理框图。

3. ICL7106 是一个系列产品,查找该系列中其他型号如 ICL7107、ICL7116、ICL7117 等产品的有关资料及用途。

2.2

1. ICL7106 有多少个管脚?其中被测试信号应从哪两个管脚输入?

2. ICL7106 的“数字地”是哪一个管脚,符号是什么?

2.3

1. ICL7106 芯片是一种什么样的集成电路?为什么可以使用 9 V 层叠电池供电?

2. 什么是双积分式 A/D 转换器,复习电子技术基础的相关知识,说明它的工作过程和原理。

2.4

1. ICL7106 为什么还要留少量的外接元件,而不把它们全部集成到芯片内部呢?

2. 在图 2-4 中的二极管 D 起什么作用？能否用一个电阻来取代它？

3. 画出一个模拟开关的电路原理图，并简单介绍其工作原理。

4. ICL7106 是如何实现自动调零的？

5. 在图 2-5(a)的基础上，改变输入电压之大小，再画一次双积分过程的示意图，注意两个过程的联系。

6. 在数字万用表中时钟频率和计数频率相等吗？

7. 万用表的测量速率和什么有关？

8. 为什么要选正向积分时间 T_1 为 20 ms 的整数倍？

9. 试推导出式(2-3)：

$$N=\frac{V_{\mathrm{IN}}}{V_{\mathrm{REF}}}\cdot 1000$$

10. 复习电子技术基础，查找资料，推导出式(2-6)。

$$f_0=\frac{0.455}{RC}$$

11. 什么是锁存器？查找一个小规模集成电路的锁存器芯片，说明它的使用方法。

2.5

1. 液晶是一种什么物质？它有什么特性？

2. 什么叫扭曲排列？什么是 TN 效应？

3. 简要叙述液晶盒显示数码的工作原理。

4. 在黑暗中能看到 LCD 显示的数码吗？为什么？

5. 使用 LCD 时应注意些什么？

2.6

1. 画出由 ICL7106 构成的最小系统——数字电压表表头的简化电路图，它有几个外围元件？各起什么作用？

2. 画出 DT-830 的结构框图。

2.7

1. 在图 2-18 中的三极管 Q_3 的集电极接到了什么电位上，以哪一点作为电压参考点？

2. 找到小规模集成电路 CD4077B 的相关资料，说明其特性和使用方法。

3. 从图 2-18 中分离出小数点驱动电路，并说明其工作原理。

2.8

1. 如果希望电压表的输入电阻达到 100 MΩ，应如何设计分压电阻链？电压表的输入电阻能否无限提高？它受什么条件限制？

2. 在图 2-20 的基础上，加入输入电压过载保护电路。

2.9

1. 分析图 2-22 中，在各量程时电流表的输入电阻是否相等，若不相等，求出各自的输入电阻，若相等，求出共同的输入电阻。

2. 如果 D_1、D_2 已被烧断，是否会影响正常使用？如果 D_1、D_2 已被击穿短路呢？

3. 给出图 2-22 中电阻 R_4 的计算过程。

2.10

1. 在交流电压测量电路中，为什么要增加精密整流电路？

2. 在图 2-23 中精密整流电路的负载是什么？

3. 给出式(2-10)的推导过程。

2.11

1. 画出 DT-830 的交流电流测量电路,并给出分离过程的各个步骤。

2.12

1. 什么是比例法测量电阻?

2. 给出图 2-27 中 R_{12}、R_{11}、R_{10}、R_9、R_8、R_7 的求解过程。

3. 在 DT-830 的电阻测量中,测量精度取决于什么?

2.13

1. 从 DT-830 的电路原理图中分离出测量 PNP 三极管 h_{FE} 的电路原理图,并导出求 h_{FE} 的表达式。

2.14

1. 用二极管测试挡测试一发黄绿光的发光二极管,记录测量结果,描述测量过程,得出判断和结论。

2. 在图 2-32 中,假定被测二极管 D_x 是好的,根据 DT-830 整机原理图所给元件参数,计算通过 D_x 的电流大小。

3. 在图 2-32 中,如果 Q_2 已经被击穿断路,将会出现什么后果?

2.15

1. 复习电子技术基础,根据图 2-32 所给元件参数,画出由 A_{1b} 构成的滞迟比较器的传输特性。

2. 查阅资料,找到 CD4011B 的有关参数、管脚图等,解释它在图 2-32 中的作用。

2.16

1. DT-830 中有几种保护电路,它们各在什么情况下起作用?

2. 在图 2-33 中,如果 $U_I=200$ V,保护电路如何起到保护作用,试分析之。

2.17

1. 通过 DT-830 电路原理图(见图 2-33)中换挡开关 S_1 的移动,分析小数点驱动电路,验证表 2-2。

2.18

1. 数字万用表的一般调试流程是怎样的?

2. 对万用表的数字表头进行零点检验时,如果将两表笔短接,万用表不能指示“00.0”,问题可能出在哪些地方?

3. 检验直流电压挡时,如果误差太大,应当怎么办?

4. 数字万用表中交流电压挡的测试,响应的是均值还是有效值?指示的是均值还是有效值?

5. 在交流电压挡的调试与检验中,应当注意的要点是什么?

6. 在检验直流电流挡时,如果图 2-34 中的表笔方向接反了,将会出现什么后果?

7. 如何调整蜂鸣器阈值电阻 R_{th} 的大小?R_{th} 的大小应由什么来决定?

2.19

1. 除了普及型数字万用表外,还有哪些类型的数字万用表?

2. 进行市场调查,市场上最低价格的数字万用表是什么型号,它有哪些功能?市场上最高价格的数字万用表(包括台式)是什么型号,它有哪些功能?二者的差别在哪里?

第③章 数字万用表 DT-830B 的电路原理、组装与调试

DT-830B 是利用 ICL7106 设计的一种简易型数字万用表。除 ICL7106 和 LCD 外，该表仅使用了 24 个电阻、6 个电容和 1 个二极管，电路简单，但其测量功能仍有 20 项，并且价格低廉，适合于学生练习电子设备的焊接、组装与调试，也可作简单的电子测量使用。

3.1 DT-830B 的整机电路原理图

DT-830B 的整机电路原理图如图 3-1 所示。由该原理图可知，其三位半液晶数码显示器 LCD853 有 32 个引脚，各引脚序号用带有圆圈的数字表示，按顺时针依次标记为①～㉜。各引脚与内部各笔段的连接关系在图中也清楚地表示出来了。这些引脚大部分都是直接连接到 ICL7106 的相关引脚上，由 ICL7106 直接驱动。为了便于区别，ICL7106 的引脚序号是用不带圆圈的数字表示的，按顺时针顺序标记为 1～41。

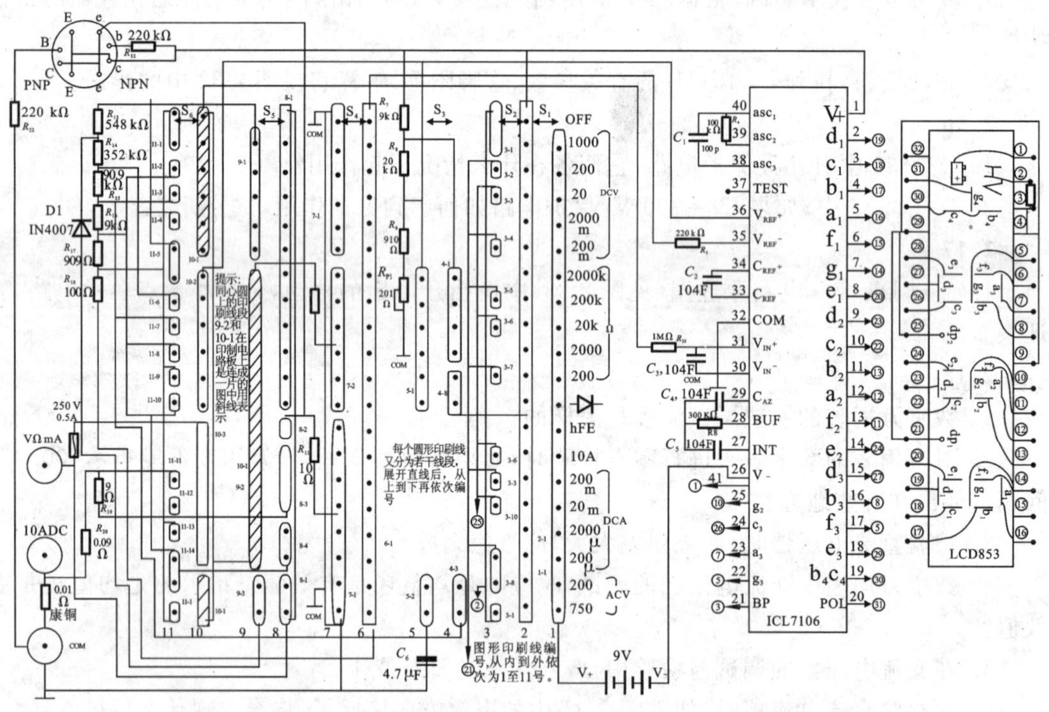

图 3-1 DT83OB 电原理图

注意：本章所使用的 ICL7106 共有 41 个引脚，与第 1 章介绍的 ICL7106 相比，多了 41 脚，这个多出的 41 脚是在 25 脚和 26 脚之间引出的，其功能是用来驱动 LCD 上的电池显示符号，因此 ICL7106 的 41 脚连接到 LCD853 的①脚，这一连接在图 4-1 中是用一种简化的箭头方式表示出来的，图 4-1 中普遍使用了这种简化方式，使得整机原理图变得整洁、简单和易于读图。

这里的ICL7106除了多出41脚外，其余各引脚的功能与第1章介绍的完全一致，并且图中都作了明确的标注，故不再赘述。

在图3-1中可以看到，LCD的③④⑨㉙㉜这5个引脚是连通的，并且连接到了ICL7106的21脚（背电极驱动端），这说明LCD有5个背电极，其显示部分是分成5个显示单元来制作的，因此这5个显示单元的背电极分别用一个引脚引出。至于每一个引脚对应于哪一个显示单元的背电极的引出脚，要求读者自己通过实验来回答这个问题，至少也应该设计出实验程序、说明实验方法。

LCD853的㉑、㉕、②脚分别与内部的小数点dP_1、dP_2及显示符HV相连，它们分别连接到功能选择开关相应的印刷圆弧形线段上，受功能选择开关控制。

DT-830B的功能选择开关主要由三部分组成，包括正面带有箭头指示的旋钮，装在圆盘反面定位片上的六个V形簧片以及与六个V形簧片相接触、分布在11个同心圆圆周上的印刷电路圆弧形铜箔。六个V形簧片在旋钮上的安装部位示意图如图3-2所示。

将六个簧片按其到旋钮中心的距离，由近及远依次定义为S_1、S_2、…、S_6，标注于图3-2上。每个簧片都是由具有一定弹性的导电性能良好的金属片制成，每个簧片上都有两个触点与工作时这两个触点和相应的印刷电路上的圆弧形铜箔相接触，从而接通所需要连通的电路。与六个簧片相配合、实现测量功能转换而分布在11个同心圆圆周上的印刷电路铜箔的实际结构图如图3-3所示。为了便于描述，将这11个同心圆圆周，从内到外，依次编号为1、2、…、11，如图3-3中所标注的那样。在图3-3中，还画出了六个V形簧片各自分别连接哪两个圆周的对应关系。由图3-3可以看出，S_1是负责连接1号和2号圆周上的铜箔的；S_2是负责连接2号和3号圆周上的铜箔的；S_3是负责连接4号和5号圆周上的铜箔的；S_4是负责连接6号和7号圆周上的铜箔的；S_5是负责连接8号和9号圆周上的铜箔的，S_6是负责连接10号和11号圆周上的铜箔的。这种连接关系映射、变换到图3-1中则看得更加清楚。

要指出的是，在图3-3中还可以看到9号、10号圆周上的部分铜箔是连通的，但是，经过映射、变换到图3-1上后，它们却分开了，这一点应注意。

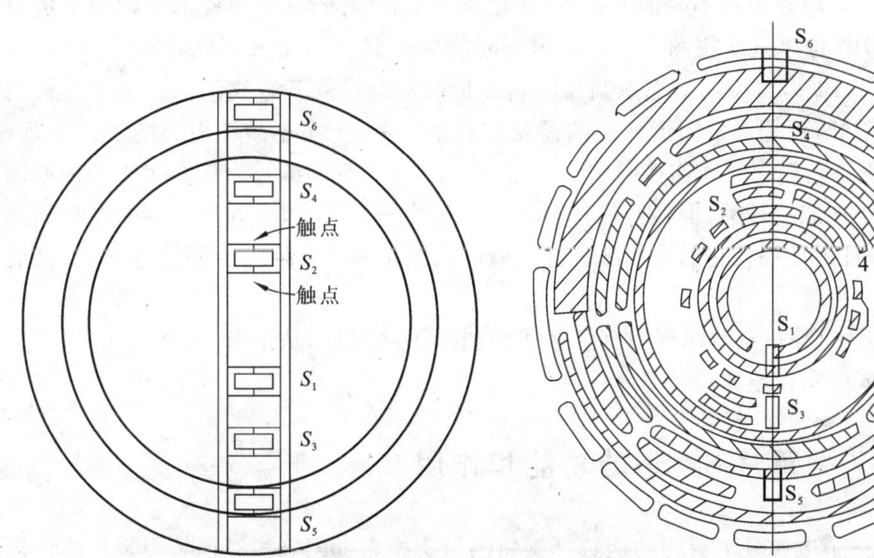

图3-2　V形簧片在旋钮上的位置分布　　图3-3　分布在11个同心圆圆周上的印刷电路裸铜箔

在图3-1中可以清楚地看到，ICL7106的2脚至25脚，以及41脚都接到了LCD853相应的各引脚上;26 脚连接 9 V 电源的负极;27 脚连接积分电容 C_5,28 脚连接积分电阻 R_6,29 脚连接自动调零电容 C_4,30 脚和 32 脚相连作为本仪表的公共地端,也是被测直流电压的负极性输入端;33、34 脚接基准电容 C_2;38、39、40 脚接时钟振荡器的阻容元件 R_4、C_1;37 脚是 ICL7106 的数字地,由于 DT-830B 是一种简易型数字万用表,没有设计外围的数字电路,所以 37 脚悬空未用,这正好可以提供给读者在进行 LCD 各笔段显示是否正常的测试实验时使用;1 脚和 36 脚直接连接到功能选择旋转开关的相应印刷圆弧线上;而 31 脚经1 MΩ电阻与 104 电容组成的输入滤波器;35 脚则经 22 kΩ 限流保护电阻分别连到了功能选择旋转开并的有关印刷圆弧线上,这里所说的印刷圆弧线,就是图 3-3 中分布在 11 个同心圆圆周上的印刷电路的弧形铜箔。这些弧形铜箔,经过映射和等效变换到图 3-1 中变成了一些两端带圆弧的矩形条。

思考:为什么在图 3-3 中分布在 11 个同心圆圆周上的圆弧形铜箔,在图 3-1 中就变成了一段段的矩形条了呢?

这是因为在绘制图 3-1 时,用展开和变换的方法将与功能选择旋转开关相配合的圆弧形印刷线展开成直线形,而将在同一直径上的六个簧片 S_1 至 S_6 变换到同一水平线上,将旋转开关的旋转运动变换为垂直的上下移动,并保持电路的原理不变,因此可以按照图 3-1 来分析 DT-830B 的旋转开关处于不同选择状态时的电路的工作原理。

在图 3-3 中可知,分布在 11 个圆周上的圆弧形印刷线有许多又是分成若干段的,为了描述的方便,除了对圆周进行编号之外,还要对每段圆弧进行编号。例如,最外一圈的圆弧形印刷铜箔分成了 14 段,因此它们的编号是根据它们展开成直线后的位置,从上到下依次编导为 11-1,11-2,…,11-14,如图 3-1 中标注所示。印制电路板上实际的圆形印刷线如图 3-3所示。图中还标出了六个簧片所在的位置,簧片所起的作用相当于转接开关。为了将这种圆形的转接电路结构变换成图 3-1 所示的直线形平行移动式转接电路原理图,必须将各圆形印刷线在维持电路原理不变的前提下,在相应的位置割断,从而将圆形印刷线变成直线形状,凡是被割断的圆弧线在图 3-1 中都用割断线的形状表示出来,例如图中编号为 2-1,3-1,6-1,7-1,8-1,10-1,11-1 的这七条圆弧印刷线是被割断后展开直线形的。由于这种割断并不是实际的割断,而是为了图形变换的需要进行的割断,为了不破坏电路的工作原理,所以在图 3-1 中仍将它们用导线连接起来。在图 3-3 中,可以看到编号为 9-2,10-1 的两段圆弧印刷线实际上是连成一片的,但展开后在图 3-1 中却被分开了,因此在图 3-1 中将它们画上阴影线表示,并且用导线将它们连起来。这样做的目的是为了既保持电路原理不变,又能引起读者的注意和重视。

对 DT-830B 的整机电路原理图有了上述的初步了解之后,从下节起,将对 DT-830B 的各挡功能所形成的测试电路进行分析。

3.2 V 型簧片 S_1、S_2 的功能和作用

S_1 相当于一个电源开关。当功能选择旋钮的箭头指向 OFF 时,6 个 V 型簧片的位置如图 3-1 所示。由图可知,S_1 只与圆周 2 上的铜箔相接触,没有与 1 号圆周上的铜箔接触,因此 9 V 电源的正极没有与 ICL7106 的 1 脚接通,电路的其他部分也没有加上电源,仪表处于关闭状态。当功能选择旋钮按逆时针方向旋转时,6 个 V 型簧片 S_1 至 S_6 就相应地同时平

行地向下移动。由图 3-1 可知，只要不是在 OFF 挡，S_1 就一直将 1 号圆周和 2 号圆周上的两条铜箔接通，也就是将 9 V 电源的正极与 ICL7106 的 1 脚接通，同时也向其他部分的电路供电，DT-830B 开始工作，处于待机状态。由此可见，V 形簧片 S_1 就是仪表的电源开关，它就只有这一个功能，没有其他作用。

V 形簧片 S_2 的作用是当功能选择旋钮旋转到不同的测量挡位时，它能决定小数点 dP_1、dP_2 及显示符 HV 是否应该点亮。图 3-1 中，编号为 3-1 的铜箔连接到了 LCD853 的②脚，而②脚是与显示符 HV 相连的，当功能选择旋钮指向"DCV 1000"或"ACV 750"时，V 形簧片 S_2 将电源的正极连接到了编号为 3-1 的铜箔上，也即连接到了显示符 HV 上。由于 LCD853 的所有的 5 个背电极都与 ICL7106 的 21 脚相连，即 50 Hz 方波加到了这 5 个背电极上，因此，当显示符 HV 连接到电源的正极时，显示符 HV 必然被点亮。

编号为 3-2、3-4、3-5、3-7、3-9、3-11 的 6 个印刷铜箔是并联的，并且都接到了 LCD853 的㉑脚。当功能选择旋钮分别指向"DCV 200"、"DCV 200 m"、"200 kΩ"、"200Ω"、"DCA 200 m"、"DCA 200 μ"、"ACV 200"等以 200 为满量程的挡位时，V 形簧片 S_2 都将电源的正极分别通过上述 6 个短的印刷铜箔连接到 LCD853 的㉑脚，从而将小数点 dP_1 点亮。

类似地，编号为 3-3、3-6、3-8、3-10 的 4 个印刷铜箔是并联的并且都连接到了 LCD853 的㉕脚。功能选择旋钮是通过簧片 S_2 将高电平连接到这些铜箔上，从而点亮小数点 d_{P2} 的。

上面详细地分析了 V 形簧片 S_1、S_2 的功能和作用，在以下各节关于具体测量电路的形成和分析时，我们将不再重复描述，它们将发挥上述介绍的功能。

在以下各节中，我们将重点分析当功能选择旋钮指向不同的测量功能时，如何从图 3-1 中获得 ICL7106 的 36 脚、35 脚、31 脚以及 1 脚通过 V 形簧片 S_3、S_4、S_5、S_6 的平行移动（在万用表中实际是旋转运动）和外接元件以及插孔、插座形成不同测量功能的电路原理图，并对各原理图的设计方法、元件参数的选取进行分析和讨论。

3.3 DT-830B 中的数字电压表表头的组成与分析

在 2.6 节中曾经介绍了由 ICL7106 构成的最小系统——数字电压表表头，并且给出了最小系统的电路原理图如图 2-16 所示。在 DT-830B 中也存在着这样一个数字电压表表头，它的电路原理图与图 2-16 类似，并且更简单一些。数字电压表表头，实际上就是一个量程为 200 mV 的直流数字电压表。可以方便地从图 3-1 中分离出 DT-830B 的数字电压表表头，如图 3-16 所示。在图 3-16 中仍按实际顺序保留了三个 V 形簧片 S_1、S_5、S_6 的位置，并且在它们的两端标出了与它们接触的弧形印刷铜箔的编号。例如，V 形簧片 S_1 是与编号为 1-1 及 2-1 的弧形印刷铜箔相连的，则在其两端按实际顺序标出了 1-1 及 2-1。不管实际的弧形印刷铜箔有多长，它们在电路原理图上都可以等效为一个点或一根导线。

由第 2 章 2.4.1 节关于设计万用表选择基准电压 V_{REF} 的关系式(2-5)，一般选 V_{REF} = 100 mV。即在图 3-4 中，要求在 36 脚和 35 脚之间的电压降 V_{REF} = 100 mV，这可以通过调整电位器 R_{P1} 中心头的位置来实现。第 2 章 2.4.1 节指出 ICL7106 依靠内部稳压管的作用，使得 1 脚和 32 脚之间的基准电压 E_0 = 2.8 V，在电源电压由 9 V 降到 7 V 时基本维持不变。在图 3-4 中 V_{REF} 就是由 E_0 分压得到的。根据图 3-4 中提供的参数，可以计算出 V_{REF} 的调节范围是 85～103 mV。计算过程如下。

当 R_{P1} 的中心头调节到上端时，有

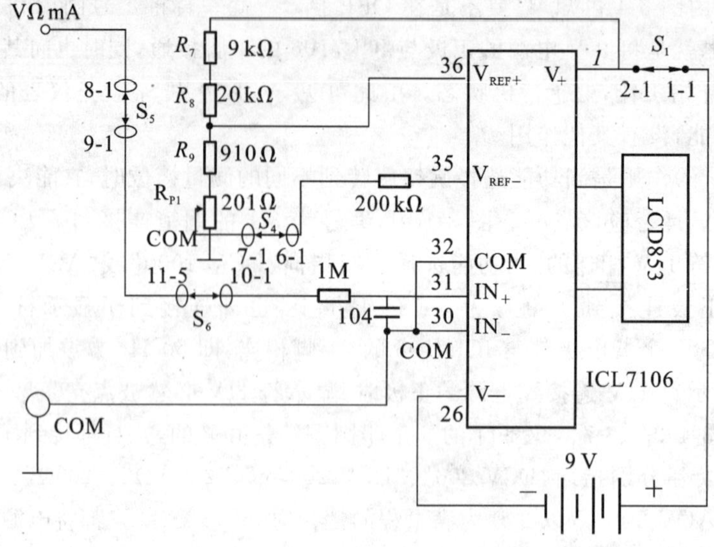

图 3-4　DT-830B 中的数字电压表表头

$$V_{REF}=\frac{2.8\times0.91}{20+9+0.91}\ \text{V}\approx0.085\ \text{V}=85\ \text{mV}$$

当 R_{P1} 的中心头调节到下端时，有

$$V_{REF}=\frac{2.8\times1.11}{20+9+1.11}\ \text{V}\approx0.103\ \text{V}=103\ \text{mV}$$

由上述计算结果可知，这个设计是可以接受的，但不是最好的，因为 V_{REF} 的调节范围在上端留有的余量太小，如果电阻值偏离标称值过大，就很可能调不到 100 mV 的结果。读者可以根据分压电阻链的分压原理重新选择这几个电阻，但不要偏离原阻值过大。在本仪表的调试中，只需要调整这一个电位器，即调节 R_{P1} 的中心头位置，使 V_{REF} 为 100 mV，就完成了本仪表的调试工作，其他部分无须调整。

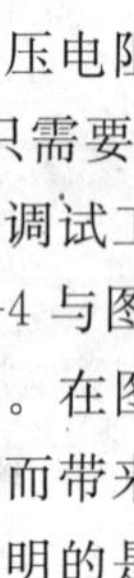

将图 3-4 与图 2-16 对比，不难发现，两个图本质上是一样的，只是分压电阻链的形式稍有不同而已。在图 2-16 中用 2 个并联电阻来取代一个电阻，这样做可以减小因实际电阻值偏离标称值而带来的误差。

需要说明的是，在图 3-4 中这种获取参考电压 V_{REF} 的电路连接，即 ICL7106 的 1 脚、35 脚、36 脚之间的连接电路在 DCV 各挡测试中，以及 DCA、ACV、hFE 各挡测试中都是相同的，所以在后面介绍这些挡位的测试电路原理图时，与图 3-4 中相同的部分将不再画出，而只画出测试电路的输入和转换部分。但是在电阻挡和二极管挡的测试电路中，这种接法由于 V 形簧片 S_3、S_4 的转动而有了改变，那时将重新画出 ICL7106 的 1 脚、31 脚、35 脚、36 脚的连接电路，详细的情况可见图 3-15 和图 3-16。

3.4　DCV 各挡测量电路分析

使用记号笔可以在图 3-1 中勾画出 DCV(直流电压)各挡测量的原理电路，略去数字电压表表头部分，将 DCV 各挡测量原理电路重新绘制，如图 3-5 所示。关于分压电阻链的分析计算方法可参见 2.8 节，这里不再重复。

需要说明的是，在图 3-6 中画出了与 DCV 各挡有关的 3 个 V 形簧片 S_4、S_5、S_6 所在位

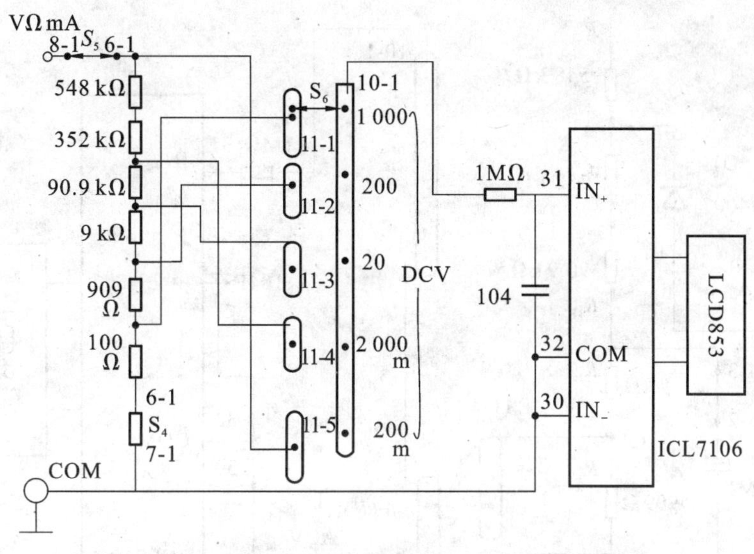

图 3-5　DCV 各挡测量电路原理

置。当功能选择旋钮转动时，S_4、S_5 分别与它们接触的弧形铜箔保持不变，仅 S_6 的一端有所变化，实现了量程的转换，S_6 这时相当于一个单刀五掷开关。与 S_4 保持接触不变的两段铜箔编号是 6-1 和 7-1，与 S_5 保持接触不变的两段铜箔编号是 8-1 和 9-1，这些都在图 3-5 中标出来了。

要指出的是，分压电阻链中，90.9 kΩ 和 909 Ω 这两个电阻值的选取是不够合理的，应分别设计为 90 kΩ 和 900 Ω 则更好。关于这一点，读者可根据第 2 章所讲的基本原理进行分析、证明。

 3.5　ACV 各挡测试电路分析

使用上一节的方法，在图 3-1 中用记号笔勾画出 ACV 交流电压各挡测量时的原理电路如图 3-6 所示。再将图 3-6 中勾画出的 ACV 各挡测量时的原理电路进行整理，并进行适当的位置调整，就得到如图 3-7 所示的 ACV 各挡测量电路原理图。

由图 3-7 可以看到，被测量的交流电压先是加到了二极管 D_1 上进行半波整流，然后又加到了由 R_{14} 至 R_{18} 等 5 个电阻所组成的分压电阻链上，经过分压后的半波直流电压又经电解电容 C_6 的滤波，成为平滑的直流电压，再一次经过分压后，根据不同的量程传送到数字电压表头的输入端——ICL7106 的 31 脚来进行测量并显示。

为了在 LCD 显示屏上得到与被测交流电压有效值一致的读数，必须根据半波整流的特性合理地选择分压电阻。下面对 DT-830B 的交流电压挡测试电路进行分析计算。设被测交流电压有效值为 V_x，并且是频率不大于 400 Hz 的正弦波。根据半波整流的性质，在图3-8 的 A 点，即分压电阻链的输入端，得到的直流平均电压 $\bar{V}_A=0.45V_x$。现以 ACV 750 挡为例，计算在 B 点得到的电压表头的输入电压 V_{IN}。根据电阻分压原理，可得

$$V_{IN}=\frac{\bar{V}_A\times 0.1\times 10^3\ \Omega}{352\times 10^3\ \Omega+90.9\times 10^3\ \Omega+9\times 10^3\ \Omega+0.909\times 10^3\ \Omega+0.1\times 10^3\ \Omega}$$

$$=\frac{0.45V_x\times 0.1}{452.909}=0.0001V_x \tag{3-1}$$

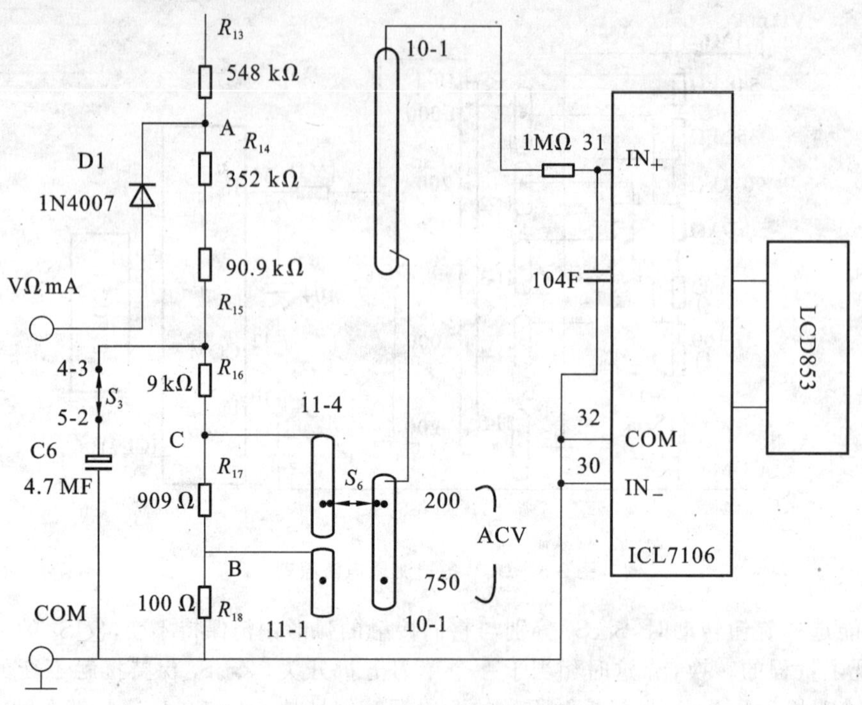

图 3-7 ACV 各档测量电路原理

假设 $V_x=750$ V，根据式(3-1)式，$V_{IN}=75$ mV，又根据第 2 章 2.4.1 节所证明的数字电压表表头的显示原理，由式(2-4)可得，LCD 显示的数字为

$$N=10V_{IN}=10\times75\ \text{mV}=750\ \text{mV}$$

750 mV 即为被测电压 V_x 的有效值。根据以上分析，所以该电路的设计是基本正确的。

当功能选择旋钮指向 ACV 200 挡时，在图 3-7 中 C 点所分到的电压应为数字电压表头输入电压，根据电阻分压原理，得

$$V_{IN}=\frac{\overline{V}_A\times(0.909\times10^3\ \Omega+0.1\times10^3\ \Omega)}{352\times10^3\ \Omega+90.9\times10^3\ \Omega+9\times10^3\ \Omega+0.909\times10^3\ \Omega+0.1\times10^3\ \Omega}$$

$$=\frac{0.45V_x\times1.009}{452.909}\approx0.001V_x$$

这里 V_x 仍然是被测电压的有效值，单位为 V。当 $V_x=198$ V 时，则 $V_{IN}=198$ mV。根据数字电压表头的显示原理，LCD 将显示的数值为

$$N=10V_{IN}=1\ 980\ \text{mV}$$

此时，由于预先在 ACV 200 挡时让小数点 dP_1 点亮(这项功能是由 V 形簧片 S_2 完成的)。所以 LCD 显示屏上显示出“198.0”的字样，表示被测电压有效值为 198.0，这就验证了 ACV 200 挡的设计也是正确的。原理图中的电容 C_6 是起平滑滤波的作用，使输入到数字电压表表头的输入电压 V_{IN} 在测试时间内保持基本恒定，从而保证 LCD 的显示值稳定。

要强调指出的是，对于 ACV 750 挡，其最高测量交流电压的有效值为 750V，并不是由 LCD 的显示所限制的，而是由 DT-830B 中的其他元件的耐压所限制，如果其他元件的耐压可以再提高，则 LCD853 显示的最大值仍然为 1999。在 ACV 750 挡时，LCD 显示屏上会显示高压指示符号“HV”，这项功能是由 V 形簧片 S_2 所完成的，这一点已在 3.2 节进行过专门的讨论。

还要指出的是，对于 ACV 200 挡，其最高测量交流电压的有效值，也并非 200 V，因为

LCD 是三位半数码显示器，最大数值只能显示 1999，小数点 dP_1 则是设计人员预先安排由 V 形簧片 S_2 点亮的，这样一来 ACV 200 挡最高可测量的交流电压有效值是 199.9 V。其他凡是含有 200 的测量挡，情况都是类似的，如 DCV 200、DCV 200 m、Ω 200、Ω 200 k、DCA 200 m、DCA 200 μ 等。

值得注意的是，DT-830B 中关于 ACV 各挡参数的设计是基于半波整流后平均直流电压的计算公式，而没有考虑滤波电容 C_6 的升压作用，这样设计是否合理，有待实践来检验。

3.6 DCA 各档测量电路分析

DCA(直流电流)测量共分为 5 挡，分别是 10 A、200 mA、20 mA 和 2000 μA、200 μA。对它们的测量电路的分析要分两组来进行。

3.6.1 DCA 10 A、200 mA、20 mA 测量电路分析

首先用记号笔在图 3-1 中勾画出 DCA 10 A、200 mA、20 mA 三挡的测量电路所示，然后再将该部分电路整理后重新绘制出来如图 3-8 所示。由于 DCA 各挡测试电路是在图 3-4 数字电压表头的基础上增加 I-V(电流-电压)转换电路得到的，所以数字电压表表头部分都可省去不画，而只画出了 I-V 转换电路及被测信号是如何从 31 脚(V_{IN+})和 30(V_{IN-})脚之间输入到 ICL7106 的。

下面分析图 3-8 中的 I-V 转换电路各参数设计是否合理。假设有大小为 5 A 的直流电流通过电流表，由 10 A 电流插孔流经 0.01 Ω 的康铜丝，再由 COM 插孔流出，那么这个 5 A 的电流在 0.01 Ω 的康铜丝上便产生了 50 mV(5 A×0.01 Ω=0.05 V=50 mV)的电压。该 50 mV 电压是经过如下步骤传送至 ICL7106 的。

0.99 Ω→9 Ω→11-12 铜箔→8-3 铜箔→S_5→9-2 铜箔→1 MΩ→31 脚

在测量 5 A 电流时，经过 I-V 转换电路，将 5 A 电流转换成了 50 mV 的 V_{IN}，于是 LCD 便显示出如下数值。

$$N=10\times50\ \text{mV}=500\ \text{mV}$$

再根据设计者预先在 10 A 电流挡时利用 V 形簧片 S_2 将小数点 dP_2 点亮，因此 LCD 实际显示数值如下。

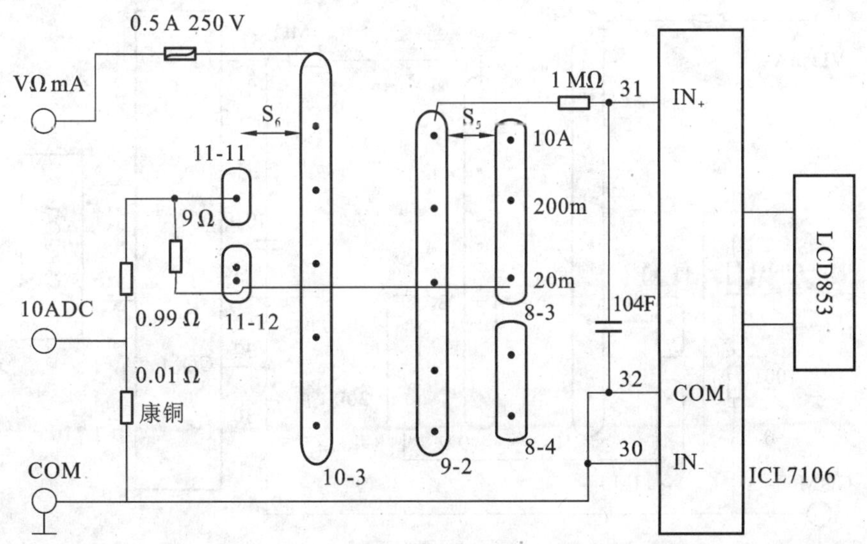

图 3-8 DCA 10 A、200 mA、20 mA 挡电路原理图

$$N=5.00\ \text{A}$$

这正是所要测量的直流电流值。上述分析证明，该电路设计是正确的。在 10 A 的量程范围内改变被测电流的大小，同样可以证明，显示是正确的。

当功能选择旋钮指向 DC 200 mA 挡时，小于 200 mA 的被测电流——假设为 198 mA，流经 VΩmA 插孔→0.5 A 保险→10-3 铜箔→S_6→11-11 铜箔→(0.99 Ω+0.01 Ω 康铜)→COM 形成回路。被检测的直流电流 198 mA 在 1 Ω(=0.99 Ω+0.01 Ω)电阻上产生了 V_{IN}=198 mV 的输入电压，此电压又经 9 Ω 电阻→11-12 铜箔→8-3 铜箔→S_5→9-2 铜箔→1 MΩ→31 脚输入到 ICL7106 内部进行检测计数，根据同样的显示规律，LCD 便显示出如下数值。

$$N=10V_{IN}=1\ 980\ \text{mV}$$

再将小数点 dP_1 预先用 S_2 点亮，便可得到如下读数。

$$N=198.0\ \text{mA}$$

这正好是通过电流表的电流数值 198 mA。

读者可以自己根据图 3-8 验证分流电阻 9 Ω 的设计参数是正确的，这里不再赘述。在 20 mA 挡时，被测电流经过电流表的通路是 VΩmA 插孔→0.5 A 保险→10-3 铜箔→S_6→11-12 铜箔→9 Ω→0.99 Ω→0.01 Ω→COM，而在串联电阻链 9 Ω+0.99 Ω+0.01 Ω 上形成的电压就是加到数字电压表表头的输入电压 V_{IN}，V_{IN}则是通过 11-12 铜箔→8-3 铜箔→S_5→9-2 铜箔→1 MΩ→31 脚这条路径到达 ICL7106 的输入端 31 脚的。

3.6.2 DCA 2000 μA、DCA 200 μA 挡测量电路分析

使用上节同样的方法，在图 3-1 中勾画出 DCA 2 000 μA、DCA 200 μA 挡测量电路之后，再整理成图 3-9 所示的电路原理图。当被测电流小于 2 000 μA 时(2 000 μA=2 mA，此处为何不用 mA 作为单位，而要用 μA 作为单位呢，请读者先思考一下)，可用此挡测试。此时，被测电流从 VΩmA 插孔流入，经 0.5 A 保险→10-3 铜箔→S_4→7-1 铜箔→COM 通过电流表。被测试电流在 100 Ω 电阻产生数字电压表头所需要的输入电压 V_{IN}，现假定被检测电流 I_x=1 850 μA，则

$$V_{IN}=100\ \Omega\times I_x=100\ \Omega\times 1\ 850\ \mu\text{A}=185\ \text{mV}$$

根据之前的分析，LCD 将显示如下的数值。

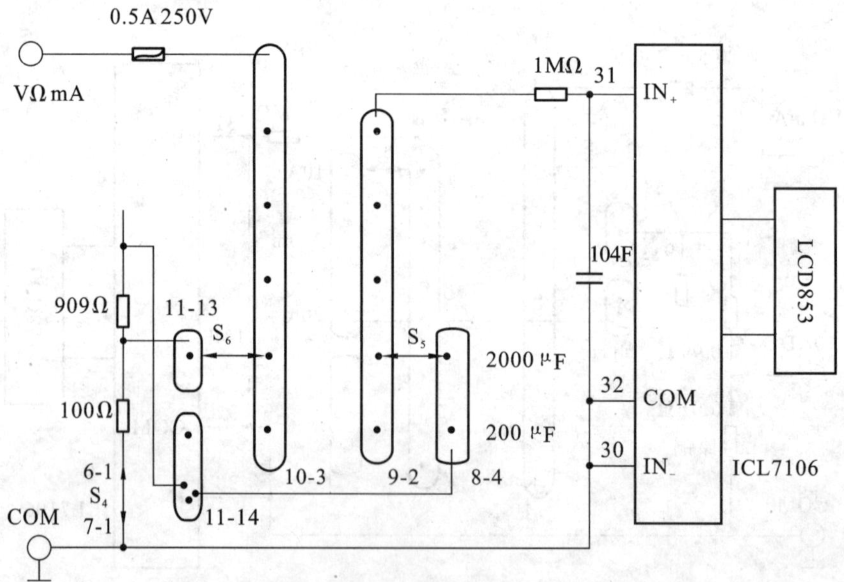

图 3-9 DCA 2 000 μA、DCA 200 μA 挡电路原理图

$$N=10V_{IN}=1\ 850\ \mu A$$

这样正好表示出被测电流是 1 850 μA。如果要选择 mA 作为单位，1 850 μA 就是 1.85 mA，则必须在 LCD 上多设计一个小数点 dP_3 及相关的驱动电路。这就是量程选用 2 000 μA 而不选用 2 mA 的优点，也是 DT-830B 设计中的一大特点。同样地，对于 DCV 挡采用 2 000 mV 量程，而不采用 2 V 量程；对于 Ω 挡采用 2 000 kΩ 量程，而不采用 2 MΩ 量程；对于 Ω 挡采用 2 000Ω 量程，而不采用 2 kΩ 量程等。

当功能选择旋钮指向 200 μA 挡时，被测电流通过 DT-830B 的路径为 VΩmA 插孔→0.5 A 保险→10-3 铜箔→S_6→11-14 铜箔→909 Ω→100 Ω→6-1 铜箔→S_4→7-1 铜箔→COM。下面检验分流电阻参数是否设计合理。设被检测的直流电流 $I_x=100$ mA，那么，I_x 在 909 Ω 和 100 Ω 上产生的电压降就是数字电压表头的输入电压，所以可得

$$V_{IN}=I_x\cdot(909\ \Omega+100\ \Omega)=100\ \mu A\times 1\ 009\ \Omega=100.9\ mV$$

V_{IN}通过 11-14 铜箔→8-4 铜箔→S_5→9-2 铜箔→1 MΩ→31 脚，传送入 ICL7106 内部进行测量计数。根据数字电压表表头的计数原理，LCD 将显示如下数值。

$$N=10V_{IN}=1\ 009\ mV$$

设计人员利用 S_2 预先将小数点 dP_1 点亮，实际显示为

$$N=100.9\ \mu A$$

表示被测电流为 100.9 μA。

这个结果与假设被测电流 $I_x=100$ μA 存在 0.9 μA 的误差，这个误差是由于电阻 909 Ω 选择不合理产生的，理论上讲，909 Ω 电阻应改为 900 Ω。但是在这里进行了更改之后，会不会影响其他功能挡位的测量呢？这必须进行进一步的分析和计算，这项工作则留给读者去完成。

 3.7 三极管参数 h_{FE}的测量电路分析

在图 3-1 中，将 6 个 V 形簧片 S_1 至 S_6 平行向下移动到 h_{FE}挡，再勾画出 DT-830B 工作于 h_{FE}测试状态的电路原理图，如图 3-10 所示。当 DT-830B 工作于 hFE 测试状态时，仍然是以数字电压表表头为基础的，为了方便介绍三极管参数 h_{FE}的测量原理，可进一步绘制图 3-10 的等效电路，如图 3-11 所示。

其中，图 3-11(a)是测量硅 NPN 三极管 h_{FE}时的等效电路，而图 3-11(b)则是测量硅 PNP 三极管 h_{FE}时的等效电路。下面根据图 3-11(a)来分析测量显示原理。根据第 2 章 2.4.1节可知 ICL7106 的 1 脚与公共地 COM 之间有一个基准电压 $E_0=2.8$ V，三极管参数 h_{FE}的测量正是利用 E_0 作为电源。在图 3-11(a)中，由于发射极 10 Ω 电阻上的电压降和 NPN 管的发射极导通电压 0.6 V 相比，可以忽略，故三极管的基极电流为

$$I_b=\frac{2.8\ V-0.6\ V}{220\times 10^3\ \Omega}=1\times 10^{-5}\ A=10\ \mu A$$

因此得到发射极 10 Ω 电阻上的电压降，也即传送至 ICL7106 的 31 脚去检测的输入电压为

$$V_{IN}=h_{FE}\cdot I_b\cdot 10\ \Omega=h_{FE}\cdot 10\ \mu A\cdot 10\ \Omega=h_{FE}\times 0.1\ mV$$

则 LCD 将显示的数值的公式如下。

$$N=10V_{IN}=10\times h_{FE}\times 0.1=h_{FE}$$

这时 LCD 显示屏上显示出的数值正好就是 h_{FE}。已知三位半 LCD 所能显示的最大数值是 1999，因此所能测量的 h_{FE}最大数值不能超过 1999，而实际上分离元件的三极管 h_{FE}参数是远低于这个值的。

对于图 3-11(b)，也可以进行类似的分析计算，相应的分析计算则由读者自行完成。

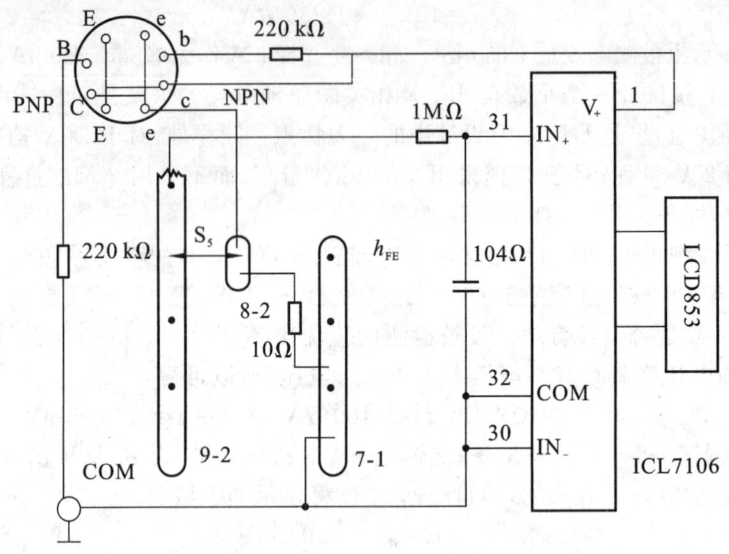

图 3-10 三极管参数 h_{FE} 测量电路原理图

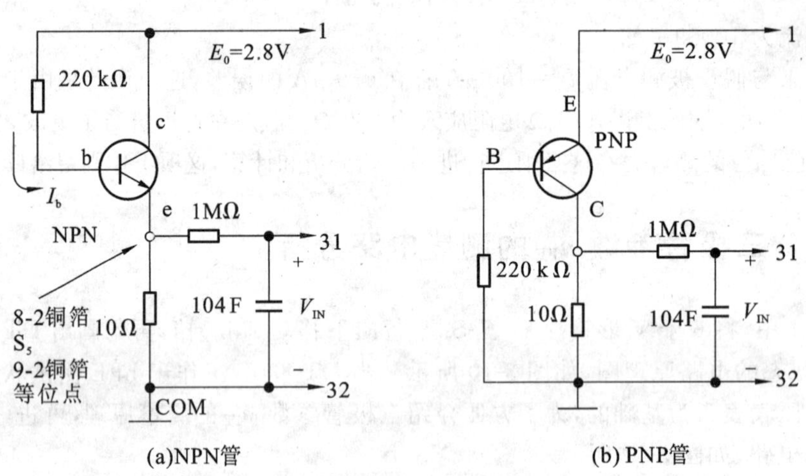

图 3-11 h_{FE} 测量电路的等效电路

3.8 Ω挡测试电路分析

Ω挡测试电路与前几节讨论和分析的 DCV 挡、DCA 挡、ACV 挡以及 h_{FE} 挡的测试电路有较大的区别。前几节所分析的测试电路是以数字电压表头，即图 3-4 所示的 DT-830B 中的数字电压表表头为基础，加上相应的转换电路，即可实现不同参数的测量。在 DT-830B 的数字电压表表头中，加到 ICL7106 的 36 脚和 35 脚之间的比较基准电压 V_{REF} 是通过9 kΩ、20 kΩ、910 Ω 和 201 Ω 可调电阻分压得到的，并且调节到 V_{REF} 为 100.0 mV 保持不变。但是，电阻值的测量不同，它的测量原理在 2.12 节进行了详细的讨论。测量电阻时，加到 ICL7106 的 36 脚和 35 脚之间的 V_{REF} 值在不同挡位是不同的。DT-830B 的Ω挡测试原理也是采用比例法测量电阻，与图 2-26 所介绍的原理是相同的，因此 LCD 显示屏的读数含义同式(2-12)式。下面运用 2.12 节所述的电阻测量原理对 DT-830B 的Ω挡测试电路进行分析。

首先在图 3-1 所示的 DT-830B 整机原理图上勾画出进行电阻测试时电路中的工作部分如图 3-14 所示。然后，按照图 2-26 所示的框架将图 3-14 中的电阻测试时电路中的工作部分整理成图 3-12 和图 3-13。图 3-12 是 Ω 挡 2 000 kΩ、200 kΩ、20 kΩ、2 000 Ω 量程的电路原理图，图 3-13 所示的是 200 Ω 挡和二极管挡测量电路原理图。在这两个图中，将 V 形簧片 S_3、S_4、S_5 所处的位置以及它们所连接的圆弧形印刷铜箔的编号都标注出来了，当功能选择旋钮在相应的挡位变化时，它们的接触并没有改变，因此在读图时，它们都可以看成为导线或一个等位点。这两个图的连接除了 S_6 改变了 36 脚与 35 脚之间的比较电阻值 R_0 的大小外一个主要的区别是在图 3-13 中 ICL7106 的 1 脚和 36 脚是连通的，而在图3-15中 ICL7106 的 1 脚和 36 脚之间有一个 9 kΩ 的电阻。当功能选择旋钮指向 Ω 挡的不同量程时，只有 V 形簧片 S_6 改变了左端的触点，此时 S_6 相当于一个单刀多掷开关，S_6 左端的触点变化，使得接在 ICL7106 的 36 脚和 35 脚之间的阻值发生了改变，从而改变了 Ω 挡的量程。根据 2.12 节图 2-26 关于电阻测量原理的描述和式(2-12)关于 Ω 挡显示数字的表达式，可以顺利地理解图 3-12 和图 3-13 中各 Ω 挡的测量电路，这里不再赘述。需要指出的是，图3-13中的 90.9 kΩ 应更正为 90 kΩ，909 Ω 应更正为 900 Ω，原设计有问题的这一点留给读者自己去证明。

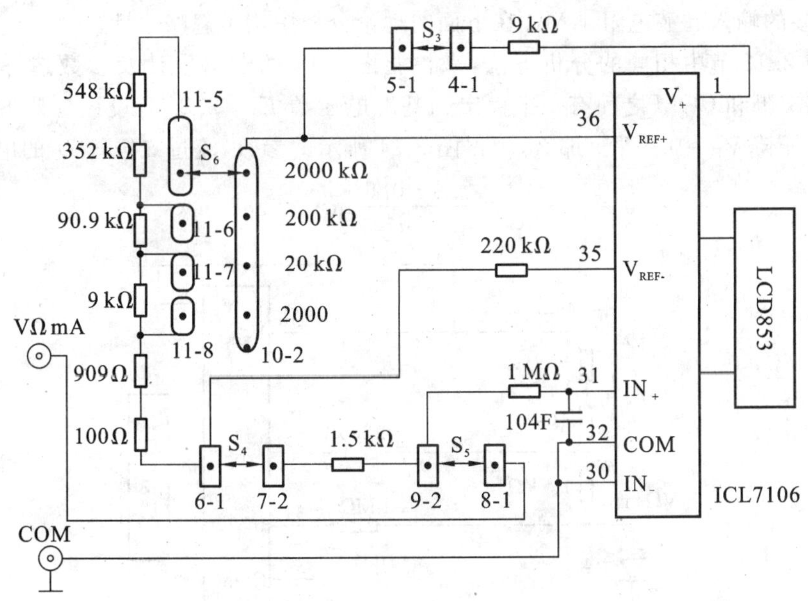

图 3-12　Ω 挡 2 000 kΩ、200 kΩ、20 kΩ、2 000 Ω 量程的电路原理图

3.9　二极管挡测量电路原理分析

仔细阅读图 3-13 中的二极管测量电路，并将其与 2.14 节中二极管测量电路进行对比，可以发现二者的测量原理是不同的。因此，不能用 1.14 节中二极管测量电路的原理来分析 DT-830B 中的二极管挡测量电路，必须对该电路重新进行分析。

在图 3-13 中，将功能选择旋钮指向二极管挡，画出此时简化的等效电原理图如图 3-14 所示。图 3-14 中 D_x 表示被检测的二极管，ICL7106 的 36 脚与 35 脚之间的电阻 R_0 = 909 Ω + 100 Ω = 1 009 Ω ≈ 1 000 Ω，而 R_1 = 1.5 kΩ，可以看成是接在 ICL7106 的 35 脚与 31 脚之间的隔离电阻，由于集成电路 ICL7106 的输入电阻很大，其 35 脚的输入保护电阻 220 kΩ 以

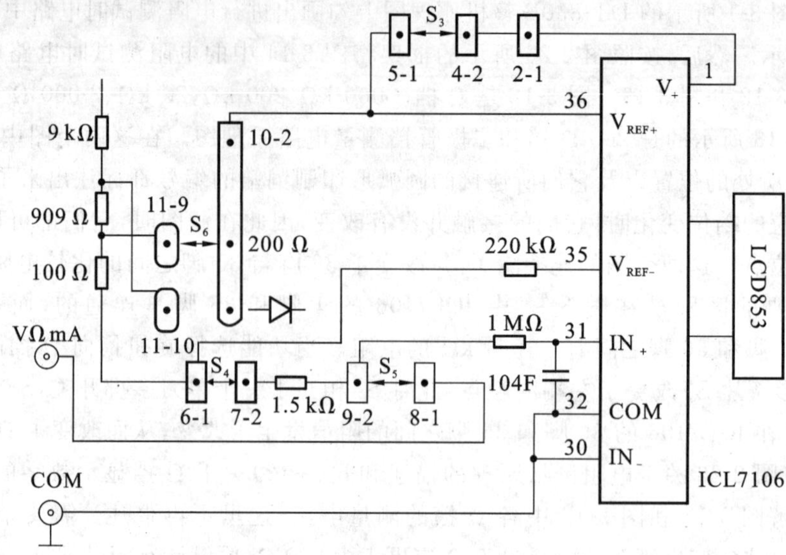

图 3-13　200 Ω 挡和二极管挡测量电路原理图

及 31 脚外接的输入滤波电阻 1 MΩ 在下面的理论分析中均可忽略不计。

采用与 2.12 节中相同的分析方法，来检验图 3-14 的电路设计及参数选择是否合理。ICL7106 的 1 脚和 COM 之间有一个稳定的基准电压源 $E_0=2.8$ V，设被检测的二极管 D_x 导通时的管压降 $V_D=0.6$ V。那么，根据图 3-14 所示的参数，流过二极管 D_x 的电流为

$$I=\frac{E_0-V_D}{R_0+R_1}=\frac{2.8-0.6}{2.5}\ \text{mA}=0.88\ \text{mA}$$

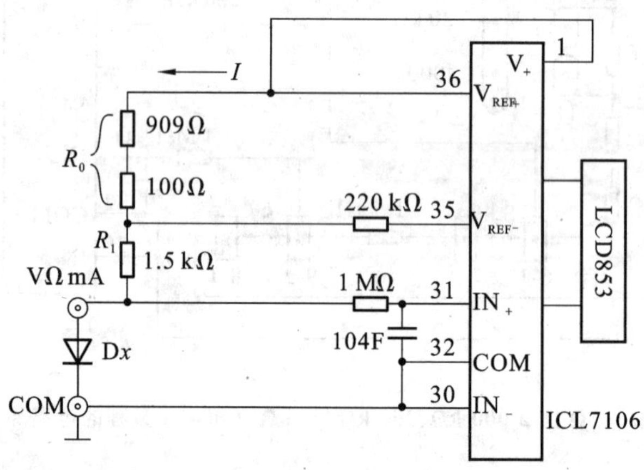

图 3-14　二极管挡测量电路的等效电原理图

这个电流是在一般二极管正常工作时的电流范围之内。假定此时 LCD 显示的数字为 N_x，那么根据式(2-3)，有：

$$N_x=\frac{V_{IN}}{V_{REF}}\cdot\frac{T_1}{T_{CP}}=\frac{V_{IN}}{V_{REF}}\cdot\frac{1000T_{CP}}{T_{CP}}=\frac{V_{IN}}{V_{REF}}\cdot 1000 \tag{3-2}$$

由图 3-14 可知：$V_{REF}=R_0I$，$V_{R1}=R_1I$

因此，可得
$$\frac{V_{REF}}{V_{R1}}=\frac{R_0I}{R_1I}=\frac{R_0}{R_1}=\frac{1}{1.5}$$

即
$$V_{R1}=1.5V_{REF} \tag{3-3}$$

又因为 $$E_0=V_{REF}+V_{R1}+V_D \tag{3-4}$$

将式(3-3)及 $E_0=2.8\ V$,$V_D=0.6\ V$ 代入式(3-4)可得

$$2.8=V_{REF}+1.5V_{REF}+0.6$$

解得 $$V_{REF}=\frac{2.8-0.6}{2.5}\ V=\frac{2.2}{2.5}\times 1000\ mV \tag{3-5}$$

将 $V_{IN}=V_D=0.6\ V=600\ mV$,以及式(3-5)代入式(3-2),可得

$$N_x=\frac{V_{IN}}{V_{REF}}\cdot 1000=\frac{600}{\frac{2.2}{2.5}\cdot 1000}\cdot 1000=\frac{600}{2.2}\cdot 2.5=682$$

数值 682 就是二极管挡在测量一个管压降为 600 mV 的二极管时 LCD 所显示的数值，单位显然应为 mV。由这个结果，可以看出测量的绝对误差是 82 mV，相对误差为 13.7%，对于一个简易测量仪表来说，这个误差是可以接受的。

希望读者在学完本节之后，对二极管挡测量电路，提出改进的设计电路和参数，并用实验来验证自己的设计是否正确、合理。同时，在掌握了这些基础知识之后，可以运用 ICL7106 来重新设计一个万用表或其他类型的数字检测仪表。

3.10 如何快捷地安装 DT-830B

(1) 在安装前，要仔细阅读《DT-830B 数字万用表实习指导书》，读懂之后，先进行试安装。

(2) 试安装时，可以将电阻、电容等元件焊上去，也可以什么元件都不焊。试安装主要是为了摸索出一套快速可靠的安装方法。试安装时，三极管插座和输入插座先不要焊，因为这两个元件的焊接对安装的影响很大。通过试安装，你就会发现这两个元件应当如何焊接才不至于影响安装。三极管插座的安装和焊接面与其他电阻、电容的安装、焊接面刚好是相反的。

(3) DT-830B 总共只有 37 个元件需要焊接，而焊点则不超过 70 个，焊接工作量并不大。关键是元件不要焊错，焊点质量要高，安装要可靠，而且便于拆卸，重新安装。

(4) 实际操作步骤如下。

① 按《DT-830B 数字万用表实习指导书》中所示的方法，将 6 个 V 型簧片装到功能选择旋钮上。

② 取下 PVC 功能面板纸的白色保护膜，将其粘贴到 DT-830B 外壳的前盖上。

③ 准备 1 个内径为 4 cm 左右的瓶盖，将瓶盖的开口向上平放在桌子上，再将功能选择旋钮置于瓶盖上，使得瓶盖的边沿正好落在两个 V 形簧片之间，而旋钮的钮柄在上方，并且钮柄上的箭头朝上，钮柄上的两个小圆孔位于左右两侧。

④ 将两个小弹簧放到上述的两个小圆孔内，再将两个小钢珠放在小弹簧上。

⑤ 将前盖的面板朝上，轻轻地套在功能选择旋钮上，使得钮柄上的箭头对准面板上的 OFF 挡。

⑥ 轻轻地向下压前盖，使前盖和功能旋钮处于紧密配合的接触状态，小弹簧则处于被压紧的状态。操作成功后，暂时轻轻地松开。

⑦ 将后盖横着平放在旁边，里面朝上，可以看到两个圆形小立柱。再回到上一步操作，压紧小弹簧后，一手捏紧旋钮钮柄，向上提，同时，另一只手向下压前盖，将前盖和旋钮同时

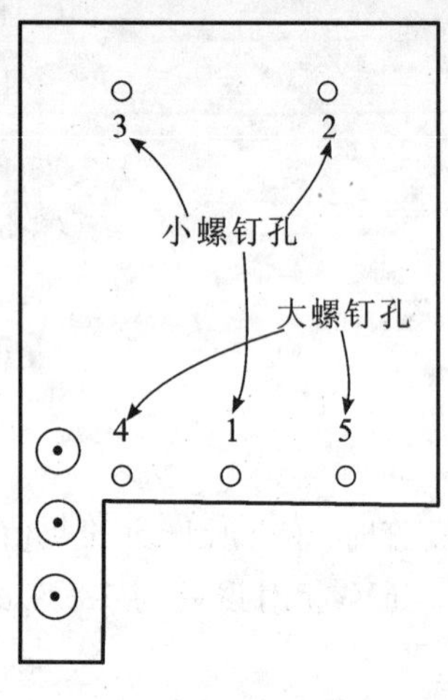

图 3-15 螺钉孔的位置

提起，翻一个面，将它们同时轻轻地放在后盖的上面，此时前盖和后盖处于垂直状态，6 个 V 形簧片向上，再慢慢放手。此时，小弹簧会伸直，旋钮和前盖又会松开一点，这不影响下面的操作。关键是让弹簧和钢珠处于一个相对稳定的状态。

⑧ 将液晶屏，液晶屏支架，导电胶条依次安放稳妥。这时，用两个手指均匀地向下压旋钮再次使小弹簧处于压紧状态，另一只手则将印制电路板前端插入前盖的前端内面一根固定压条的下方，再慢慢地放下印制电路板，同时两手只慢慢松开旋钮，直到印制电路板完全放置好并压紧弹簧，用一只手紧紧地压住电路板。

⑨ 印制电路板上有 5 个螺钉孔，如图 3-15 所示。其中 1、2、3 号孔是安装小螺钉，用于固定印制电路板。用另一只手按 1、2、3 的顺序将 3 颗小螺钉安装上去，适当地拧紧即可。盖上后盖后，可用大螺钉固定后盖。上后盖时，也要注意先将前盖小长方形固定孔和固定栓对准，再将后盖下压，压紧后再拧螺丝。至此试安装全部完成。操作熟练之后，整个安装过程不会超过 10 分钟。

思考题与习题 3

3.1

1. 为什么 LCD853 有 5 个引脚连通并且都连接到了 ICL7106 的 21 脚呢？请用实验证明你的回答是正确的。

2. 设计 LCD 灯测试实验的实验电路，并进行该实验。

3. 试分析每一个圆周上的圆弧形铜箔是在何处割断而映射到图 3-1 中的，用记号笔在图 3-3 中画出割断线的位置。

3.2

1. 图 3-1 中编号为 2-1 的圆形铜箔的作用是什么？它既和 V 形簧片 S_1 接触，又和 V 形簧片 S_2 接触，它从圆形变换成矩形条到底是在什么地方割断的？

2. 在图 3-1 中有 3 个 1 MΩ 电阻 R_1，R_2，R_3，它们分别与 LCD853 的②脚、㉕脚、㉑脚和 ICL7106 的 21 脚连接，这 3 个电阻的作用是什么？用实验来证明你的结论。

3.3

1. 在图 3-4 所示的数字电压表表头中，分压电阻链是由 R_7、R_8、R_9 及 R_{P1} 组成的，这些阻值选取的依据是什么？你能不能自己重新选取一组新的分压电阻链的参数值？

2. 在图 3-1 中，当功能选择旋钮指向 Ω 挡 2 000 kΩ 时，ICL7106 的 36 脚与 35 脚的连接电路相对于图 3-4 有没有改变，有怎样的改变，试画图说明。

3.4

1. 将图 3-5 与图 2-20 比较，按照图 2-20 的布置重新改画图 3-5。

2. 按照 2.8 节所讲的原理和方法对图 3-6 进行分析。

3. 图 3-5 所示电压表的输入电阻为多大？如果希望将输入电阻提高 10 倍，请重新设计分压电阻链。

4. 为什么说分压电阻链中 90.9 kΩ 和 909 Ω 这两个电阻阻值选取不够合理，请证明之。

3.5

1. 复习模拟电子技术中关于半波整流的输出电压与输入电压有效值的关系式，并证明之。

2. 图 3-7 中的滤波电容 C_6 的耐压值应选多大？为什么？

3. 图 3-7 中的滤波电容 C_6 的容量应选多大？依据是什么？

4. 如果有效值为 V_x 的正弦交流电压经半波整流电容滤波后得到的直流输出电压 $V_0=k_0V_x(0.45\leqslant k_0\leqslant 1.4)$，取 $k_0=1.1$，试设计分压电阻链。

3.6

1. DT-830B 的设计者为什么要把 DCA 的测量分成两组来进行呢？将 DT-830B 和 DT-830 进行比较，两者在 DCA 测量电路方面，有和异同点？

2. 为什么康铜丝的电阻值应选 0.01 Ω 而不是 0.02 Ω，选取的依据到底是什么？

3. DCA 挡各量程时，电流表的内阻是多少？能否将它们相应地再减小一些呢？

4. 能否在 DT-830B 的基础上，作最小的变动，增加交流电流挡(ACA)相应量程的测量电路呢？请给出你的设计方案。

3.7

1. 分析图 3-11(b)测量 PNP 硅三极管参数 h_{FE} 的工作原理。

2. DT-830B 的 h_{FE} 挡能否用来测量 NPN 锗管和 PNP 锗管的 h_{FE} 参数？为什么？

3.8

1. 根据图 3-12 画出量程为 2000 Ω 时的简化电原理图，分析当被测电阻 $R_x=1000\ \Omega$ 时，LCD 显示屏将显示怎样的数字 N_x？

2. 根据图 3-13 画出的量程为 200 Ω 时的简化电原理图，分析当被测电阻 $R_x=100\ \Omega$ 时，LCD 显示屏将显示怎样的数字 N_x？

3. 为什么说图 3-12 中 90.9 kΩ 和 909 Ω 这两个电阻值的设计是不合理的，应怎样改正，给出你的分析计算。

3.9

1. 比较图 2-30 和图 3-14，分析两种测量二极管电路的异同点和优缺点。

2. 假定有一个二极管已被击穿短路，用 DT-830B 的二极管挡测量，将会得到怎样的显示结果？如果二极管是被烧断了，又会得到怎样的结果呢？

3. 假定有一个二极管用 DT-830 检测，其正向管压降为 $V_D=0.580\ V$，再用 DT-830B 检测，结果将会是多少呢？

4. 有一个二极管用 DT-830B 检测，其正向管压降为 $V_D=0.246\ V$，再用 DT-830 检测，结果会是多少呢？

3.10

1. 总结自己快速安装 DT-830B 的经验，整理后写成文字报告。

第4章 收音机的工作原理、组装与调试

4.1 引言

收音机是最早进入人们家庭中的家用电器之一，它经历了电子管时代、晶体管时代和集成电路时代。一台调幅、调频收音机，只需一片集成电路加上若干外围元件就可以组装成功，这种收音机称为单片收音机。

尽管组装收音机的有源器件从电子管变成了如今的集成电路，并且不断采用了许多新技术，但是收音机工作的基本原理没有改变。调幅广播系统的组成结构框图如图 4-1 所示。

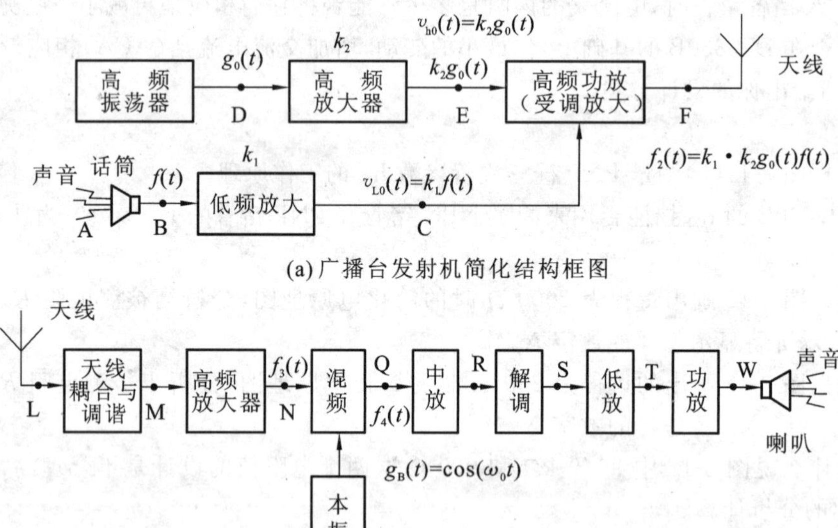

(a) 广播台发射机简化结构框图

(b) 超外差式收音机组成结构框图

图 4-1 调幅广播系统的组成结构框图

图 4-1(a)所示的是广播电台调幅发射机的组成结构框图，图 4-1(b)所示的则是接收机，即收音机的组成结构框图。本章将介绍的是使用得最多的一种收音机，即超外差式收音机。

在电子管时代，图 4-1 中各方框内所代表的电路中的有源器件都使用的是电子管；在晶体管时代，则将有源器件换成了晶体管；而在集成电路时代，则是将所有各方框内的有源器件和部分电阻电容都集成到一块硅片上，无法集成的少数电感、电容、电阻及大功率器件，则作为外部元件另行配置。不过，收音机的工作原理没有变，即从天线接收到电台发射来的无线电波后，将这个无线电波还原成电信号，并经过如图 4-1(b)所示的一系列处理和变换，最终还原成声音的这个过程没有变。在这个过程中，信号所经过的数学运算原理也没有变。

在本章中，我们将综合运用“信号与系统”、“电子技术基础”、“高频电子线路”等专业基础课知识来分析、介绍收音机的工作原理，并结合实际训练来讲述单片集成（或晶体管）收音机的组装、调试技术。

4.2 声音信号的发送与频谱分析

本节对图 4-1(a)进行了分析,了解无线电台是如何将播音员的声音转变成无线电波发送出去的,以及在这个过程中,声音信号的频谱是否发生了变化。

由图 4-1(a)可以看出,当播音员对着微音器(俗称话筒)讲话时,微音器将声音的变化转变成相应的电信号。将图中 B 点的电信号记为 $f(t)$。$f(t)$是一个随时间变化的函数,可以表示电压,也可以表示电流,根据电路的具体情况而确定。$f(t)$的波形可以用图 4-2 来表示。

$f(t)$的波形可以通过示波器在微音器的输出端观察到,是具体的实实在在的随时间变化的曲线。根据"信号与系统"的知识,$f(t)$可以分解为无数正弦信号的和,这个分解过程用数学方法表示,就是求 $f(t)$的傅里叶变换,即

$$F(\omega)=\mathscr{F}[f(t)]=\int_{-\infty}^{+\infty}f(t)\mathrm{e}^{-\mathrm{j}\omega t}\mathrm{d}t \tag{4-1}$$

式(4-1)是一个较常用的公式。由于人的声带振动频率不可能很高,一般不会超过 10 kHz(典型值为 $f=0.3\sim3$ kHz),并且人的声音的能量大部分集中在低频部分,所以 $f(t)$的频谱函数 $F(\omega)$的幅度谱$|F(\omega)|$如图 4-3 所示。其中,ω_c 为最高频率。

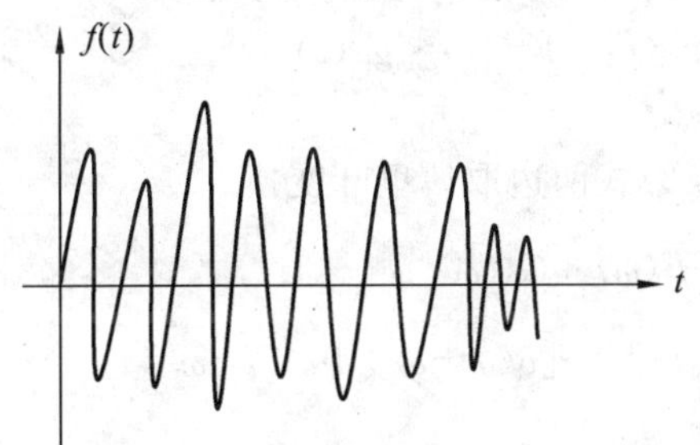

图 4-2　声音信号 $f(t)$的波形

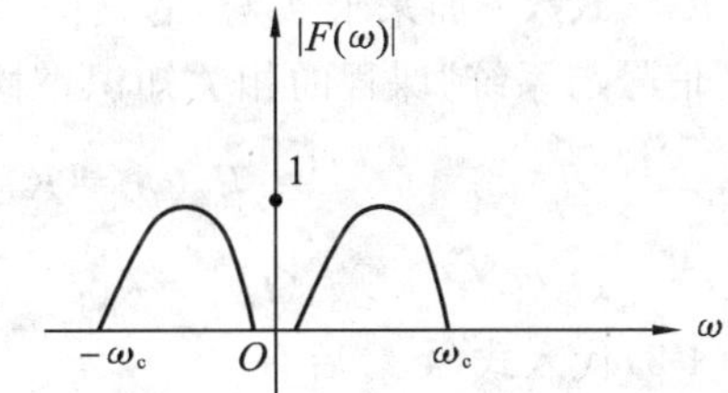

图 4-3　声音信号 $f(t)$幅度谱

注意:(1) 在图 4-3 中,$|F(\omega)|$的最大幅度为 1,这可以人为地规定,即进行归一化操作。即以某个幅度单位作为 1,其他幅度通过与这个单位进行对比,来决定其幅度之数值。

(2) 在图 4-3 中所示的幅度谱函数有负频率值,这完全是数学运算的结果。实际信号 $f(t)$中,并不存在什么负频率分量。在信号的理论分析中(即傅里叶变换分析法),为了数学运算的方便,通常利用复变函数来进行运算,这样一来,正弦、余弦函数就可以方便地用欧拉公式表示为如下形式。

$$\sin\omega t=\frac{\mathrm{e}^{\mathrm{j}\omega t}-\mathrm{e}^{-\mathrm{j}\omega t}}{2\mathrm{j}}$$

$$\cos\omega t=\frac{\mathrm{e}^{\mathrm{j}\omega t}+\mathrm{e}^{-\mathrm{j}\omega t}}{2}$$

实际信号 $f(t)$的实际幅度谱,应该是将图 4-3 中所示曲线沿纵轴折叠过来,由绝对值相同的正负频率的幅度叠加的结果。信号分析理论告诉我们,实函数的幅度谱一定是 ω 的实偶函数,即如图 4-3 所示。因此,也可以直接将正频率部分的幅度乘以 2。

声音信号 $f(t)$经过音频放大器放大后到达 C 点,C 点的信号记为 $v_{L0}(t)$。这里的音频放大器又可称为低频放大器,因为人的声音信号最高频率分量一般不会超过 10 kHz,所以这里音频放大器的上限频率为不大于 10 kHz 就足够了。一般来说,音频放大器可能是多级级联的,为了得到良好的低频响应,可以采用直接耦合的方式,而集成电路中放大器之间都

是采用直接耦合方式，因此音频放大器可以直接选用适当的集成电路来担任。当音频放大器采用直接耦合放大器，并且上限频率足够高时，对于音频信号 $f(t)$来说，基本上可以实现无失真传输，设音频放大器的放大倍数为 K_1（在 10 kHz 范围内为一常数）则可知

$$v_{L0}(t)=K_1 f(t)$$

那么，$v_{L0}(t)$的频谱函数

$$\mathscr{F}[v_{L0}(t)]=\mathscr{F}[K_1 f(t)]=K_1 F(\omega) \tag{4-2}$$

由式(4-2)可知，声音信号 $f(t)$经过音频放大器放大后，其频谱只是幅度乘以一个常数，并没有其他的任何改变。

高频振荡器产生频率很高的正弦波，即载波，设高频振荡器的输出为

$$g_0(t)=\cos\omega_0 t$$

$g_0(t)$经高频放大器放大后，在 E 点输出，仍然是高频等幅的正弦波，可以记为如下形式。

$$v_{h0}(t)=K_2 g_0(t)=K_2\cos\omega_0 t$$

式中，K_2 是高频放大器的放大倍数。

最后，在高频功率放大器中，$K_1 f(t)$对 $K_2 g_0(t)$进行调制形成调幅波 $f_2(t)$，因此高频功放又称为受调放大器。根据“高频电子线路”课程所学的知识，这里的 $g_0(t)$是载波，而 $f(t)$则是调制信号。由天线发送出去的则是已调信号 $f_2(t)$的电磁波。而

$$f_2(t)=K_1 f(t)\cdot K_2 g_0(t)=Kf(t)\cdot g_0(t) \tag{4-3}$$

显然，$K=K_1\cdot K_2$，下面来求 $f_2(t)$的频谱。

根据“信号与系统”课程的相关知识，对(4-3)式两边取傅里叶变换。

$$F_2(\omega)=K\frac{1}{2\pi}F(\omega)*G_0(\omega) \tag{4-4}$$

而 $$G_0(\omega)=\mathscr{F}[g_0(t)]=\mathscr{F}[\cos(\omega_0 t)]=\pi[\delta(\omega+\omega_0)+\delta(\omega-\omega_0)] \tag{4-5}$$

将式(4-5)代入式(4-4)后有

$$F_2(\omega)=\frac{K}{2}[F(\omega+\omega_0)+F(\omega-\omega_0)]$$

为了讨论方便，可令 $K=1$，这样便得到式(4-6)。

$$F_2(\omega)=\frac{1}{2}[F(\omega+\omega_0)+F(\omega-\omega_0)] \tag{4-6}$$

将 $F_2(\omega)$和 $F(\omega)$画在一起，如图 4-4 所示（为了讨论方便，这里假定 $f(t)$为实偶函数）。

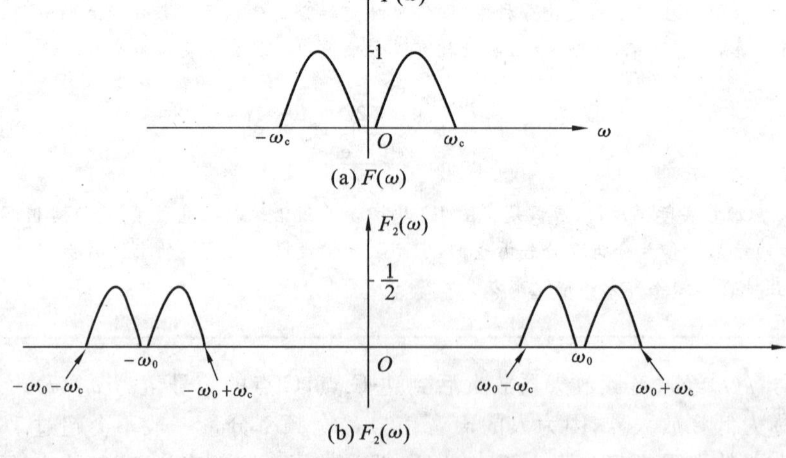

图 4-4 $F_2(\omega)$和 $F(\omega)$相比较

由图 4-4 可以看出，$f_2(t)$的频谱 $F_2(\omega)$，是由 $f(t)$的频谱分别向左、向右移 ω_0 后，乘以 $\frac{1}{2}$的系数得到的。因此 $f_2(t)$中完全包含了 $f(t)$的所有信息。发射机将 $f_2(t)$放大后由天线发射出去供各用户的收音机接收，再还原成声音信号 $f(t)$。这里 $g_0(t)=\cos\omega_0 t$，称为载波，ω_0 就是载波频率。$f(t)$与 $g_0(t)$相乘的过程称为变频，也就是调制的过程，$f(t)$称为调制信号，$f_2(t)$称为已调信号。

前面已经分析过，实际信号的频谱中不存在负频率部分，负频率的出现完全是数学运算的结果，信号的实际频谱应该通过将图 4-4 沿纵轴折叠过来叠加得到，如图 4-5 所示。为了与图 4-4 相区别，纵坐标分别记为 $F_0(\omega)$和 $F_{20}(\omega)$。

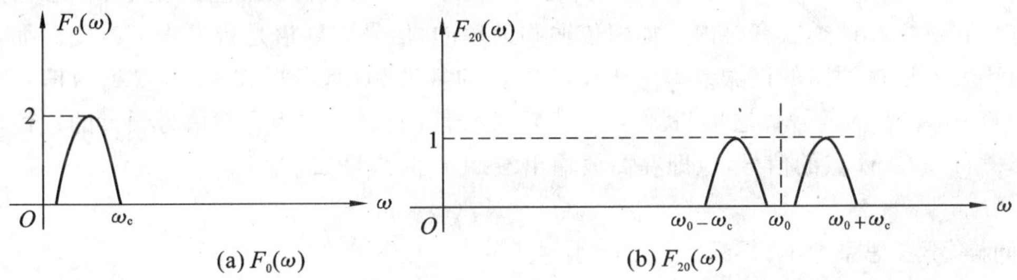

图 4-5　信号的实际频谱

图 4-5 中，$F_{20}(\omega)$在 ω_0 右边的部分称为上边带，在 ω_0 左边的部分称为下边带，无论是上边带还是下边带，都已经各自包含了 $f(t)$的全部信息，所以发射机只要将 $F_{20}(\omega)$中的上边带或下边带发送出去即可，无需将上下边带都发送出去，这样可以节省一半以上的能量。但是这种单边带传输的方式所需要的收发设备比较复杂，只适合在远距离通信系统或载波电话中使用。通常的无线电语音广播仍然是将两个边带和载波都发送出去，以简化收音机电路，降低造价。在双边带传输的情况下，我国规定，语音广播电台所允许占用的频带宽度为 9 kHz，这意味着最高音频信号频率限制在 4.5 kHz。这比通常的市话频带宽度 3 kHz 要高出 0.5 倍。由于现代通信越来越发达，使用的单位和部门越来越多，频率已经成为宝贵的资源，所以在电视广播和短波通信中仍然采用边带发送制。

必须指出的是：频率与土地、矿藏一样，都是国有资源，任何个人未经国家主管部门的批准，不能擅自使用。

4.3　超外差式收音机的工作原理

1. 原理概述

下面结合图 4-1(b)来介绍超外差式收音机的工作原理。当天线接收到电台发送来的电磁波时，通过天线回路的调谐作用，使得某一个频率即某一个电台的信号最强，然后将其送入到高频放大器中进行放大。图 4-1(b)中的天线调谐回路实际上是一个并联谐振回路。转动回路中的可变电容，使得并联谐振回路的谐振频率等于所选电台的载波频率，这个电台的电磁波便在回路的输出端产生最大的信号电压，这个信号电压经高频放大器放大后送到混频器与从本振传输来的高频振荡信号相乘。从混频器输出的信号在送到中频放大器后进行放大。一般情况下，中频放大器由多级组成，放大的同时还进行了滤波。从中频放大器输出的中频信号经解调器解调后，得到音频信号，即播音员的声音信号。从解调器输出的音频信号送入低频放大器放大后，再进入功率放大器进行放大，最后，使用从功率放大器输出的信号去推动喇叭从而还原出播音员的声音或电台发送的其他音频节目。

要指出的是，图 4-1(b)只是一个最简单的超外差式收音机结构框图，略去了很多的附加电路与反馈电路。这些附加电路和反馈电路虽然不是完全必要的，但对于提高收音机的收音质量和技术指标有很大的帮助。

2. 信号传输与频谱分析

下面根据图 4-1(b)所示的超外差式收音机结构框图，分析无线电波经天线耦合回路转换成电信号后，在此类收音机内是如何传输和处理的，信号的频谱是否发生了改变。如前所述，由于并联谐振回路的谐振频率等于所选电台的载波频率，所以在 M 点得到的信号就是图 4-1(a)中 F 点的信号。这里，我们没有考虑信号前的系数，因为它对信号频谱的特性没有影响。所以，在 M 点的信号，也即在高放输出端 N 点的信号如下。

$$f_3(t)=f_2(t)=Kf(t)\cdot g_0(t)$$

同样，不考虑系数 K，得到

$$f_3(t)=f(t)\cdot g_0(t)$$

设图 4-1(b)中本机振荡器产生的高频正弦波为

$$g_B(t)=\cos(\omega_B t)$$

那么，$f_3(t)$和 $g_B(t)$在混频器中相乘，在混频器的输出端 Q 点得到的信号如下。

$$f_4(t)=f_3(t)\cdot g_B(t)=f_3(t)\cdot\cos\omega_B t=f_2(t)\cdot\cos\omega_B t$$

对上式两边取傅里叶变换，根据傅里叶变换的性质可得：

$$\begin{aligned}F_4(\omega)&=\mathscr{F}[f_4(t)]=\mathscr{F}[f_2(t)\cdot\cos(\omega_B t)]\\&=\frac{1}{2\pi}\cdot F_2(\omega)*\pi[\delta(\omega+\omega_B)+\delta(\omega-\omega_B)]\end{aligned}\tag{4-7}$$

将式(4-6)代入式(4-7)中，可得：

$$\begin{aligned}F_4(\omega)&=\left\{\frac{1}{2\pi}\cdot\frac{1}{2}[F(\omega+\omega_0)+F(\omega-\omega_0)]\right\}*\pi[\delta(\omega+\omega_B)+\delta(\omega-\omega_B)]\\&=\frac{1}{4}[F(\omega+\omega_0+\omega_B)+F(\omega+\omega_B-\omega_0)+F(\omega-\omega_B+\omega_0)+F(\omega-\omega_B-\omega_0)]\end{aligned}$$

整理得到如下形式。

$$F_4(\omega)=\frac{1}{4}\{F[\omega+(\omega_B+\omega_0)]+F[\omega+(\omega_B-\omega_0)]+F[\omega-(\omega_B-\omega_0)]+F[\omega-(\omega_B+\omega_0)]\}$$

类似于图 4-4，可将 $F_4(\omega)$和 $F(\omega)$、$F_2(\omega)$画成如图 4-6 所示的形式。

同时可得到 $f_4(t)$的实际频谱图如图 4-7 所示。

我国相关部门规定，对于收音机本机振荡频率 ω_B 与外来电台载波频率之差必须为 $\omega_B-\omega_0=465$ kHz，这就是收音机的中频频率。由图 4-7 看到，$f_4(t)$的频谱含有两部分，一部分以$(\omega_B-\omega_0)$为中心，上下边带各宽为 ω_c；另一部分以$(\omega_B+\omega_0)$为中心，上下边带也是各宽 ω_c。将$(\omega_B-\omega_0)$称为“差频”，将$(\omega_B+\omega_0)$称为和频。和频与差频的出现，其数学本质是两个三角函数相乘，运算结果的表达是积化和差；用信号分析理论傅里叶变换的频移特性来解释，就是信号频谱的迁移。这两种数学运算结果的物理意义是一致的，即一个信号和一个高频振荡正弦波相乘，会出现信号频谱的迁移现象，这个过程称为调制，也称为变频。

电台发送的频率为 ω_0 的载有声音信息的高频信号经高放、变频后，变成了频率为固定

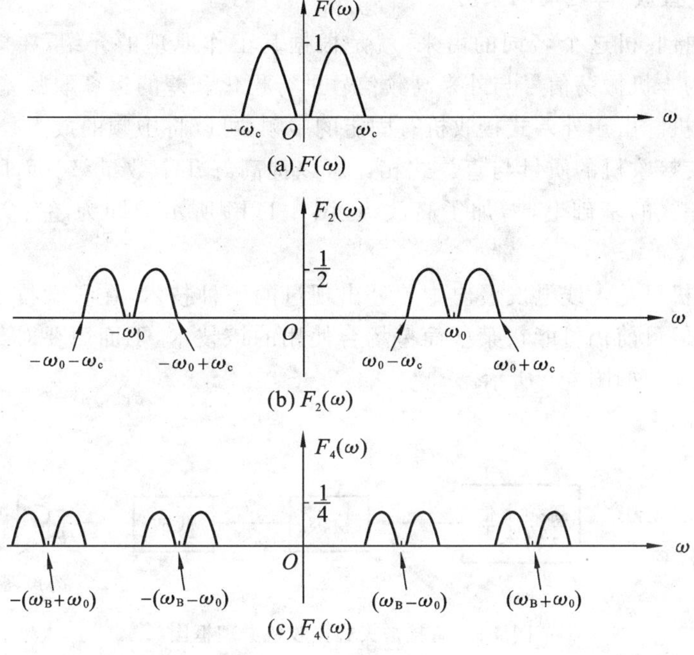

图 4-6　$F(\omega)$、$F_2(\omega)$与 $F_4(\omega)$

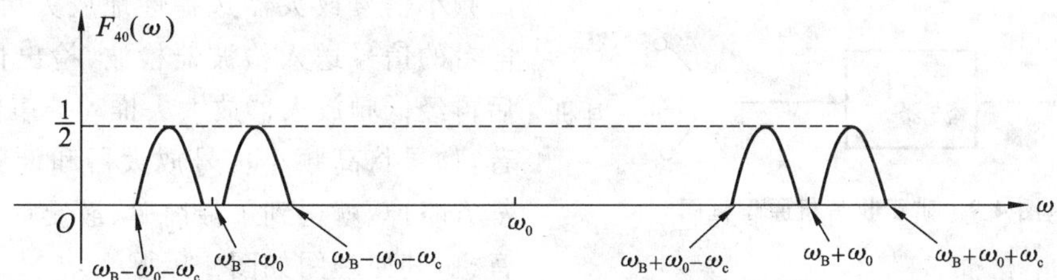

图 4-7　$f_4(t)$的实际频谱 $F_{40}(\omega)$

的 465 kHz 的中频信号。465 kHz 的中频振荡上仍然承载着声音信号，也就是说变频的结果，把高频载波频率从电台的 ω_0 变成了 $\omega_{mid}=\omega_B-\omega_0=465$ kHz 的固定中频。

中频信号经中频放大器放大后，再传输至解调器。解调器根据其工作原理的不同有多种不同形式的解调电路，它将声音信号从中频已调信号中还原出来，传输至低频放大器和功率放大器放大后，则可推动喇叭工作，最终还原出电台中播放的声音或音乐。

中频放大器一般是调谐放大器，由于在其输入端 Q 点的信号 $f_4(t)$频谱中包含了声音信号的频谱，只要中频放大器的质量高，声音信号的频谱就不会产生大的改变，在其输出端 R 点得到的放大后的中频已调信号仍然包含了声音信号的频谱，这个信号经解调器解调后，便可以还原出原声音信号的波形。

在上面的内容中，我们简要地分析了收音机从天线耦合回路开始怎样把已调高频信号经过变频、中放、解调、低放、功放等步骤还原成声音的过程。可以发现在这个变化过程中，原信号的频谱没有发生改变。当然，这里所说没有发生改变是近似的，实际上失真是存在的，并且在传输和处理的过程中，还存在大量的噪声和干扰。为了保证发送和接收的质量，还有很多的实际问题和理论工作需要处理，有些内容已经超越了本课程的范围，如噪声和干扰的理论及其抑制技术，这需要读者在今后的实践中不断地努力学习。

3. “外差”、“直放”等名词的来历

所谓外差式接收机这个名词的由来，就是根据其工作原理的介绍，在接收机的变频级中，其中频信号为本机振荡信号与外来高频信号进行积化和差的运算取其差频的结果，所以称为外差式接收机。由于外差式接收机有固定的中频，可以将中频的放大、滤波做得非常专业和精致完美，使接收机的质量与直放式相比可以提高好几个数量级。而所谓超外差式接收机，就是在外差式的基础上，增加了高放级，图 4-1(b)所示的即为超外差式接收机原理框图。

直放式接收机只是无线电发展史中曾经出现过的一种技术，在科学技术高度发达的今天，早已被淘汰，但目前仍可能在某些简单场合使用的该技术，下面简要对其进行介绍。直放式接收机原理框图如图 4-8 所示。

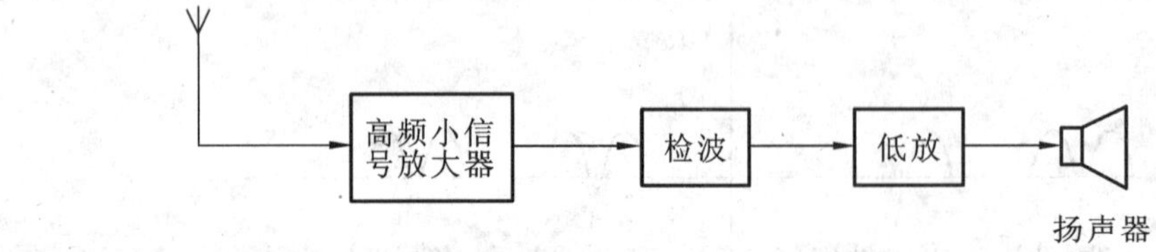

图 4-8 直接放大式接收机原理框图

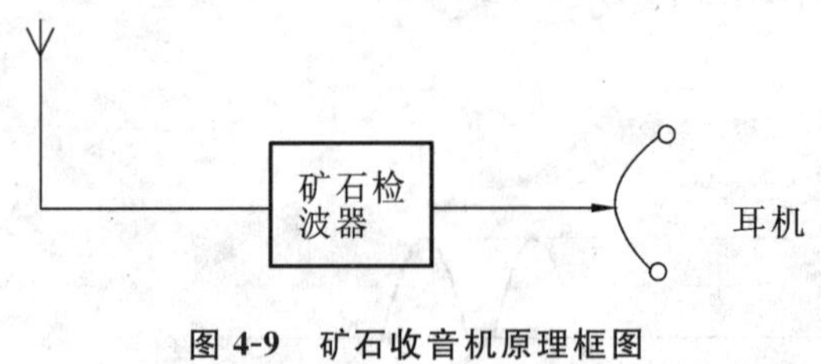

图 4-9 矿石收音机原理框图

从天线接收的各个电台的高频信号，经高频小信号放大器选择性地放大后，将选中电台的信号送入检波器检波，检出低频信号后再经低频放大器放大去推动扬声器发出声音，如果将高频小信号放大器和低频放大器都省略掉，就得到了最简单、最便宜的矿石收音机，其原理图如图 4-9 所示。

图 4-9 中矿石起到检波二极管的作用，也可以用二极管检波器来代替。这种收音机只能在城市中央，离电台不远的地方，才能收到一两个电台的广播，而且如果有两个以上信号较强的电台的话，则会出现相互串扰的现象。

4. 时域波形分析

在“信号与系统”课程中，我们知道：一个信号可以在时域中进行分析，也可以在频域中进行分析，二者相辅相成，互为补充。同样地，信号与系统的作用，既可以在时域中分析求解，也可以在频域中分析求解。在上面的内容中，我们对声音信号在发射机和接收机中的传输过程进行了简单的频域分析，可以发现声音信号的频谱在发射和接收过程中是如何迁移而保持不变的，本小节中将分析声音信号从发射到接收的过程中，在时域是如何变化而还原的，如图 4-10 所示。为了简单起见，在图 4-10 中，假定声音信号是一个单音频的正弦波 $f(t)=\sin\omega_s t$。

声音信号，又称音频信号，指人的声音通过话筒转变而形成的电信号，一般情况，其频率范围是从 300 Hz 左右到 4.5 kHz 左右。特殊情况时，可高达 10 kHz 左右。

具体的变化过程如下：图 4-10(a)中的单音频信号 $f(t)$ 对载波信号图 4-10(b)的 $g_0(t)$ 调制的结果产生图 4-10(c)所示的已调波 $f_2(t)$，$f_2(t)$ 在变频器中与本振信号 $g_B(t)$（见图 4-10(d)）相乘的结果产生中频信号 $f_4(t)$（见图 4-10(e)），$f_4(t)$ 经检波器后输出原音频信号 $f(t)$。

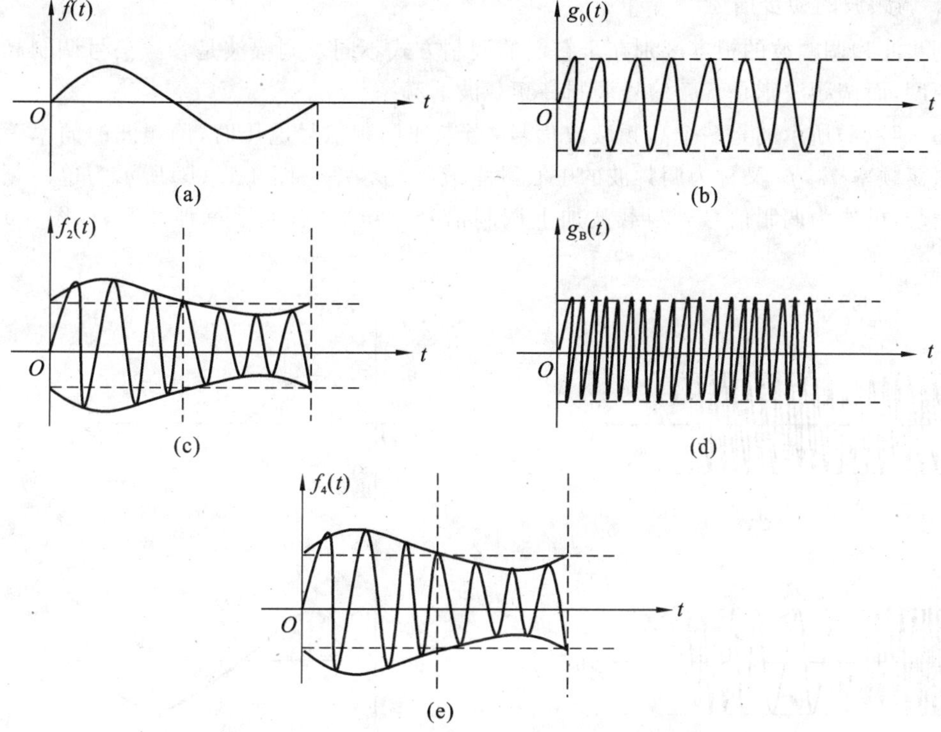

图 4-10　声音发射接收过程的时域波形变化

4.4　调频波的发送与接收

声音信号通过载波传输的方式，除了调幅以外，还有调频和调相的方式。调频方式有许多优点，所以广泛用于声音广播和电视伴音。

1. 调频广播发射机原理框图

调频信号发射机原理框图如图 4-11 所示。由高频振荡器产生的高频正弦波经放大到一定的幅度后，在频率调制器中被放大到适当幅度的声音信号所调制，高频信号的频率随声音信号的幅度的改变产生调频波，此调频波再经一定的功率放大后便可耦合到天线上发射出去。图 4-11 中的高频放大部分和低频放大部分不一定是必需的。图 4-11 中 A、B、C 三点的波形如图 4-12 所示。为了简要说明问题，设 B 点的调制信号为正弦信号。

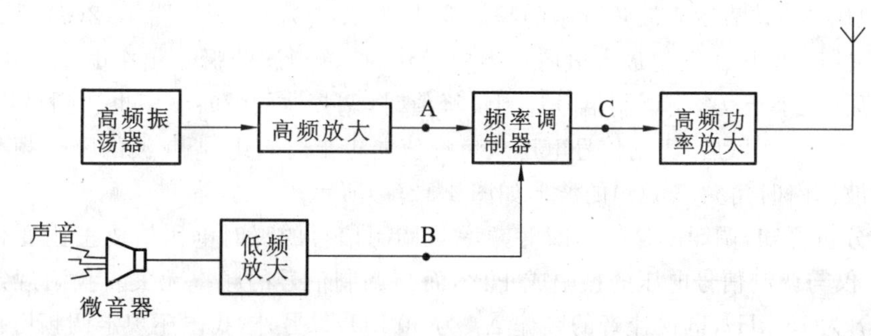

图 4-11　调频信号发射机原理框图

2. 调频波的初步描述

调频波和调幅波的根本区别在于它们的调制方式不同。调幅波是音频信号调制高频载波的幅度，而调频波则是音频信号调制高频载波的频率。

图 4-12(a)所示的是一个高频载波信号，当未加调制信号电压时，调频波的频率等于载波的振荡频率 f_0，f_0 又称为调频波的中心频率或平均频率。图 4-12(b)所示为单一频率的正弦信号，可作为调制信号。当载波加上调制信号电压后，有如下三种情况，如图 4-12(c)所示。

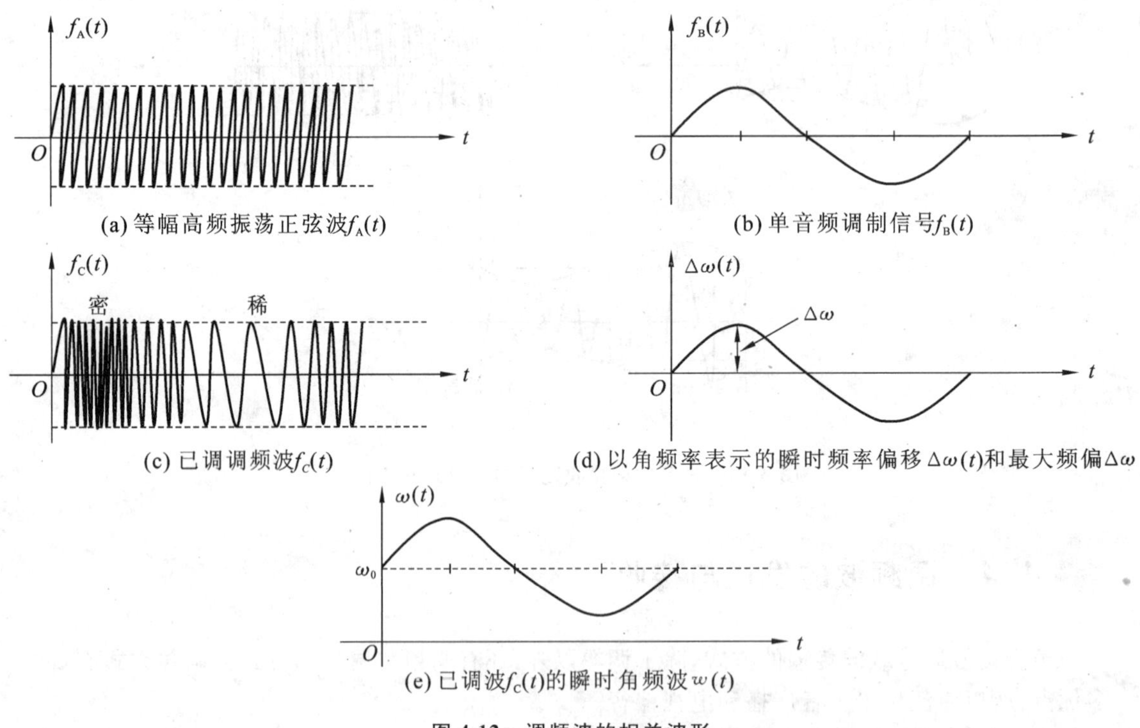

图 4-12　调频波的相关波形

(1) 调制信号电压 $f_B(t)$的瞬时值为零时，调频波的频率和未加调制信号电压时一样，仍为载波的振荡频率 f_0。

(2) 调制信号电压处于正半周时，调频波的频率随着调制信号瞬时值的增加而增加，其值大于 f_0，当调制信号电压达到正峰值时，调频波的瞬时频率将达到最大值 f_{max}。f_{max}与中心频率 f_0 之差 $\Delta f=f_{max}-f_0$ 称为调频波的频偏或频移，用 $\Delta f(t)$表示载波频率 f 的瞬时变化值，相应地用 $\Delta\omega(t)$表示载波角频率的瞬时变化值，$\Delta\omega(t)$的波形如图 4-12(d)所示。

(3) 调制信号电压由正的最大值向负半周变化时，调频波的瞬时频率由 f_{max}开始降低，进入负半周后，便小于 f_0，当调制信号达到负峰值时，调频波的瞬时频率也达到最小值 f_{min}，显然 $\Delta f=f_0-f_{min}$。以后，调制信号电压从负峰值向正半周变化，调频波的瞬时频率又逐渐增加。调频波的瞬时角频率 $\omega(t)$的波形如图 4-12(e)所示。

由以上分析可知，调频波是一个瞬时频率与调制信号的瞬时电压值成正比变化的等幅波，频偏 Δf 仅与调制信号电压的振幅成正比，而与调制信号的频率无关。我国规定调频广播的频偏 Δf 为 75 kHz，电视伴音的频偏 Δf 为 50 kHz。另外，我国还规定调频广播和电视伴音的最高调制频率均为 15 kHz，即能传递音频信号最高频率在 15 kHz 以下，这比调幅广播的频带要宽得多。

3. 调频信号接收机原理框图

调频广播信号的接收方式，也有两种，一种是直接放大式，第二种也是超外差式，分别如图 4-13(a)和图 4-13(b)所示。

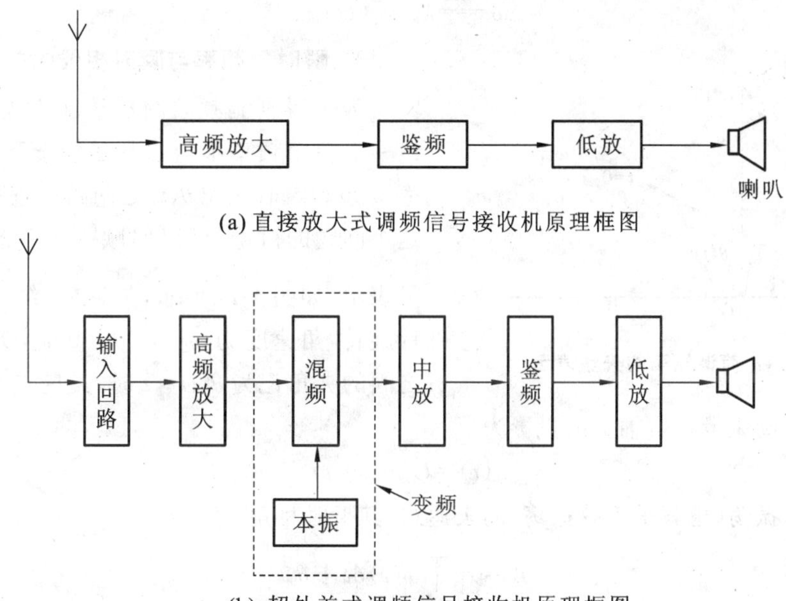

(a) 直接放大式调频信号接收机原理框图

(b) 超外差式调频信号接收机原理框图

图 4-13 直接放大式和超外差式调频信号接收机原理框图

超外差式调频接收机的工作原理是将天线接收到的高频信号通过输入回路调谐选出所需要的调频信号，经高频放大器放大后传输到混频器和来自本机振荡器的高频振荡信号进行混频，混频的结果产生频率的变化，变成固定的中频，调频波的中频为 10.7 MHz，经中放后，再通过限幅器将寄生调幅“切除”掉，再经鉴频器“检出”声音信号，然后声音信号经低频放大后再去推动喇叭还原出电台播放的节目。

 4.5 调频波的数学描述与性质

1. 载波表达式

设载波的表达式如下。

$$u(t)=U_m\cos\theta(t)=U_m\cos(\omega_0 t+\theta_0) \tag{4-8}$$

式中：ω_0 为载波的角频率，载波没有受到调制时，它是一个常数；$\theta(t)$是载波的瞬时相位，θ_0 是初相位。

2. 调频波的瞬时角频率 $\omega(t)$ 和频移 $\Delta\omega(t)$

当调频发生时，式(4-8)所表示的高频正弦波的角频率不再是常数 ω_0，而是随调制信号幅度的变化而变化，这个变化是线性的。即调频波的瞬时角频率 $\omega(t)$为：

$$\omega(t)=\omega_0+k_f u_\Omega(t)=\omega_0+\Delta\omega(t) \tag{4-9}$$

式中：k_f 为比例常数，即单位调制信号电压引起的角频率变化量，其单位为 rad/s · V；$\Delta\omega(t)$为瞬时频率相对于 ω_0 的偏移，称为瞬时频率偏移，简称频率偏移或频移。其表达式见式

(4-10)。

$$\Delta\omega(t)=k_f u_\Omega(t) \tag{4-10}$$

$\Delta\omega(t)$的最大值称为最大频移，用 $\Delta\omega$ 表示，其表达式见式(4-11)。

$$\Delta\omega \overset{\text{def}}{=\!=\!=} k_f |u_\Omega(t)|_{max} \tag{4-11}$$

3. 瞬时角频率与瞬时相位的关系

为了得到调频波的数学表达式，下面先讨论一下在角频率不为常数的情况下，瞬时角频率 $\omega(t)$和瞬时相位 $\theta(t)$之间的一般关系。对于这个问题的讨论，可以回顾一下简谐振荡的矢量表示，如图 4-14 所示，矢量 $\vec{U}_m$ 绕原点 O 逆时针旋转，角速度为 $\omega(t)$。$t=0$ 时，矢量与实轴之间的夹角记为 θ_0；$t=t$ 时，矢量与实轴间的夹角记为 $\theta(t)$。则矢量在实轴上的投影为

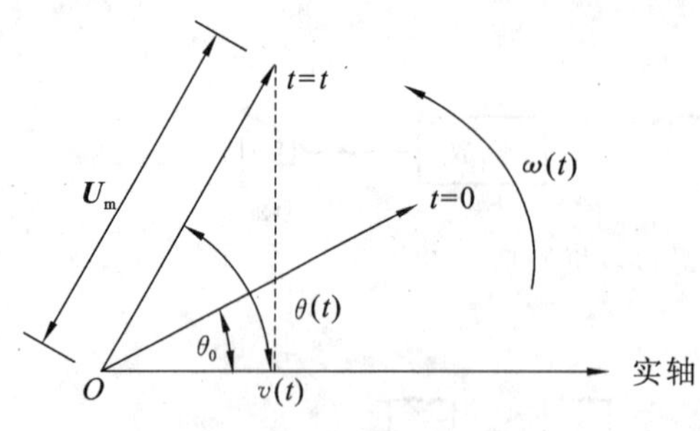

图 4-14　简谐振荡的矢量表示

$$u(t)=U_m\cos\theta(t)$$

上式即为简谐振荡(也就是正弦振荡)的表达式，其瞬时相角(角位移)为

$$\theta(t)=\int_0^t\omega(t)\mathrm{d}t+\theta_0 \tag{4-12}$$

而

$$\omega(t)=\frac{\mathrm{d}\theta(t)}{\mathrm{d}t} \tag{4-13}$$

式(4-12)和式(4-13)就是瞬时角频率 $\omega(t)$和瞬时相位 $\theta(t)$之间的一般关系式。

4. 调频波的数学表达式

所谓调频，是指载波的频率受调制信号振幅的调制，随调制信号振幅的大小的变化而发生线性变化的过程，根据式(4-9)，得

$$\omega(t)=\omega_0+k_f u_\Omega(t)$$

可知调频波的瞬时相位为

$$\theta(t)=\int_0^t\omega(t)\mathrm{d}t=\int_0^t[\omega_0+k_f u_\Omega(t)]\mathrm{d}t=\omega_0 t+\int_0^t k_f u_\Omega(t)\mathrm{d}t$$

因此，得调频波的表达式为

$$u_f(t)=U_m\cos[\theta(t)]=U_m\cos[\omega_0 t+k_f\int_0^t u_\Omega(t)\mathrm{d}t] \tag{4-14}$$

为了使问题简明而清晰，设调制信号为如下单一频率 Ω 的正弦信号。

$$u_\Omega(t)=U_\Omega\cos\Omega t \tag{4-15}$$

这样假设的结果并不失一般性，当调制信号为任意波形时，根据傅里叶变换分析，任何信号都可以分解为无数正弦信号的和，分解之后也可以进行同样的分析。

将式(4-15)代入式(4-14)，可进一步得到下式。

$$\begin{aligned}u_f(t)&=U_m\cos\left[\omega_0 t+k_f\int_0^t U_\Omega\cos(\Omega t)\mathrm{d}t\right]\\&=U_m\cos\left[\omega_0 t+k_f\frac{U_\Omega}{\Omega}\sin(\Omega t)\right]\end{aligned} \tag{4-16}$$

在式(4-16)中，定义调制指数的公式如下。

$$m_f=\frac{k_f U_\Omega}{\Omega} \tag{4-17}$$

则得到调频波的表达式为

$$u_f(t)=U_m\cos(\omega_0 t+m_f\sin\Omega t) \tag{4-18}$$

根据最大频移的表达式(4-11)，在此调制情况下，最大频移为

$$\Delta\omega=k_f\,|u_\Omega(t)|_{max}=k_f U_\Omega$$

通常，把最大频移称为频偏。

5. 调频波的频谱与带宽

下面根据调频波的数学表达式(4-18)来分析调频波的频谱与带宽。对式(4-18)运用三角函数的和差化积公式可得到下式(为了简洁，可令 $U_m=1$)。

$$u_f(t)=\cos\omega_0 t\cdot\cos(m_f\sin\Omega t)-\sin\omega_0 t\cdot\sin(m_f\sin\Omega t) \tag{4-19}$$

在调频波 $u_f(t)$ 的展开式(4-19)中出现了两个特殊的三角函数 $\cos(m_f\sin\Omega t)$ 和 $\sin(m_f\sin\Omega t)$，它们是三角函数的三角函数。为了研究调频波的频谱结构，必须进一步将这两个特殊的三角函数进行进一步的傅里叶分解。

这里引用工程教学特殊函数的结论，利用第一类贝塞尔函数可以得到如下公式。

$$\cos(m_f\sin\Omega t)=J_0(m_f)+2\sum_{n=1}^{+\infty}J_{2n}(m_f)\cos(2n\Omega t) \tag{4-20}$$

$$\sin(m_f\sin\Omega t)=2\sum_{n=1}^{+\infty}J_{2n-1}(m_f)\sin(2n-1)\Omega t \tag{4-21}$$

在式(4-20)和式(4-21)中，n 取正整数，$J_n(m_f)$ 是以 m_f 为参数的 n 阶第一类贝塞尔函数。其表达式为

$$J_n(m_f)=\sum_{m=0}^{+\infty}(-1)^m\frac{1}{m!\Gamma(n+m+1)}\left(\frac{m_f}{2}\right)^{2m+n}$$

而 $\Gamma(n+m+1)=(n+m)!$，因此，

$$J_n(m_f)=\sum_{m=0}^{\infty}(-1)^m\frac{1}{m!(n+m)!}\left(\frac{m_f}{2}\right)^{2m+n}\quad(n=0,1,2,\cdots) \tag{4-22}$$

由上式可看出，n 为偶数时 $J_n(m_f)$ 为偶函数，n 为奇数时 $J_n(m_f)$ 为奇函数。

我们可以通过式(4-22)来计算第一类贝塞尔函数 $J_n(m_f)$ 的函数值。当然更快捷的方法是查贝塞尔函数表。

将式(4-20)和(4-21)代入到式(4-19)中去，进行运算，并整理可得调频波的表达式如下。

$$\begin{aligned}
u_f(t)=&J_0(m_f)\cos\omega_0 t && \text{载频}\\
&+J_1(m_f)\cos(\omega_0+\Omega)t-J_1(m_f)\cos(\omega_0-\Omega)t && \text{第一对边频}\\
&+J_2(m_f)\cos(\omega_0+\Omega)t-J_2(m_f)\cos(\omega_0-2\Omega)t && \text{第二对边频}\\
&+J_3(m_f)\cos(\omega_0+\Omega)t-J_3(m_f)\cos(\omega_0-3\Omega)t && \text{第三对边频}\\
&+\cdots
\end{aligned} \tag{4-23}$$

由式(4-23)可以得到如下几条结论。

(1) 在单一正弦信号 $\cos(\Omega t)$ 的调制下，调频波 $u_f(t)$ 在载频分量 $\cos\omega_0 t$ 上、下各有无数个边频分量 $\cos(\omega_0+\Omega)t$、$\cos(\omega_0-\Omega)t$、$\cos(\omega_0+2\Omega)t$、$\cos(\omega_0-2\Omega)t$……如图 4-15 所示。

(2) 对于给定的 m_f，虽然调频波的边频分量有无数多个，但是阶数很高的边频分量其振幅已经小到可以忽略了，因此调频波的频带实际上是有限的。调频波的频带宽度可以根据

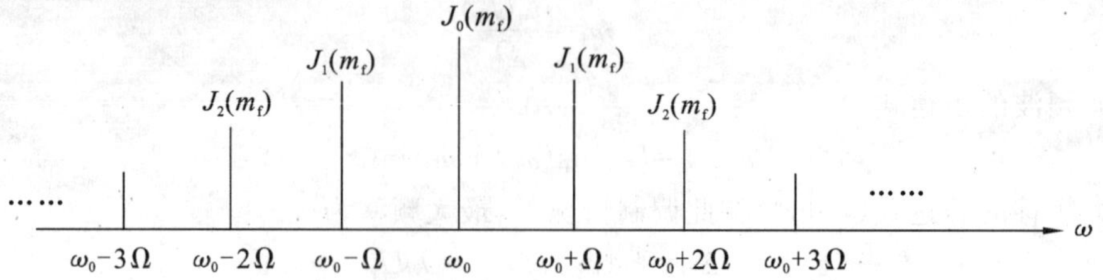

图 4-15　调频波的频谱结构(在单一频率正弦信号的调制下)

实际需要进行人为设定。

通常的规定是将小于载波振幅 10% 的边频分量略去不计，则调频波的频谱宽度(BW)可由下列公式近似求出。

$$\mathrm{BW}=2(m_{\mathrm{f}}+1)F \tag{4-24}$$

将调制指数 m_{f} 的定义式(4-17)代入式(4-24)后得

$$\begin{aligned}\mathrm{BW}&=2\left(\frac{k_{\mathrm{f}}U_{\Omega}}{\Omega}+1\right)F\\&=2\left(\frac{k_{\mathrm{f}}U_{\Omega}\cdot F}{\Omega}+F\right) && (\text{令 }\Delta\omega=k_{\mathrm{f}}U_{\Omega})\\&=2\left(\frac{\Delta\omega\cdot F}{\Omega}+F\right) && (\text{令 }\Omega=2\pi F)\\& && (\text{令 }\Delta\omega=2\pi\Delta f)\\&=2\left(\frac{2\pi\Delta f\cdot F}{2\pi F}+F\right)\\&=2(\Delta f+F)\end{aligned} \tag{4-25}$$

注意：式(4-25)中，Δf 的含义是调频发生时的最大频移(以普通频率表示)，而 F 则是以普通频率表示的单一正弦调制信号的频率。

(3) 根据式(4-25)可以对调频制进行分类。

根据 Δf 的不同，调频制可分为宽带调频与窄带调频两种。在宽带调频制中，$\Delta f \gg F$，亦即 $m_{\mathrm{f}} \gg 1$。因此，有

$$\mathrm{BW}=2\Delta f$$

即宽带调频时的频谱宽度约等于频率偏移 Δf 的两倍。我国调频广播中规定 $\Delta f=75\ \mathrm{kHz}$。

在窄带调频制中，$m_{\mathrm{f}}<1$。因此，有

$$\mathrm{BW}=2F$$

即窄带调频的频谱宽度约等于调制频率的两倍。

4.6　ZX05 型调频调幅收音机工作原理简述

ZX05 型收音机为全集成电路调频、调幅两用收音机，也称为单片集成电路收音机。其电路原理图如图 4-16 所示。

该机由一片集成电路 CXA1691BM 和外围元件组成。下面根据电路原理图分别叙述调幅和调频收音部分的工作原理及各元件的作用。

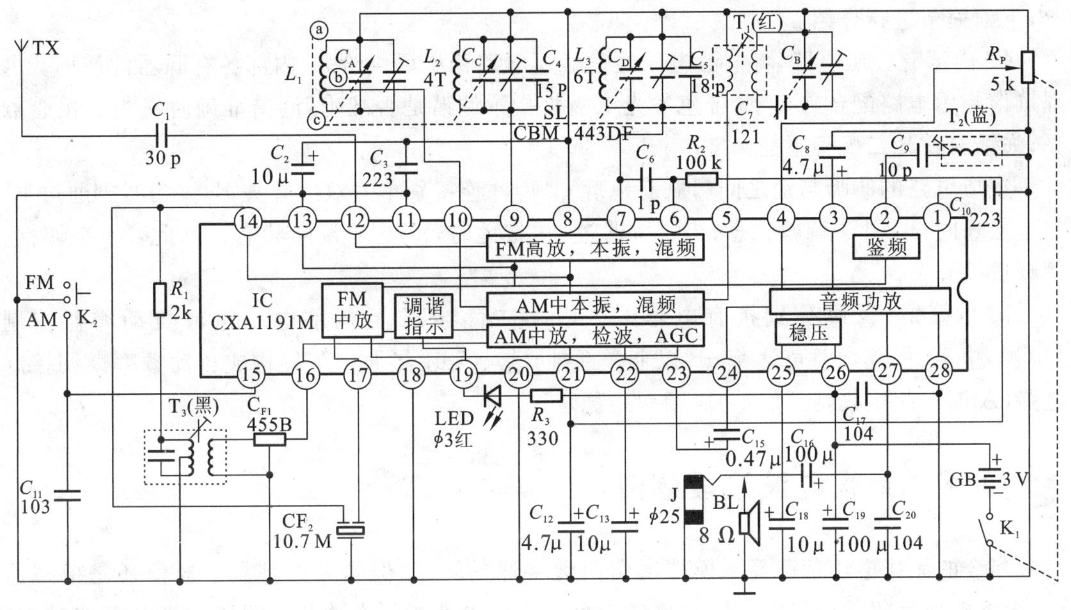

注：K2 置于 FM 段，L3 对于 FM 段的调整很重要，C_A 是 AM 的输入联，C_B 是振荡联，C_C 是 FM 输入联，C_D 是振荡联。

图 4-16 ZX05 型单片集成收音机电原理图

1. 调幅部分

中波广播电台的调幅信号由磁性天线中的线圈 L_1 和可变电容器 C_A 组成的调谐回路选择后，输送到 IC(CXA1691BM)的⑩脚。集成电路内部的本机振荡器的有源器件通过 IC 的⑤脚与本振线圈 T_1，可变电容 C_B(与 C_A 同轴)组成本机振荡电路，产生本机振荡信号。本机振荡信号与 IC 的⑩脚传送来的高频调幅信号在集成电路内部的混频器中进行混频，混频的结果会产生 465 kHz 的中频信号，混频器的输出信号通过⑭脚输出，输出信号中只有 465 kHz的中频信号能经过 R_1，通过 T_3 和 465 kHz 的陶瓷滤波器 CF_1 选频后，又从⑯脚进入 IC 内部的中频放大器放大，进而进行检波，被检出的音频信号从㉓脚输出，经过 C_15 耦合至㉔脚输入到 IC 内部的功率放大器进行功率放大，放大后的音频信号由㉗脚输出，经 C_{16} 耦合去推动扬声器发出声音。调节 R_P 可以改变输入到 IC 内部功率放大器的输入信号的大小，从而达到调节音量的目的。

2. 调频部分

当天线 TX 接收到的调频电台信号后，经 C_1 传送至 IC 的⑫脚，在 IC 内部进行高频放大，并由⑨脚接入 L_2、C_C 和 C_4 组成的输入调谐回路选择，放大后的高频信号与 IC 的本振信号进行混频，IC 的本振信号由⑦脚外接的并联谐振回路 L_3、C_D、C_5 与 IC 内部的有源器件构成的本机振荡器产生。混频后获得 10.7 MHz 的中频信号由⑭脚输出，经过 10.7 MHz 的陶瓷滤波器 CF_2 进行滤波后进入⑰脚，到达 IC 内部调频(FM)中频放大器。放大后的 FM 中频信号被送至内部鉴频器和与第②脚相接的鉴频滤波器(由 T_2、C_9 组成)进行鉴频并滤波，经鉴频和滤波后得到的音频信号同样从㉓脚输出，再经 C_{15} 耦合至 IC。㉔脚通过内部功放进行功率放大，放大后的信号同样经过㉗脚，通过 C_{16} 去推动喇叭或耳机发出声音。

3. 其他附加电路

在集成电路内部或外部都有一些附加电路，它们也是收音机正常工作时不可缺少的部分,下面简单进行介绍。

IC 内部有稳压电路,将电池电压经过稳压电路稳压后供给 IC 内部各有源器件使用。内部调谐指示电路配合外接 $\phi3$ 红色发光二极管指示调谐是否准确,调谐准确时发光二极管点亮,失谐时发光二极管不亮。

集成电路的⑮脚与地之间串联有电容 C11,并连接别单刀双掷开关 K_2。当⑮脚通过 K_2 与地接通时,IC 处于调幅状态;当⑮脚通过 C_{11} 接地时,IC 处于调频状态。因此,K_2 是调幅、调频选择开关。

IC 的第㉑、㉒脚分别接有电容 C_{12}、C_{13},它们与 IC 的内部电路组成自动增益控制(AGC)电路,控制增益可达 45dB 以上。此外,C_{12}、C_{13}还与 R_2、C_6 等构成自动频率微调控制电路(AFC),使接收调频信号时,频率更稳定。

4.7 无线电波波段划分

当今的无线电通信已经从模拟通信向数字通信转变,但是无论是数字通信还是模拟通信,无线电通信仍然依靠电磁波来传送信息。无线电波的频率从几十千赫兹至几万兆赫兹,其频率范围很宽,不同频率的电磁波产生的方法和传播特性有着很大的不同,为了便于研究和应用这些不同频率的电磁波,通常将电磁波划分为不同的频段,并冠以不同的名称,这样做也便于同行们进行交流。无线电波波段的划分与用途如表 4-1 所示。

其中,频率 f 和波长 λ 的关系如下。

$$f \cdot \lambda = c$$

式中,$c=3\times10^8$ m/s,是电磁波在真空中传播的速度,也是光在真空中传播的速度。

表 4-1　无线电波波段划分与用途

波段名称	波长范围	频率范围	频段名称	主要用途
超长波	10^4 m～10^5 m	3～30 kHz	甚低频(VLF)	海上长距离通信
长波	10^3 m～10^4 m	30～300 kHz	低频(LF)	电报通信
中波	200 m～10^3 m	300～1 500 kHz	中频(MF)	无线电广播、电报
中短波	50 m～200 m	1 500～6 000 kHz	中高频(IF)	无线电广播、电报
短波	10 m～50 m	6～30 MHz	高频(HF)	无线电广播、电报
米波	1 m～10 m	30～300 MHz	甚高频(VHF)	电视、导航、广播
分米波	1 dm～10 dm	300～3 000 MHz	特高频(UHF)	电视、雷达、导航
厘米波	1 cm～10 cm	3 000～30 000 MHz (3～30 GHz)	超高频(SHF)	雷达、卫星通信
毫米波	1～10 mm	3×10^4～3×10^5 KHz (30 G～300 GHz)	极高频(EHF)	电视、雷达、导航
亚毫米波	1 mm 以下	300 GHz 以上	至高频	无线电接力通信

我国目前使用的广播电视频段包括:米波波段(甚高频 VHF)的 12 个频道,每个频道所占带宽规定为 8 MHz;以及分米波波段(特高频 UHF)的 56 个频道,具体的频道划分,可参见有关资料。

4.8 调频广播的优缺点及与调幅广播的对比

1. 调频广播的优点

调频广播与调幅广播相比,有以下一些优点。

(1) 抗干扰能力强,调频广播接收机的电路中设有限幅器,因此能很好地抑制幅度干扰和各种噪声,只要电台信号足够强,调频收音机就总能收到很清晰的声音。因为干扰和噪声,通常都是影响信号的幅度,而很少影响信号的频率。限幅器消除干扰的示意图如图 4-17 所示。

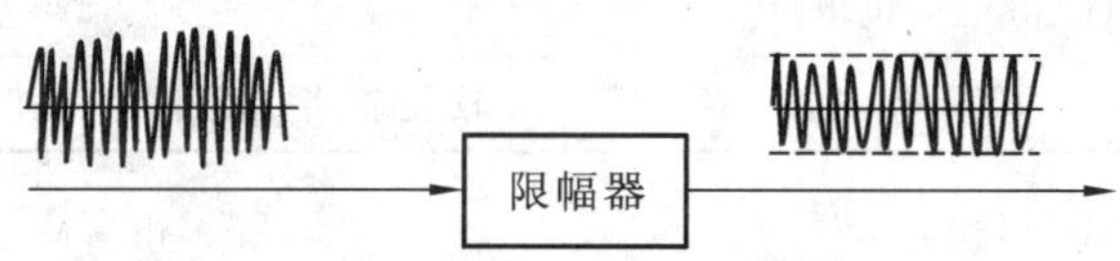

图 4-17 限幅器消除干扰信号

调幅收音机电路中不能采用限幅的方法,因为若采用限幅的方法,则在"切除"干扰信号的同时,声音信号也被剪掉了。调幅信号就是靠载波振幅随调制信号的变化来传送信息的,而各种干扰和噪声都会以振幅的方式叠加在调幅波的包络上。通过分析可知,在相同信号强度的条件下,调频收音机鉴频以后输出的信噪比要比调幅收音机检波后输出信号的信噪比高六七十倍。

(2) 频带宽、音质好。中频调幅广播按规定每个电台占用的频带宽度是 9 kHz,一般调幅收音机的通频带只有 7 kHz 左右,而人的声音最高频率和人耳能感觉到的最高频率均可超过 10 kHz。因此,调幅广播保真度不高。调频广播是工作在超高频段,频带范围是 87～108 MHz,可容纳的电台数较多,每个电台可占用 200 kHz,几乎包括了人耳所能听到的频率范围,因此保真度很高。

(3) 动态范围宽,动态范围是指最大音量与最小音量之比。日常演唱,演奏和人们讲话声的动态范围是 10^4,交响乐的动态范围可达 10^8,调频广播的动态范围可以达到 10^3。而调幅广播由于调幅度的限制,动态范围只能达到 10^2 左右。因此调频广播比调幅广播更能播出与实际音响相似的动人声音。

(4) 没有串信现象。调频广播由于工作在甚高频段,只能在视距范围内传播,所以即使两电台使用的频率相同,但只要间隔一定距离,就没有串信现象。而中波波段的电波,可以被电离层反射,能传输得很远,在夜间可以达到 1 000 公里以上,所以,调幅广播的串信现象是很严重的。

2. 调频广播的缺点

(1) 传播距离近,受地形及周围环境影响较大。天线接收到的电波,有的是直达波,有的是经建筑物反射后到达的,因此它们的相位不同,会产生类似于电视的重影现象而使声音产生失真。

(2) 占据的频带宽,导致在收音机波段划分时会遇到波段数与调谐难易程度之间的矛盾。波段数少调谐较困难;波段数多,虽调谐较容易,但收音机波段转换结构复杂。因此,在设计、生产收音机时难以兼顾。

(3) 技术相对复杂,造价相对较高。

现将调频广播与调幅广播的主要区别列于表 4-2 中。

表 4-2 调频广播与调幅广播的主要区别

序号	区别项目	调频广播	调幅广播
1	频率范围	88～108 MHz	中波段 525～1 605 kHz 短波段 1.6～26.1 MHz
2	中频频率	10.7 MHz	465 kHz
3	传播方式、距离	直射波、近距离	地面波、空间电离层反射波，远距离
4	调制方式	音频信号调制高频载波频率	音频信号调制高频载波幅度
5	解调方式	包络检波	鉴频
6	电路结构	较简单，检波、AGC 等	较复杂，增加限幅器、比例鉴频、AFC 和静噪电路

4.9 集成电路收音机的组装、调整与测试

一台电子设备的批量生产，一般要经过设计、计算、试验定型投产等必要过程。投产后还要根据用户反映的使用意见，进行一些必要的改进或设计新一代的产品。

一台收音机进入批量生产阶段后，工人必须在技术人员指导下按照规定的工艺程序进行组装、调整和测试，只有达到或符合国家标准规定的产品才能投放市场。具体标准参数按照国标《调幅广播收音机测量方法》(GB/T 2846—2011)中的规定测量。其参数要求不应低于标准中规定的极限参数的指标要求。

收音机的生产厂家为了保证收音机的质量，必须使用一些较为精密的仪器仪表来进行调试，检测收音机的各项指标，这些常用仪器有：①高频信号发生器；②低频信号发生器；③示波器；④失真度测量仪；⑤中频图示仪；⑥电子管毫伏表；⑦万用表。

受学时限制，本章对工厂的调整、测试过程不作详细介绍，下面仅以 ZX05 型调频、调幅集成电路收音机为例简要介绍在业余条件下如何进行集成电路收音机的组装、调整和测试。

1. 组装

ZX05 型收音机采用的是日本索尼公司生产的双排 28 脚贴片式集成电路芯片 CXA1691BM，配以少量外围元件制作而成。CXA1691BM 的主要特点是工作电压范围宽(3～9 V)，集成度高，外围元件少，灵敏度高，失真小，调整容易，通过一只单刀双掷开关便能实现调幅、调频工作状态的转换。

当拿到套件后，对照元件清单逐一地将各元件清点一遍，有条件时可用万用表检查一下各元件的质量，由于出厂时元件已经过严格检查，一般不会出现问题，但要注意对色环电阻和电容的标准值不要读错。

元件清点无误后，便可将印制电路板与电路原理图对照，插装四联可变电容器、中频变压器、带开关的电位器等较大和较高的元件，然后在电路板上按从上到下、从左到右的顺序插装其他元件。焊接时可以按照先焊小元件，再焊大元件，最后焊集成块的原则进行操作，但以方便焊接为最高原则。元件尽量贴着底板，不得将元件焊错位置。

除了集成电路片在印刷面进行贴片焊接外，其余元件都是从非印刷面插入，在印刷面焊接，印刷电路板是单面板(即一面是印刷电路，另一面是光板而非印刷面，但印上了元件符号)。

组装前应仔细阅读装配说明。组装时的注意事项如下：①四联可变电容不能装反；②电解电容不能装反；③图 4-16 中对应的 L_1、L_2、L_3 是漆包线绕成的线圈，要用细砂布或砂纸将焊接处的漆磨掉后再上锡进行焊接。

2. 了解收音机的有关参数

经过组装后的集成电路收音机，必须经过调试后才能达到设计指标，最终获得满意的收听效果，故首先应了解 ZX05 的设计指标及有关参数。

根据厂家提供的资料，ZX05 型调频/调幅收音机的主要技术指标如下。

(1) 中波频率范围：525～1 605 kHz，表示调幅波所能接收的中波频率范围。

(2) 调频波的接收范围：87～108 MHz。

(3) 灵敏度：AM 为 2 mV/m，FM 为 $<$30 mV/m。

(4) 信噪比：AM 为 $>$35 dB，FM 为 $>$40 dB。

(5) 输出功率≥100 mW。

(6) 电源电压：3 V(两节 5 号电池)。

思考：上述的灵敏度指标为什么有两种不同的单位呢？收音机的灵敏度是指当收音机输出标称功率，而信噪比又达到一定要求时，输入端必须输入的最小信号电压值。灵敏度可以用两种方法来表示：对使用磁性天线的收音机，用输入的电场强度来表示，单位是 mV/m；对使用拉杆天线的收音机，用天线端需要输入的高频信号电压值来表示，单位是 μV 或 mV。

3. 整机静态电流和静态工作点的测试

ZX05 型收音机是单片集成电路收音机，不需要像晶体管收音机那样调整各级的静态工作点，而只需要检测整机静态工作电流是否正常。检测方法是将数字万用表置于 DCA 200 mA 挡，再将万用表并联在收音机电源开关的两端，开关应处于断开状态。这时万用表显示的数值即整机的静态工作电流，连接方法如图 4-18 所示。ZX05 型收音机的静态工作电流在 10 mA 左右。若测量发现电流过大或过小，说明电路可能接错；若无电流，则说明电路不通，应仔细检查，排除这类故障。

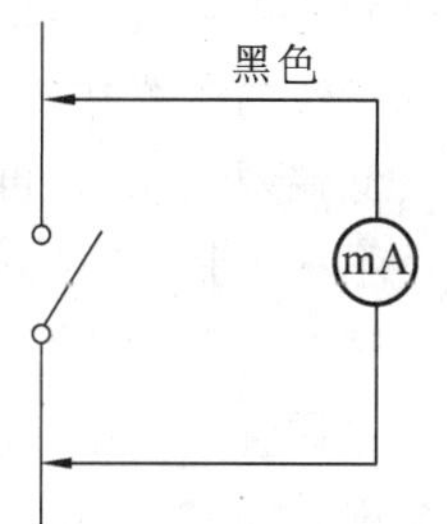

图 4-18　整机静态工作电流测量方法

另一个需要检查的是单片集成电路芯片 CXA1691BM 各引脚的工作电压，它直接反映了电路的工作点，其参考值见表 4-3。测量时将数字万用表置于 DCV 20 V 挡，将黑表笔接电源负极，红表笔依次接相应各脚，实际读数应与参考值接近。

表 4-3　CXA1691BM 各引脚电压参考值

脚位 / 电压	1	2	3	4	5	6	7	8	9	10	11	12	13	14
FM 电压/V	0	2.18	1.5	1.25	1.25	1.25	1.25	1.25	1.25	1.25	—	0.3	—	0.36
AM 电压/V	0	2.7	1.5	1.25	1.25	—	1.25	1.25	1.25	1.25	0	0	—	0.2
脚位 / 电压	15	16	17	18	19	20	21	22	23	24	25	26	27	28
FM 电压/V	0.84	0	0.34	0	1.6	0	1.25	1.25	1.25	0	2.71	3.0	1.5	0
AM 电压/V	0	0	0	0	1.6	0	1.49	1.25	1.0	0	2.71	3.0	1.5	0

4. 调幅接收时的调整

在收音机生产车间进行调整时有仪器可以使用，比较正规和方便；在其他情况下，可以根据调试原理利用电台播音作为测试源，通过听声音来进行调试。

由于 ZX05 型收音机是调频、调幅两用收音机，首先讲述调幅接收时的调整。调整内容主要包括中频频率的调整、频率范围的调整和三点统调。分别介绍如下。

1）中频频率的调整

将 ZX05 型收音机调频、调幅选择开关置于中波位置，打开电源开关，将音量开启到最大，将收音机调谐到低端某一电台，如武汉交通广播电台(603 kHz)的广播。收到电台后，将音量调到适中，找到中频变压器(即中周)T_3(黑色)，用无感螺丝刀(即塑料或竹子做的螺丝刀)小范围地左右旋转 T_3 的磁芯，直至接收的音量最大时为止。由于 T_3 在出厂时已经校准在 465 kHz 上，所以调整时只需微调，微调的原因是考虑到元件特性的分散性。

2）调整频率范围

调整频率范围也称为调整频率覆盖，它是通过调整本机振荡线圈 T_1(红色)和振荡回路补偿电容(与 C_B 并联的半可变电容)来实现。在中波波段，规定接收频率范围是 535 kHz 到 1 605 kHz，也就是要求双连可变电容全部旋入时(电容量最大，谐振频率 $f_0=\frac{1}{2\pi\sqrt{LC}}$最小)能接收 535 kHz 的信号，全部旋出时(电容量最小，谐振频率最高)能接收到 1 605 kHz 的信号。

首先在低端接收一个广播电台的信号，如武汉交通广播电台(603 kHz)的广播。如果刻度盘指针位置比 603 kHz 低，说明振荡回路电容偏大，而电感量偏小，这时可以将振荡线圈的磁帽旋进一点，而将刻度盘指针退到 603 kHz 处；反之，可以把振荡线圈的磁帽旋出一点，直到指针的位置在 603 kHz 处搜到这个电台为止。

低端调试完后，再在中波段的高端搜一个电台，如武汉楚天广播电台(1 179 kHz)，如果指针不在 1 179 kHz 处，可通过调整振荡回路的补偿电容，直到指针的位置在 1 179 kHz 处搜到这个电台为止。

在调整过程中，高低端存在相互影响，可能要来回调整几次。调整频率范围的过程又称对刻度。

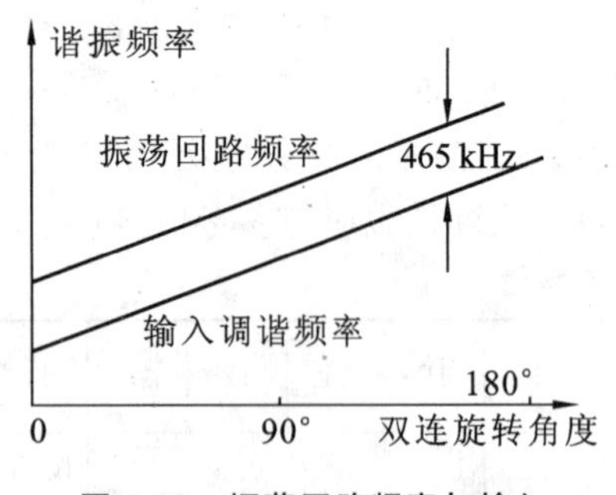

图 4-19　振荡回路频率与输入调谐频率的理想同步

3）三点统调(跟踪统调)

三点统调又称为跟踪统调，统调的目的是使本机振荡回路频率与天线输入调谐频率始终相差 465 kHz，这项操作又称为“同步”，如图 4-19 所示。

要在整个中波波段 535～1 605 kHz 范围内做到理想同步是十分困难的。因为输入调谐在中波段最高信号频率 1 605 kHz 和最低信号频率 535 kHz 相差 3 倍$\left(\frac{1\,605}{535}=3\right)$，而相应的振荡回路的最高频率(1 605＋465)kHz＝2 070 kHz 和最低频率(535＋465)kHz＝1 000 kHz相差 2 倍多。而由谐振频率的公式 $f=\frac{1}{2\pi\sqrt{LC}}$可知，频率和电容的平方根成反比。为了调节的方便，输入回路和振荡回路的可变电容器是一个同轴的双连可变电容器，因此两组同样大小容量的电容器从最大容量变化到最小容量(电容器动片从全部旋进到全部旋出)是不可能做到一个频率变化 3 倍,而另一个变化 2 倍的。如果在最低端满足要求,即振荡回路频率为(535+465)kHz=1 000 kHz,则其他各点两者之差都不等于 465 kHz,而是高于 465 kHz。反过来,如果在最高频率 1 605 kHz 处满足统调要求,即振荡频率为(1 605+465)kHz=2 070 kHz,则其他各点二者之差又将低于 465 kHz。如果要求双连可变电容器旋到任何角度时都能满足统调要求,则双连可变电容器的两组片子就要进行特殊设计和制造,这样会极大地增加成本。目前广泛采用的方法是采用两组同样容量的双连可变电容器,在振荡回路增加两个附加电容,一个与振荡回路并联(称为补偿电容),另一个与振荡回路串联(称为垫整电容),就能基本上满足在波段内三个频率点上的同步,所以称为"三点统调"或"跟踪统调"如图 4-20(a)所示。

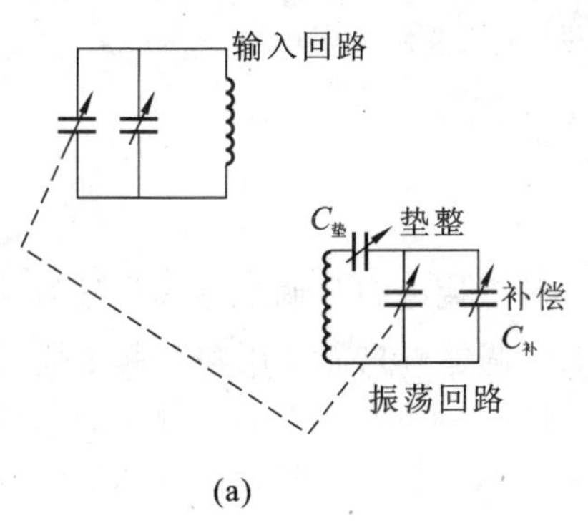

(a)

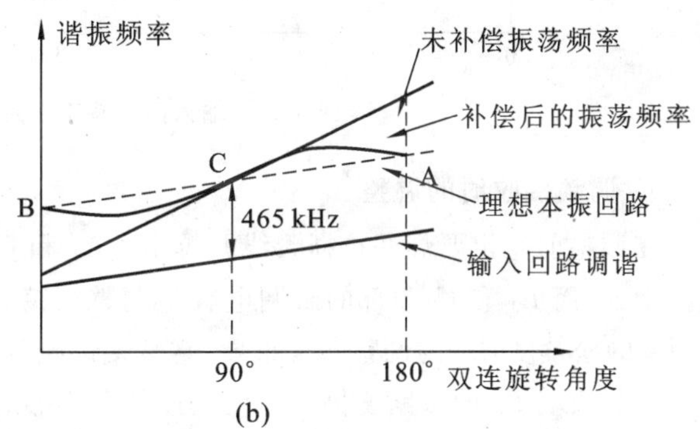

(b)

图 4-20　三点统调

补偿电容 $C_补$ 并联在振荡回路上,当双连可变电容全部旋进时,由于容量很大,并联的小容量 $C_补$ 对振荡回路影响不大;当双连可变电容全部旋出时,由于容量很小,所以 $C_补$ 对振荡回路的影响就很大,使高频端由于 $C_补$ 的存在而使振荡回路的谐振频率降下来,与理想的跟踪曲线紧靠在一起,实现了高端点的跟踪,如图 4-20(b)所示。

垫整电容 $C_垫$ 串联在振荡回路上,当双连可变电容全部旋出时,由于容量很小,串联的大电容 $C_垫$ 对振荡回路影响不大;但当双连可变电容全部旋进时,由于容量很大,所以 $C_垫$ 对振荡回路的影响就很大(这一段话,可通过两电容串联的容量公式 $C=\frac{C_1 \cdot C_2}{C_1+C_2}$ 得到数学解释)。

低频端由于增加了 $C_垫$,使电容量减小,而使振荡回路的谐振频率升高。跟踪线在下降过程中逐渐向上弯曲,并再一次使二者差频等于 465 kHz,如图 4-20(b)中 B 点所示。

由图 4-20(b)可以看出,统调后实际本振回路的谐振频率随着双连可变电容旋转角度的变化关系是一条呈 S 形的曲线。在 S 形曲线中只有三点 A、B、C 与输入回路相差 465 kHz,其他各点稍差一些,但也接近于 465 kHz,实际表明,这种跟踪方式是可以接受的。

三点统调时,在中波段通常取 600 kHz、1 000 kHz、1 500 kHz 三个频率点。由于调整频率范围时已将振荡回路的振荡线圈电感和补偿电容调好,故可以通过调整输入回路的电感和微调电容,来获得两个谐振回路的跟踪统调。调整的方法是在低端接收一个广播电台信号,如武汉交通台 603 kHz,移动磁性天线线圈 L_1 在磁棒上的位置,使扬声器的声音最响,低端跟踪就完成了。由于电路设计时,就已考虑到了 1 000 kHz 处的跟踪统调,所以中间这一点是无须调整的,高端的调整同样是选择一个频率为 1 600 kHz 左右的电台(如江西台 1 449 kHz),调整振荡回路的补偿电容,使扬声器的声音最大,高端就调整完毕。

综上所述,对于 ZX05 型单片集成电路收音机,调幅接收部分的调整是通过调整中频变压器 T_3 来调整中频频率,使其谐振在 465 kHz;通过调整本振回路的电感 T_1 和补偿电容来调整频率覆盖；而通过调整输入谐振回路电感 L_1 的位置和补偿电容来实现跟踪统调，因此统调的跟踪曲线也可以用图 4-21 来表示。

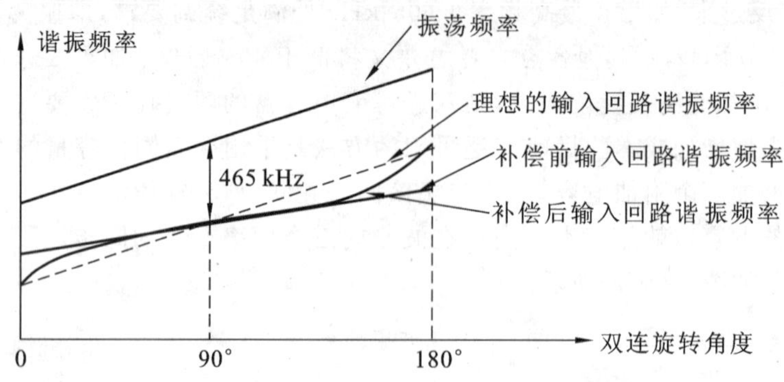

图 4-21　输入回路频率跟踪本机振荡频率

5. 调频接收时的调整

在调整前一定要焊好拉杆天线并拉出。L_2 和 C_C 顶部的微调电容是调整输入信号的频率范围的，而 L_3 和 C_D 顶部的微调电容是调整振荡频率的。调整时只需要用塑料起子拨动 L_2、L_3 的松紧度，L_3 的调整非常重要，它直接影响到搜台的多少(即覆盖)和收不收得到电台信号。当拨动 L_3 的松紧度仍搜不到或搜的台不够时，可将 L_3 的圈数适当增减，以达到满意的效果为止。T_2 是调整 10.7 MHz 的中频频率的，出厂前已调整为 10.7 MHz，故只要进行微调即可。

调频接收时的调整的过程与调幅类似，即先调整中频频率，再调整频率覆盖，最后进行跟踪统调。简要归纳如下。

(1) 调整中频频率就是调整 T_2 的磁芯，微调即可，先选择一个调频电台，调整 T_2 的磁芯，左右微调，使声音最大即可。

(2) 调整频率覆盖，是调整 L_3 及 C_D 顶部的半可变电容(本振回路)。

(3) 调整跟踪是调 L_2 及 C_C 顶部的半可变电容(高频输入回路)。

4.10　S66D 型六晶体管超外差收音机

在 4.6 节中介绍了单片集成电路收音机的工作原理。单片集成电路收音机有很多优点，其中一条优点就是不必像晶体管收音机那样调整各级晶体管的工作点，从而可以极大地节约人工成本，提高劳动生产率。但是，这一条优点对于学习者来说有好的一面，也有不好的一面。好的一面是学习者只要认真、仔细地按照电路原理图、装配图焊接安装，几乎不需要调整，就能取得成功，也容易获得成就感，激起学习和实践的兴趣。不好的一面，则是没有通过各级工作点的调整过程，就没有对晶体管电路中工作点重要性的体会，缺少了调整工作点的实践训练，因而缺少了必要锻炼。因此本节介绍 S66D 型六晶体管超外差收音机的工作原理、参数设计、安装与调试等内容，以弥补相关知识的不足。

1. 整机电原理图

S66D 型收音机的整机电原理图如图 4-22 所示。

图中 Q_1 为高频三极管 3DG201，是变频器的有源器件；Q_2 也是高频三极管 3DG201，构成中频单调谐放大器；Q_3 构成三极管检波电路；Q_4 是低频放大级；而 Q_5、Q_6 则构成无输出变

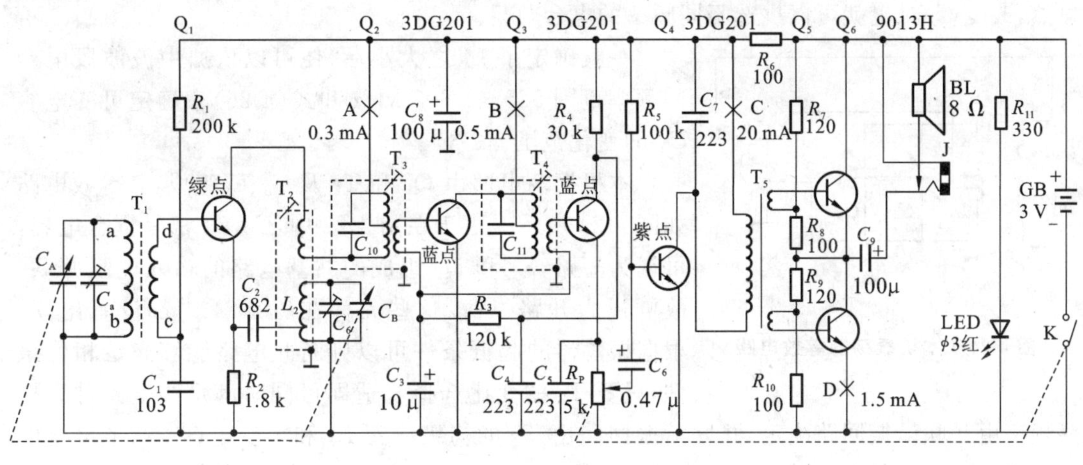

图 4-22　S66D 型收音机原理图

压器功率放大电路。

下面运用“低频电子线路”和“高频电子线路”的知识来分析 S66D 型收音机各级电路的工作原理和相关的设计和计算。

2. 变频电路

如图 4-22 所示，变频电路由三极管 Q_1，输入调谐回路 T_1、C_A、C_a，振荡回路 T_2、C_B、C_b，中频变压器 T_3，静态工作点元件 R_1、R_2，耦合电容 C_2 和高频旁路电容 C_1 组成。

首先分析静态工作点。

分析变频级的静态工作点时，电感可视为短路，电容可视为开路，因此，画出 VT_1 的直流通路如图 4-23 所示。这是一个固定偏置电路，但是带有电流串联负反馈。

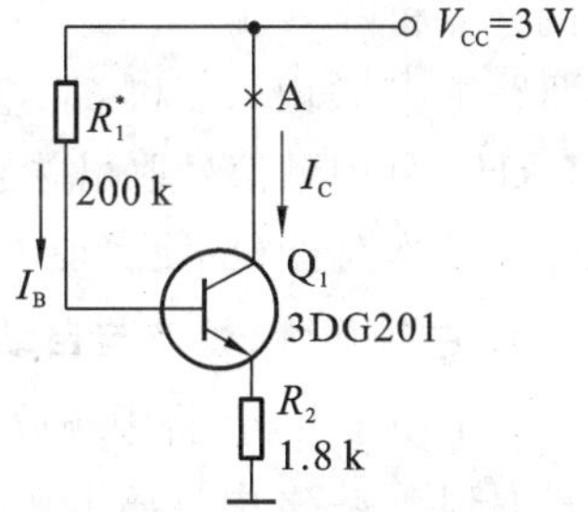

图 4-23　变频级的直流通路

由图 4-23 可得：

$$V_{CC}=I_B\cdot R_1+V_{BE}+(\beta+1)I_B\cdot R_2$$

故

$$I_B=\frac{V_{CC}-V_{BE}}{R_1+(\beta+1)R_2}$$

取 $V_{CC}=3\ \text{V}$，$V_{BE}=0.7\ \text{V}$，β 的取值范围是 40～80。

当 $\beta=40$ 时，求得 $I_B=8.4\ \mu\text{A}$；$\beta=80$ 时，求得 $I_B=6.65\ \mu\text{A}$。

因此，I_B 随 Q_1 的不同，取值的可能范围是 6.65～8.4 μA，I_C 相应的取值范围是 0.34～0.53 mA。在这里，Q_1 既是混频管，又是振荡管，它有双重功能，很多接收机都是采取这样的设计结构。为了获得较高的功率增益、较低的噪声系数，应合理选择 VT_1 的静态工作点。实验表明，此处 I_C 应取 0.3 mA 左右为宜，这可以通过调整图 4-22 中的 R_1 实现，具体操作方法在本节稍后将补充说明。在图 4-23 中 R_1 上标有“*”号，即表示可调整的意思。

变频电路中输入信号由 T_1 的初级线圈 L_{ab} 和可变电容 C_A 及补偿电容 C_a 组成的并联调谐回路选择后，再经 T_1 的次级线圈 L_{cd} 加到 Q_1 的基极。在中波波段，计算表明 C_1 的容抗最大不超过 35 Ω，是耦合电容，故可将其视为短路。只有电台的载波频率 f_s 满足下式时，才会被选中。

$$f_s=\frac{1}{2\pi\sqrt{L_{ab}(C_A+C_a)}}\qquad(4\text{-}26)$$

显然，改变 C_A 时也就可以挑选不同频率的电台节目。

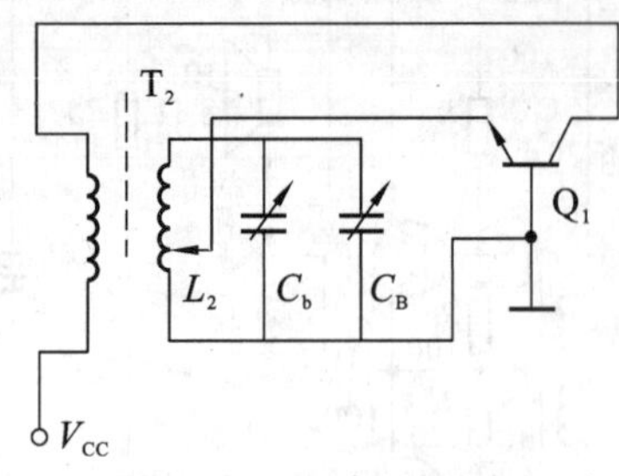

图 4-24 本机振荡器等效电路

一旦确定了 L_{ab} 之大小后，便可以依据中波波段电台的频率范围 525～1 605 kHz 和式(4-26)来确定可变电容 C_A 的变化范围。

本机振荡电路由 Q_1 和 T_2 及 C_B、C_b 组成，其等效电路如图 4-24 所示。由于在图 4-22 中，C_1，C_2 都是耦合电容，可视为短路，R_2 和 Q_1 组成的共基电路的输入电阻并联，故可视为开路，所以这些元件在图 4-24 中都没有出现。根据振荡器的起振条件可以判断此电路能够满足相位条件，只要 T_2 的变比选择合适即可同时满足幅度条件。振荡频率由并联谐振回路决定，并联谐振回路由 T_2 的初级线圈 L_2 和可变电容 C_B、半可变电容 C_b 组成，谐振频率的计算公式为

$$f_0=\frac{1}{2\pi\sqrt{L_2(C_B+C_b)}} \tag{4-27}$$

因为是简易型收音机，在谐振回路中省去了垫整电容，这会给统调带来一定的困难。

Q_1 同时又是混频管，外部电台信号从 Q_1 的基极输入，而本机振荡信号由发射极通过 C_2 耦合输入，根据“高频电子线路”中的变参量电路的分析可知，在 Q_1 的集电极电流中含有直流分量和 ω_0，$2\omega_0$，ω_s，$\omega_0-\omega_s$，$\omega_0+\omega_s$，$2\omega_0-\omega_s$，$2\omega_0+\omega_s$ 等许多的频率分量，在 Q_1 的集电极回路中串联由 T_3 和 C_{10} 组成的并联谐振回路，使其谐振频率为中频，$f_i=f_0-f_s=465$ kHz，将中频信号取出并通过 T_3 的次级耦合到下一级中频放大器中进行放大。这样，利用一个晶体例管 Q_1 便实现了变频的功能，因此，这种电路又称为自激式变频器。

3. 中频放大、检波与自动增益控制电路

为了便于分析，将中频放大、检波与自动增益控制电路从整机原理图 4-22 中分离出来，如图 4-25 所示。从中频变压器 T_3 的次级输出的中频信号送到中放管 Q_2 的基极进行放大，Q_2 的集电极负载是中频变压器 T_4 组成的并联谐振回路，中频信号经过放大后由 T_4 的次级送到 Q_3 进行检波。Q_3 是高频三极管，用三极管检波，除了完成二极管的包络检波功能外，还具有放大功能，其工作原理与二极管检波是相同的，因为其发射结就是一个二极管。在电位器 R_P 上形成的音频电压信号经可移动中心头取出送到下一级音频放大器进行放大，调节 R_P 中心头的位置，就可以控制音量的大小。图中电阻 R_3 引入了级间负反馈，实现了自动增益控制，这只要中频变压器的初次级接线正确，用瞬时极性分析法就可判断。R_3 不但引入了交流负反馈，而且同时引入了直流负反馈，使得 Q_2、Q_3 的静态工作点都起到了自动恒定的作用。自动增益控制是通过 Q_2 的工作点的自动调整来实现的，如果外来信号较强时，则会导致如下的自动反馈过程：

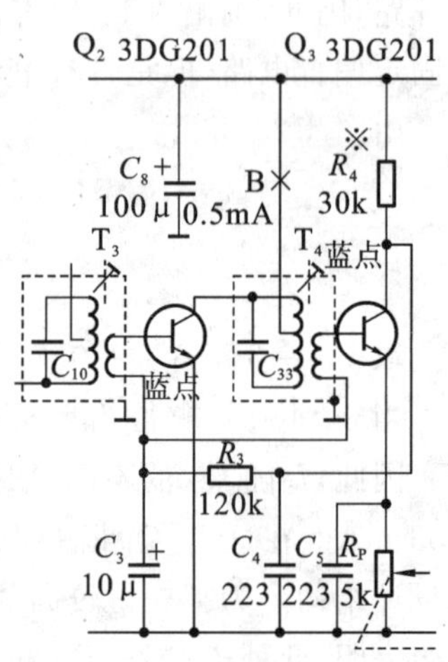

图 4-25 中频放大、检波与自动增益控制电路

$$i_{B3}\uparrow\rightarrow i_{C3}\uparrow\rightarrow V_{C3}\downarrow\rightarrow I_{B2}\downarrow\rightarrow I_{C2}\downarrow\rightarrow\beta_2\downarrow$$

反馈的结果，将使得中频放大管的放大系数 β_2 减小。反之，当外来信号弱时，中放管的放大系数 β_2 会自动变大。为了实现这个自动增益控制的目标，中放管 Q_2 的静态工作点必须调

节在输出特性曲线接近弯曲的部分，对于 3DG201 来说，就是 $I_C \approx 0.5$ mA，这可以通过调整 R_4^* 的阻值来实现。对于模拟电路来说，先要有正确的定性分析和近似的估算，然后再进行实验调整，这样才能取得较为理想的效果，任何一个环节的差错都可能导致失败。

下面分析中放级的静态工作点。分析静态工作点时，电容可看成开路，电感则可看成短路，这样，由图 4-22(或图 4-25)可得如图 4-26 所示的直流通路。由于三极管的非线性，要精确地计算中放级的静态工作点十分复杂和困难。比较简单的方法是通过进行定性分析、近似估算并结合实验来进行调整确定。

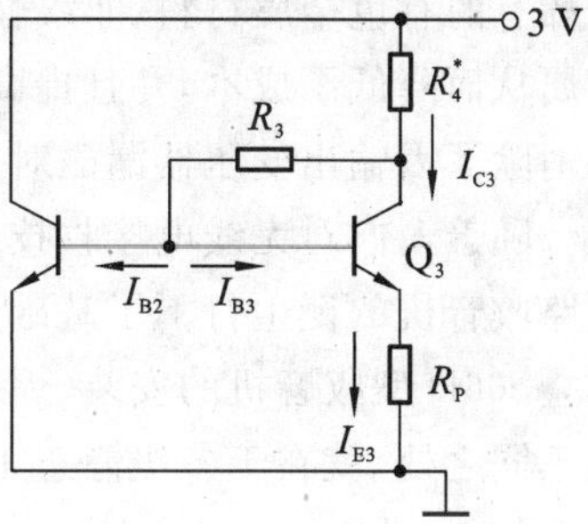

图 4-26　中放、检波级的直流通路

由图 4-26 可以看出：

$$V_{BE2} = V_{BE3} + I_{E3} \cdot R_P \tag{4-28}$$

由于 Q_2、Q_3 都是硅高频小功率三极管 3DG201，发射结导通时的结电压 V_{BE} 均在0.7 V左右，所以 I_{B3} 和 I_{E3} 都很小，故 Q_3 是微导通状态，估算 I_{B2} 时，暂时忽略 I_{B3}、I_{C3}，这样一来，可以近似地得到：

$$I_{B2} = \frac{V_{CC} - V_{BE2}}{R_3 + R_4}$$

代入图 4-22 所示的相关参数后，可得 $I_{B2} \approx 15.3\ \mu$A，Q_2 的 β 值取值范围是 80～180，因此可求得 I_{C2} 的取值范围是 1.22～2.7 mA。但这是由于忽略了 I_{E3} 和 I_{C3} 的结果，实际上 I_{C2} 要小于上述的估算值。前面已经论述过，为了实现自动增益控制，Q_2 的集电极电流 I_{C2} 应控制在 0.5 mA 附近，这可以通过调整 R_4 来实现。调整 R_3 也可以改变 I_{C2}，但同时也改变了负反馈的大小。R_3、R_4 和 R_P 的最佳取值，可以通过上述估算与定性分析结合实验结果来确定。

小提醒：对于模拟电路的设计，常常采用定性分析、粗略估算、实验调整相结合的方法。求 I_{B2} 的较为精确的表达式为

$$I_{B2} = \frac{V_{CC} - V_{BE2} - [(1+\beta_3)R_4 + R_3]I_{B3}}{R_3 + R_4}$$

4. 前置低放与功率放大电路

由图 4-22 可以看到，从电位器 RP 中心头送出的音频信号，经过 Q_4 构成的前置低频放大器放大，再经过由 Q_5 和 Q_6 组成的功率放大电路放大后去推动扬声器发出声音。

音频变压器 T_5 的初级是 Q_4 的集电极负载，Q_4 采用固定偏置电路，这种电路除了结构简单以外，再无其他的优点，调节 R_5 可以改变 Q_4 的静态工作点。Q_4 的集电极静态电流应为 2 mA 左右。

电阻 R_7、R_8、R_9 和 R_{10} 决定了 Q_5 和 Q_6 的静态工作点，并且使得 Q_5 的发射极电位静态时为 $V_E = \frac{1}{2}V_{CC} = 1.5$ V，同时电解电容 C_9 两端电压也充电到 1.5 V。计算表明，静态时 $V_{BE5} = V_{BE6} = 0.68$ V，已经处于导通状态。在信号正半周时，电源通过扬声器、电容 C_9 使得 Q_6 进一步导通，这时电容 C_9 被充电，同时正半周信号电流被放大后通过扬声器；在信号负半周时，电容 C_9 充当电源，通过扬声器、Q_5 形成回路，被放大了的信号电流反向通过扬声器，电容器 C_9 在供电过程中放电。因为音频信号总是正负交替的，所以 C_9 就在不断的充放电过程中，使得信号电流交替地通过扬声器，发出声音。由 Q_5、Q_6 组成的这种功率放大电

路，称为无输出变压器电路，简称 OTL 电路(OTL 是英文 output transformerless 的缩写)。

上述的 OTL 电路是人们在革新无线电接收机技术历程中的一个阶段性成果。虽然早期的技术采用输出变压器有输出功率大、电路简单、调试容易等优点，但也存在着体积大、耗费稀有的有色金属材料、非线性失真大等缺点。OTL 电路省掉了输出变压器，节约了有色金属从而降低了成本，并且提高了效率，展宽了通频带，使信号的高、低音都比较丰富，同时还消除了因输出变压器漏磁对电路产生的不良影响。

随着人们对无线电接收技术的不断研究和革新，后来将输入变压器也省掉，从而为集成电路收音机的诞生打下了基础。

S66D 型收音机的安装、焊接、调试都与 ZX05 型收音机类似，这里不再重复。二者唯一的不同之处，就在于各级静态工作点的调试方法的不同，这将在后面进行详细的介绍。

5. 各级静态工作点的调整

在图 4-22 中，在 A、B、C、D 四处打了“×”号，它们分别是用来测量调整 Q_1、Q_2、Q_4、Q_5(Q_6)各级静态工作点时串联电流表的地方。

以 Q_1 的静态工作点调整为例进行说明。在印制电路板上找到 A 点，它是一个圆形焊盘，当中被切开了，变成了两个半圆形，从两个半圆形焊盘上引出两根导线，将毫安表串联入其电路中，再将焊接 R_1 的地方串接一个 100 kΩ 的电阻和一个 150 kΩ 的电位器，接通电源后，调整电位器使得毫安表指示在 0.3 mA，再将毫安表取下，将焊盘 A 用焊锡连通，Q_1 的工作点就调整完毕。此时可将 100 kΩ 的电阻和 150 kΩ 的电位器用一个等值电阻代替，也可以等到所有的工作点都调定之后，收音机能正常工作时，再将所有的可调电阻换成固定阻值的电阻，并焊接好。

思考题与习题 4

4.1

1. 为什么说收音机的有源器件从电子管换成了集成电路而其工作的基本原理没有变?

2. 画一个简化的调幅广播系统的方框图。

3. 除了超外差式的收音机外，还有外差式收音机和直放式收音机，试画出它们的组成方框图或查资料找到它们的方框图及电原理图。

4.2

1. 在信号分析中，傅里叶变换的物理意义是什么?

2. 证明实偶函数 $f(t)$的频谱函数 $F(\omega)$必为实偶函数。

3. 无线电台为什么不把声音信号 $f(t)$放大后直接由天线发送出去，而要先经过“调制”这样一个过程?

4. 声音信号 $f(t)$对载波 $g(t)=\cos\omega_0 t$ 进行“调制”，从频域来看，结果是什么?

4.3

1. 画出调幅广播发射机、接收机的原理框图，简要说明其工作原理。

4.4

1. 画出调频广播发射机、接收机的原理框图，简要说明其工作原理。

4.5

1. 写出调频波的数学表达式，并用第一类贝塞尔函数展开。

2. 调频波的频带宽度是如何确定的？我国规定调频广播的最大频宽是多少？

3. 什么叫宽带调频制，什么叫窄带调频制？

4.6

1. 根据 ZX05 型收音机的原理图，分别说明调幅、调频接收部分的工作原理。

4.7

1. 调幅广播工作在哪几个波段，调频广播呢？电视呢？

2. 为什么说频率是一种宝贵资源，它和土地、矿山一样归国家所有？

4.8

1. 对比调频、调幅广播的优缺点。

4.9

1. 对于 ZX05 型收音机，如何测量整机的静态电流？如何测量静态工作点？

2. 对于 ZX05 型收音机，调幅部分的调整包括哪些内容，如何调整？调频部分的调整包括哪些内容，如何调整？

3. 什么叫统调？什么叫跟踪？什么叫调整频率覆盖？

4. 以调幅收音机为例，说明统调的基本原理。

4.10

1. 画出 S66D 型六晶体管超外差收音机原理图。

2. 画出 S66D 型六晶体管超外差收音机变频级原理图，简要说明其工作原理。

3. 用电容、电感表测量 L_{ab} 之大小，根据测量值，计算可变电容 C_A 的调节范围，再用电容表、电感表测量验证之。

4. 用瞬时极性法分析图 4-24 能够起振的相位条件。

5. 简要说明 Q_3 是如何实现大信号包络检波的。

6. 说明图 4-25 中的 Q_2 构成什么类型的放大器。

7. 画出图 4-25 中放大电路的 Y 参数等效电路。

8. 将图 4-26 中所示电路与“模拟电子技术”课程中所学的微电流源比较，有何异同点。

9. 在图 4-22 中，Q_5、Q_6 构成什么电路，定性地描述电路的工作原理，如何调整该电路的静态工作点。

10. 在图 4-22 中，LED 起什么作用？

第⑤章　ZX2035 型 5.5 英寸黑白电视机原理分析、组装与调试

ZX2035 型黑白电视机采用大规模单片黑白电视机集成电路 CD515CP(又称 CD5151)配以外围元件组成。由于 CD5151 中集成了所有的小信号处理电路,所以外围元件少,调试比较简单,适合于作为学生和爱好者学习、焊接、调试电子设备的首选器材。

5.1　ZX2035 的主要参数

本机可以采用两种供电方式:一种是交流市电,输入电压为交流 220 V,50 Hz,经降压、整流、滤波、稳压后,输出 9～12 V 的直流稳定电压,装配时可调整为额定输出 10.8 V;另一种供电方式是采用直流电源供电,要求输入直流 12 V,仍然通过直流稳压电路后,向整机供电。

整机工作电流为 0.8～1.2 A,消耗功率约 10 W,天线输入阻抗为 75 Ω,视频输入阻抗 75 Ω,图像清晰度大于 380 线,伴音输出功率大于 0.5 W。

5.2　ZX2035 型黑白电视机的原理框图

在对一台较为复杂的电子设备进行分析时,一般先将整机原理图分成几个部分,再把每一部分分成若干个小单元,采取化大为小、化整为零的方法,先进行单元电路的分析,再进行整体综合分析,从而达到了解和掌握整机工作原理的目的。

按照黑白电视机的一般性原理框图,结合 ZX2035 型黑白电视机的具体电路,可以得到其原理框图如图 5-1 所示。根据框图,对其工作过程,先进行如下简要描述。

由天线接收到的不同载波频率的射频全电视信号,无论是米波Ⅰ波段 49.75 MHz,还是分米波Ⅴ波段的 951.25 MHz,经过电调谐高频头调谐选台、高频放大、变频后变成 38 MHz 的中频全电视信号,该信号先经过预中放管(Q_1)放大,再经过声表面波滤波器滤波后进入图像中放电路,图像中放电路具有放大和滤波的功能。从图像中放出来的信号经过视频检波器后得到频率范围是 0～6 MHz 的图像信号,以及各种同步消隐信号,还得到了 6.5 MHz 的第二伴音中频信号。这些信号统称为视频信号。第一路视频信号经过预视放及消噪电路,再经视频放大器进一步放大并达到规定的幅度后,送到显像管的阴极,通过控制阴极电位的变化,从而在显像管的屏幕上还原出黑白图像。由于显像管的控制栅极是接地的,因此送达显像管阴极的视频信号必须是负极性的图像信号,电平越高、图像越黑。

从消噪电路出来的信号一共分为四路:①第一路如上所述,到视放进一步放大;②第二路则传送到伴音中放,伴音中放的功能是将视频信号中的第二伴音中频信号选出并放大,放大后再经鉴频器取出伴音信号,送至低频放大器,将放大后的音频信号传送至喇叭发出伴音;③第三路则通过中频 AGC 电路后去控制图像中频放大器的增益,同时还有一部分信号在通过射频延迟 AGC 电路后去控制高频放大器的增益,第三路信号是负反馈控制,能使电

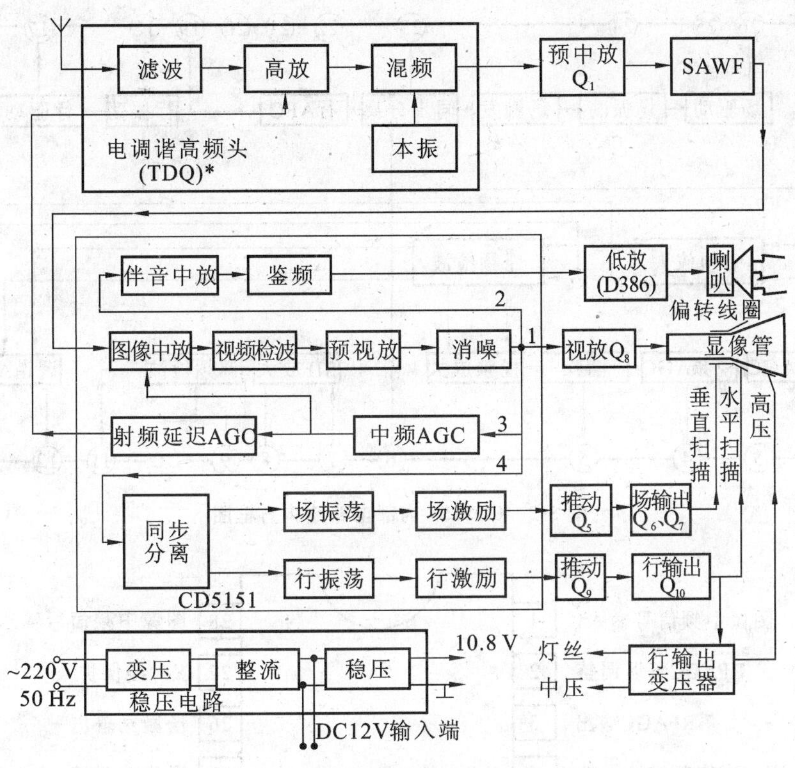

图 5-1　ZX2035 型黑白电视机原理框图

视的图像、伴音质量更加稳定和清晰；④第四路信号则传送至同步分离电路分离出行场同步信号以便控制电视机的行场振荡电路与发射机行场同步。

由集成电路 CD5151 内部场激励级输出的场扫描信号经外部三极管 Q_5 进一步放大后推动由 Q_6、Q_7 两个三极管组成的场输出级电路，产生的垂直扫描信号传送至置于显像管颈部的场偏转线圈中，控制电子束的垂直偏转。与其类似的是行激励输出的行扫描信号经 Q_9 进一步放大后，推动行输出管 Q_{10} 产生水平扫描信号传送至行偏转线圈，同时行扫描信号的回扫脉冲还通过行输出变压器产生显像管所需要的阳极高压、灯丝电压，以及各聚焦极的中压电压，并向它们供电。因此，行扫描输出电路还承担着二级供电电源的作用。

要补充说明的是，原理框图中只给出了主要信号的流程，还有几条反馈信号的路径没有给出，这些待到讲整机电路原理图时再详细描述。

5.3　CD5151 的内部电路结构框图及引脚功能图

在 ZX2035 型黑白电视机中，大规模集成电路 CD5151 占有核心的重要地位，它完成了所有的小信号处理和行场扫描信号的形成，因此了解其内部的电路结构(见图 5-2)及引脚功能(见图 5-3)是非常必要的。掌握 CD5151 在正常情况下各引脚的直流电压及对地电阻值(见表 5-1)对于组装、调试、维修该电视机的技术人员来说具有重要参考价值。

关于 CD5151 内部电路的功能及各管脚的作用在上节中已经提到，下面还将进行进一步的阐述。

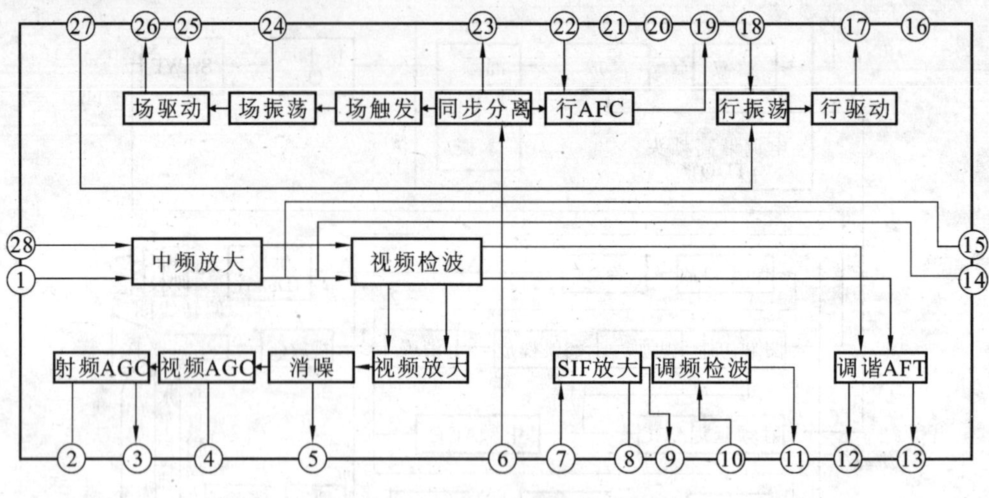

图 5-2　CD5151 内部电路结构方框图

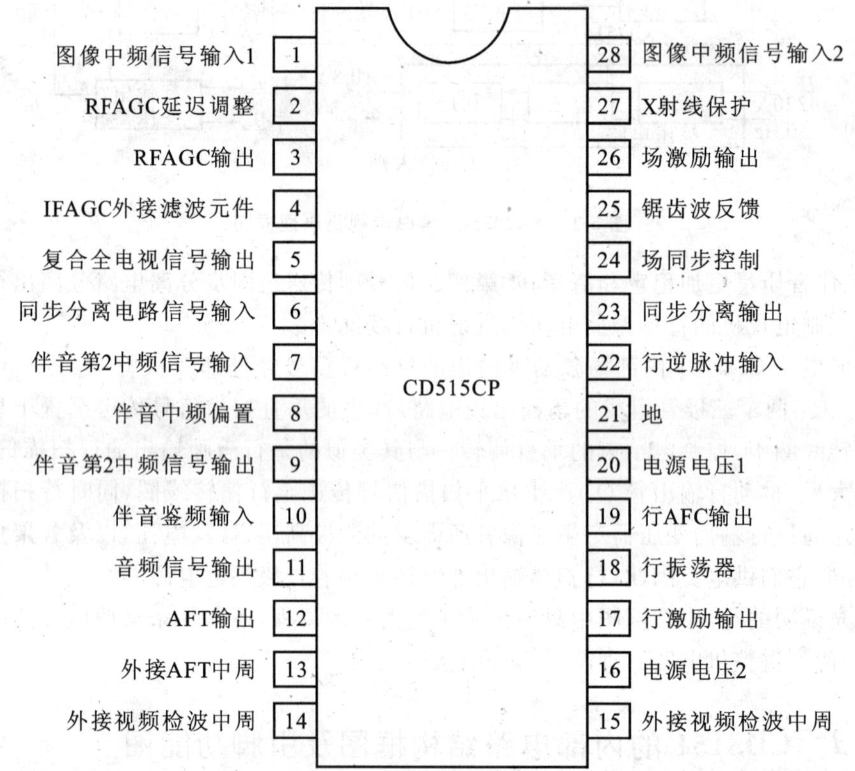

图 5-3　CD515CP 引脚功能图

表 5-1　集成电路 CD5151 各引脚直流电压及对地电阻(断电时)

序号	功　能	备　注	直流电压/V		对地电阻/Ω
			无信号	有信号	黑笔接地
1	图像中频信号输入 1		4.8	4.8	1.3 k
2	RFAGC 延迟调整		5.8	5.8	1.2 k
3	RFAGC 输出		2	3.1	1.2 k

续表

序号	功　能	备　注	直流电压/V		对地电阻/Ω
			无信号	有信号	黑笔接地
4	IFAGC 外接滤波元件		5.8	5.2	1.2 k
5	复合全电视信号输出		4.5	3.2	1 k
6	同步分离电路信号输入		6	6.5	1.3 k
7	伴音第 2 中频信号输入		3	3	1.6 k
8	伴音中频偏置		3	3	1.4 k
9	伴音第 2 中频信号输出		4.5	4.5	1.4 k
10	伴音鉴频输入		4.5	4.5	1.3 k
11	音频信号输入		3.2	2.4	1.3 k
12	AFT 输出	本机未用	空	空	
13	外接 AFT 中周	本机未用	空	空	
14	外接视频检波中周		6.4	6.4	1 k
15	外接视频检波中周		6.4	6.4	1.1 k
16	电源电压 2		9.5	9.5	800
17	行激励输出		1.2	1.2	1.2 k
18	行定时元件		5	5	1.3 k
19	行同步控制		3.6	4.8	1.2 k
20	电源电压 1		9.6	9.6	700
21	地		0	0	0
22	行逆脉冲输入		3.1	3.1	1.4 k
23	同步分离输出	本机未用	空	空	
24	场同步控制		5	4.8	1.3 k
25	场反馈输入		0.4	0.4	1.1 k
26	场激励输出		3.5	3.4	1.2 k
27	X 射线保护器	本机未用	0	0	
28	图像中频信号输入 2		4.8	4.8	1.3 k

注明：以上所测数据使用 MF47 型万用表测出。

5.4　ZX2035 的整机原理图及信号处理、传输流程分析

ZX2035 型黑白电视机整机电路原理图如图 5-4 所示。下面结合图 5-4，分析信号在电视机中传输、处理，以及最后还原成图像和伴音的过程。

射频全电视信号（包括伴音信号）由天线接收后，直接到达电调谐高频头 TDQ（见图5-1）的 1 脚，由 1 脚进入高频头后，首先通过输入滤波器，再经过高放、调谐、变频等处理，成为

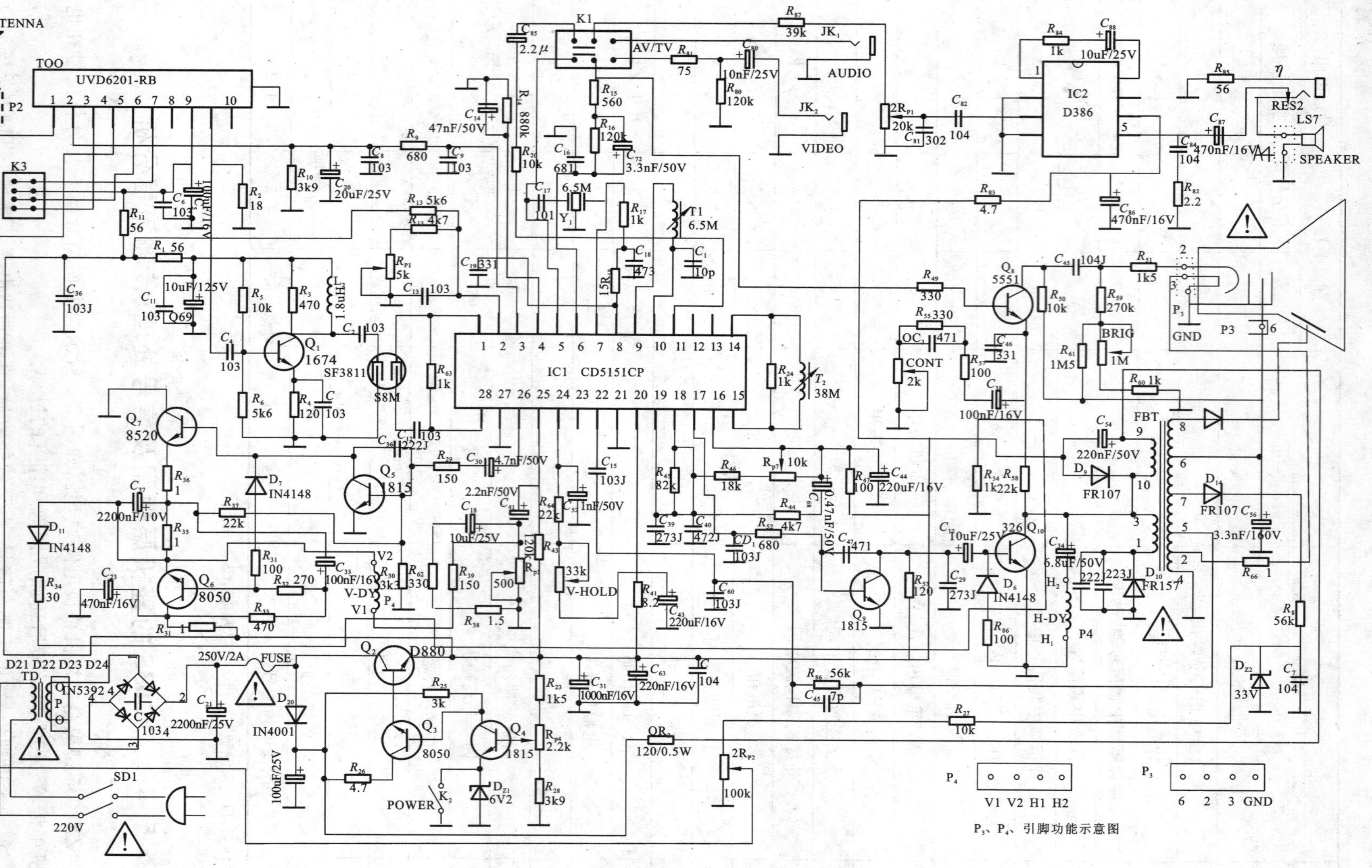

图5-4　ZX2035型5.5英寸黑白电视机电原理图

38 MHz 的中频全电视信号，然后从高频头的 9 脚输出，通过电容 C_4 耦合，到达三极管 Q_1 的基极，以 Q_1 为放大管构成预中放电路，对上述的中频全电视信号进行放大，放大后的信号由 Q_1 的集电极经电容 C_2 耦合到声表面波滤波器(surface acoustic wave filter，SAWF)SBM SF3811 进行滤波。声表面波滤波器是一种新型滤波器件，它具有电视机所要求的特殊的中频响应特性，它只让 38 MHz 的图像中频信号和 31.5 MHz 的第一伴音中频信号按一定要求的比例通过，其他的干扰和噪声则被滤除或吸收。滤波后的信号从 CD5151 的 1 脚和 28 脚进入集成电路。在集成电路 CD5151 内部，信号经中频放大、视频检波、视频放大、消噪等单元电路处理后，从 5 脚输出(参见图 5-2)。此时从 5 脚输出的信号是复合全电视信号，它包括 0～6 MHz 的图像信号、6.5 MHz 的第二伴音中频信号，还有复合同步、消隐信号等。此信号从 5 脚输出后分成三路，分别进行处理。

(1) 第一路经过 AV/TV 转换开关 K_1 和电阻 R_{49} 到达末级视放管 Q_8 的基极，以 Q_8 为主体构成末级视频放大电路，对视频信号进行最后的放大，被放大后的视频图像信号从 Q_8 的集电极输出，经耦合电容 C_{45}、显像管阴极限流保护电阻 R_{51}，到达显像管的阴极。由于显像管的控制栅极是接地的，所以到达显像管阴极的图像信号的电平越高，屏幕显示就越暗，因此是负极性的图像信号。

(2) 第二路通过由 R_{15}、R_{16}、C_{72}、C_{16} 组成的滤波网络后又通过其 6 脚送回到集成电路内部进行同步分离处理，分离出的行、场同步信号分别对行、场振荡器的振荡频率与相位进行控制，使行、场振荡器产生的行、场扫描信号与电视台发射时的行、场扫描信号保持同频、同相。若不同步，就不能稳定地重现原图像，屏幕上的图像会出现翻滚或移动。CD5151 内部电路框图可参见图 5-2。

(3) 第三路是在经过电容 C_{17} 后向右通过 6.5 MHz 陶瓷滤波器 Y_1，通过 Y_1 的滤波作用，只有 6.5 MHz 的第二伴音中频信号回到 CD5151 的 7 脚，进入集成电路内部，由集成电路内部的 SIF(伴音中频)放大后，从 9 脚输出，通过 T_1 后又从 10 脚回到集成电路内部，再经过鉴频器检出音频信号从 11 脚输出，经过 R_{20}、C_{85}、K_1、R_{87}、$2R_{P1}$、C_{82} 等元件，从集成电路 IC_2(D386P)的 3 脚进入内部实现音频信号放大。

CD5151 的内部消噪电路单元见图 5-2，消噪电路单元除了将上述的全电视信号从 5 脚传送出去处理之外，在集成电路内部还将全电视信号送入中频 AGC(自动增益控制)和射频延迟 AGC 两单元电路，中频 AGC 输出控制图像中频放大器的增益，而射频延迟 AGC 的输出则通过 3 脚输出，经 R_9 传送至高频头的 2 脚，来控制高频放大器的增益。R_9 两端并接到地的电容 C_9、C_8 的作用是滤波，使得传送至 TDQ 高频头 2 脚进行高频 AGC 控制的电平是直流电平。与高放延迟 AGC 有关的元件还有 CD5151 的 2 脚外接的电位器 R_{P1}，是用来调整高放 AGC 的延迟量的。而 R_{12}、R_{13} 则是将电源电压进行分压用的，C_{13} 则为滤波电容。CD5151 的 4 脚外接的 R_{14}、C_{14} 则决定了 AGC 滤波电路的时间常数。这两种自动增益控制电路都是负反馈电路，当天线收到的信号较强时，首先是中频自动增益控制电路起作用，当天线收到的信号进一步增强时，射频延迟 AGC 也发生作用，它们发生作用的结果分别是使所控制的中频放大器、高频放大器的增益下降，以保证中频末级放大器的输出信号保持在一个正常的输出范围，从而保证图像和伴音质量的稳定。当天线收到的信号弱到一定程度时，两种 AGC 电路单元都处于关闭状态，不起作用。而中频放大器和高频放大器的增益则都处于最大状态。

5.5 ZX2035 的电源电路分析

将 ZX2035 的电源电路从整机电路原理图中分离出来，如图 5-5 所示。

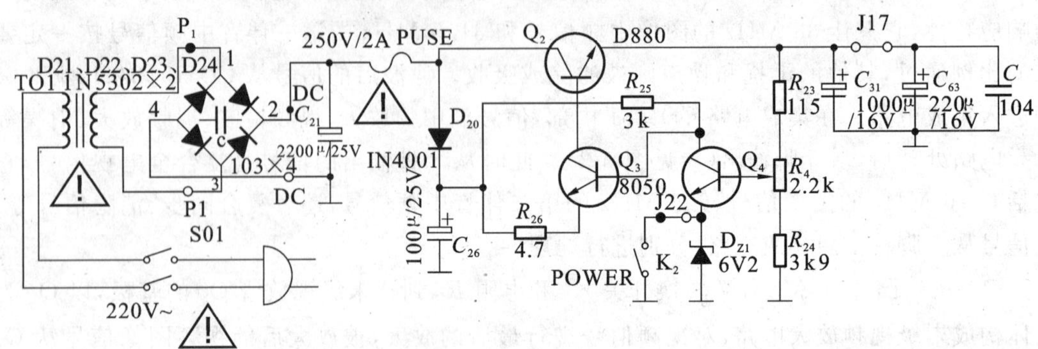

图 5-5　ZX2035 的电源电路

220 V、50 Hz 的市电经变压器 T_{01} 降为 12 V、50 Hz 的低压后，经由 D_{21}～D_{24} 四只二极管组成的桥式整流器整流成为脉动直流电压。C_{21}、C_{26} 是输入直流脉动电压的滤波电容，FUSE 是保险丝，当电流超过 2 A 时起保护作用。R_{23}、W4、R_{28} 组成取样电阻链，Q_4 为比较放大管，其基极输入的是输出电压的取样值，其发射极接入的是由稳压管 D_{Z1} 提供的基准电压，Q_4 将这两个电压进行比较并放大后，通过 Q_3 将电流放大来控制调整管 Q_2 的管压降。从而使 Q_2 的发射极输出电压稳定在设定值附近。R_{25} 是 Q_4 的集电极负载电阻，R_{26} 是 Q_3 的集电极电阻。二极管 D_{20} 起降压和隔离作用，C_{26} 是稳压电路输入滤波电容。C_{31}、C_{63}、C 则是输出滤波电容。调节 W4 中心头的位置，改变了取样电压，故可以调整稳压电路的输出电压，其调整范围为 9～12 V。本机正常工作时，应调整为 10.8 V。K_2 是电源开关，当 K_2 接通时，Q_4 的发射极接地，Q_4 将处于饱和导通状态，无法驱动 Q_3、Q_2 工作，因此稳压电源无输出，电视机不工作。当 K_2 断开时，电源才处于正常工作状态，电视机工作。由于本机电源开关 K_2 的通断没有控制输入交流市电的通断，因此，关机后应将电源插头拔掉，否则本机电源部分的变压器及整流滤波电路仍处于工作状态，通常称为待机状态，这是本机电源开关设计的一个缺陷。

K_2 是如何控制电视机的工作的呢？由图 5-5 可见，当 K_2 接通时，Z_1 被短路，Q_4 的基极电压较高，使得 Q_4 饱和导通，这样 Q_3 的基极电位很低，无法使得 Q_3、Q_2 两个发射结导通，因此 Q_2 处于截止状态，稳压电路无输出，电视机不能工作。当 K_2 断开时，稳压电路才恢复正常。如前述的工作原理那样，输出正常的稳定电压，电视机才有可能正常工作。因此，K_2 只是一个二次开关，真正的电源开关是插头。

注意：在电路原理图的整流桥当中，还画了一个电容 C 的符号。这是一种简化画法，它表示整流桥的每个二极管都并联了一个这样的小瓷片电容。由于电网中经常会有大型电感、电容器件的通断，使得电网中经常会出现很大的尖脉冲干扰，这种尖脉冲也就是“信号与系统”课程中所分析过的单边指数函数 $e^{-at}\varepsilon(t)$，它的频谱很宽，而且在整流电路中会形成浪涌电流，给每个二极管并联一个小瓷片电容后，可以起到滤波和保护二极管的双重作用。实践证明，并联电容后，可以减小二极管损坏的概率。

在整机电路原理图中，D_{20}、R_{26}、R_{25} 的节点处，还连接了一个电阻 OR_2，该电阻的另一端，接到了行输出变压器的 9 脚。这表明行输出级的供电电压与此路电压有关。实际上，稳压电源输出的 10.8 V 稳定电压经升压电容 C_{54} 也接到了行输出变压器的 9 脚，这样一来，行输出级的供电电压实际上是 10.8 V 的稳定电压加上 C_{54} 两端的电压，故将二极管 D_9 称为升压二极管，它起隔离的作用。

在基本弄清了电源电路的工作原理和各个元件的作用之后，就要将电路原理图和印制电路板图、印制电路板实物相对照，进行检查，以验证它们是否一致。若发现不吻合的地方，要慎重考虑，从而做出正确的判断，来确认是否要修改，如果修改，要进行详细记录。

电视机的印制电路板大多都是单面板，ZX2035 电视机的印制电路板就是单面板。由于电视机的电路原理比较复杂，因此不可避免地要采用“跳线”的办法来弥补单面印制电路板的不足。查阅 ZX2035 的元件清单可知，ZX2035 一共有 16 根跳线。这些跳线需要自备。这些跳线应根据其在电路原理图中不同的位置采用不同颜色的导线。一般来说，接地的采用黑色，接正电源的采用红色，传输信号的采用绿色，不同的信号类别可采用不同颜色，如黄色、蓝色等，应做好记录，以便于调试和维修。电源电路部分的跳线有两根，分别是 J_{17} 和 J_{22}。它们在电路原理图中的相应位置，已在图 5-5 中标出。

一台电视机所用的元器件品种繁多、数量巨大，但并不是所有的元器件都是焊接在印制电路板上的。例如，变压器、偏转线圈、喇叭、显像管，这些器件和印制电路板上的电路连接，必须依靠接插件来实现。ZX2035 所使用接插件有 2 线排插座 P_1、P_2、A_4 和 4 线排插座 P_3、P_4。其中，P_1 用于连接电源变压器和整流桥，P_2 用于外接天线(2 线并为 1 线用)，A_4 用于喇叭和印制电路板的连接，P_4 用于偏转线圈与印制电路板的连接，而 P_3 则用于显像管管座与印制电路板的连接。

跳线和接插件在 ZX2035 的电路原理图上是没有的，它们只是相当于在电路原理图上把某一根连接线断开，画成两个圆点，再用导线将这两个圆点连接起来。读者应该对照电路原理图和印制板把这些跳线和接插件在原理图中的插入处标注出来，以便于调试和维修时使用。电源电路中的接插件位置，已在图 5-5 中标出。

5.6 ZX2035 的供电电路

下面进一步分析直流稳压电源是如何向本机各单元电路供电的。通过分析来进一步提高读图能力，并为焊接、组装、调试和维修 ZX2035 型电视机做好准备。

稳压电源向本机各单元电路的供电电路可先用方框图表示，如图 5-6 所示。稳压电源有两条输出线，一条为 10.8 V；一条是公共地线，为 0 V。图中画出了 n 个用电单元电路。在到达用电单元电路端时，一般有一个降压电阻和三个滤波电容，形成 π 形滤波器。有时，R_n、C_{n3} 或 C_{n2} 可以省略，视情况而定。其中，电解电容为低频滤波用，而小容量的瓷片电容则是高频滤波用。

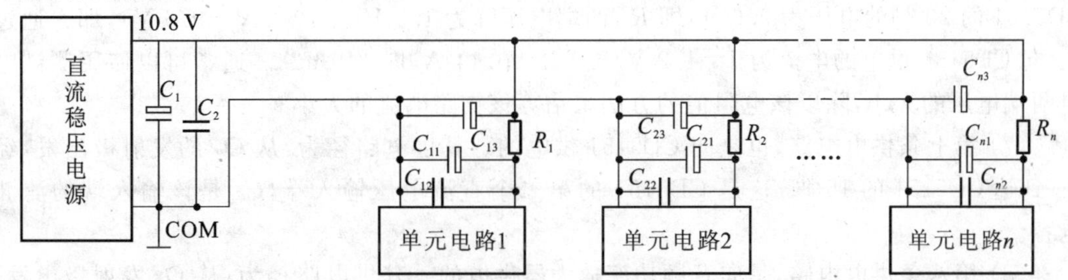

图 5-6 供电电路方框图

ZX2035 共有十条供电电路，下面分别进行介绍。

(1) 第一条供电电路，是由整流滤波后的直流电压直接向行输出管 Q_{10} 供电。其供电路径为：从二极管 D_{20} 的阴极出发，经 C_{26} 正极，再经过电阻 OR_2 后，到达高压包 FBT 的 9 脚，从 9 脚通过高压包内部线圈到达高压包的 10 脚，10 脚与 3 脚是相连的，同时也就是行输出管 Q_{10} 的集电极。这就是前面提到过的整流滤波后的供电电路。

(2) 第二条供电电路，是由稳压电路向行推动管 Q_9 供电的电路。其供电路径为：从 Q_2 的发射极出发，到达最右边的节点，向上通过电阻 R_{53}，即到达 Q_9 的集电极，R_{53} 就是 Q_9 的集电极负载。

(3) 第三条供电电路，是稳压电路向 Q_{10} 供电的电路。其供电路径为：从调整管 Q_2 的发射极出发，通过 D_9 到达高压包 FBT 的 10 脚。同样是向 Q_{10} 供电，不过这一路供电只有在 D_9 正向导通时，才起作用。实际上，向行输出管 Q_{10} 供电的电压是 10.8 V 的稳定电压和升压电容 C_{54} 两端的电压串联的结果。因此，这个供电电压要大于 10.8 V，约为 14 V 左右。D_9 则称为升压二极管。

(4) 第四条供电电路，是向高频头和频段选择开关供电的。从 Q_2 的发射极出发，通过 R_{11} 后即到达电调谐高频头 TDQ 的 8 脚，这一点和频段选择开关 K_3 是一个直线式的单刀三掷开关的定触点是等电位点，也可看成是同一个节点。R_{11} 和 C_5、C_6 组成的滤波电路，使到达 TDQ 的 8 脚的直流稳定电压为 9.1 V，这一电压除了给高频头供电外，还通过 K_3 作为频段选择之用，当直流电压通过 K_3 分别加到 TDQ 的 6、5、3 脚时，则分别选中 VL、VH、U 频段。

(5) 第五条供电电路是向预中放管 Q_1 供电的。其供电路径为：从 R_{11} 下端节点开始，向右经过 R_1，即到达 Q_1 的偏置电路和集电极负载向 Q_1 供电。R_1 的右端同时接了两个滤波电容 C_{11} 和 C_{69}。R_1 的左边 C_{35} 是一个 0.01 μF 的瓷片高频滤波电容，它是属于这两条供电支路共用的，这两条支路在印制电路板上的位置较近而又远离稳压电源输出端。一般来说，在直流稳压电源的输出端，除了用大容量的电解电容滤波之外，还要并联一个 0.01 μF 或 0.1 μF的小瓷片电容。这是因为大容量的电解电容的体积大，因制造工艺的限制产生的寄生电感量也大，易受外磁场的影响，只适合于低频滤波使用，如果要滤除高频干扰和噪声，必须并联一个寄生电感小的小容量的瓷片电容。当直流稳压电源经过印制电路板向较远的某用电单元电路供电时，在该用电单元电路的入口处，要再一次并接一个大容量的电解电容和小容量的瓷片电容进行滤波。入口处电解电容的大小，视该用电单元用电电流大小以及对纹波的要求而定。

(6) 第六条供电电路，是向大规模集成电路 CD5151 供电的。其供电路径为：从 Q_2 的发射极出发向右，经过 C_{63} 的节点，再经 R_{41}、C_{43} 进一步降压滤波后到达 CD5151 的 20 脚，给大规模集成电路 CD5151 内部单元电路供电。电视机正常工作时，电源电压为 10.8 V，CD5151 的 20 脚的电压为 9.6 V，即 R_{41} 两端电压降为 1.2 V(=10.8 V−9.6 V)，那么通过 R_{41} 向 CD5151 供电的电流为 I=1.2 V/8.2 Ω=0.14 A，即 140 mA。通常可以使用测试电阻两端电压的大小，除以该电阻值的方法来估算该支路电流的大小。

(7) 第七条供电电路，也是向 CD5151 供电的。其供电路径为：从 Q_2 的发射极出发，经 R_{47} 到达 CD5151 的 16 脚，这是 CD5151 的第二个直流电压输入端，C_{44} 是该输入端的滤波电容。

(8) 第八条供电电路，是向音频功率放大器供电的。其供电路径为：从 Q_2 发射极出发，经过 R_{83} 到达音频功率放大集成电路 IC2(D386P)的 6 脚，向该单元电路供电，C_{86} 是片端输入直流电压的滤波电容。该芯片电源输入端也没有并联小电容。

思考：为什么在有的单元电路的直流供电电压的入口处，只并联了大电解电容进行低频滤波，而没有并联小瓷片电容进行高频滤波呢？这是因为有些单元电路直流电压的入口处并不存在高频干扰，或者电路本身的寄生电容就完成了高频滤波的功能。实际电路的分布情况，可能是十分复杂的，要根据实际情况来决定。

(9) 第九条供电电路，是向场输出级和场激励级供电。其供电路径为：从 Q_2 的发射极出发通过 R_{34} 即到达了场输出管 Q_6 的集电极，由此向 Q_6 供电，由于 Q_7 是与 Q_6 串联的互补晶体管，因此也由 Q_6 的发射极得到供电。在 R_{34} 的右端，通过 R_{33}、R_{32}、R_{31}、D_7 向 Q_5 供电，同时又形成了 Q_6、Q_7 的基极静态时的微导通偏置电路。在 R_{34} 左边的电解电容 C_{23} 是滤波电容。

(10) 第十条供电电路，向 CD5151 的 2 脚提供了一个可调整的直流电压，以实现 RFAGC 延迟量的调整。其供电路径为：从 R_{11} 下端的节点出发，通过 R_{13} 即到达 CD5151 的 2 脚，与此电路有关的是 R_{12}、W_1 及 C_{13}，R_{12}、W_1 和 R_{13} 串联分压，调整 W_1 中心头的位置，可改变 CD5151 的 2 脚的电压，而 C_{13} 则起稳定即滤波作用。此供电电路可改画成图 5-7 所示的形式。另外，还有一些单元电路中的附属电路也从上述十条供电电路中引入自己所需要的供电，这些将在后面单元电路的分析中进行介绍。

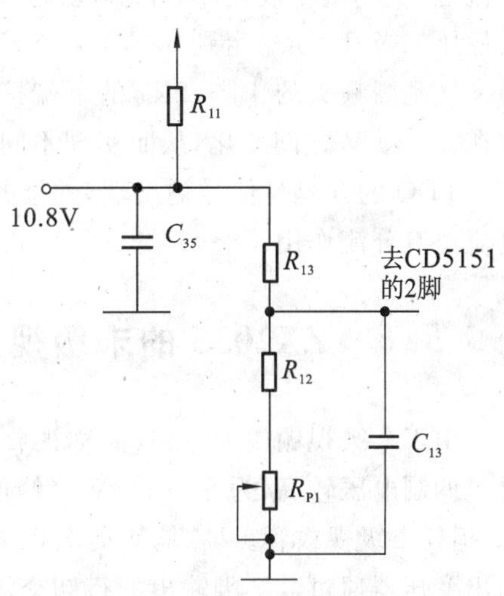

图 5-7　第十条供电电路的等效画法

以上对 ZX2035 型黑白电视机的十条供电电路进行了简单的介绍，但是还有由 Q_8 组成的级视频放大器，以及显像管的灯丝电压、各聚焦极电压、阳极高压的供电电路还未涉及，这些电路的供电是由行输出变压器利用行输出级提供的行偏转电流的回程脉冲变压得到。在 5.9 节中，将会介绍 ZX2035 型黑白电视机的行输出级，其中会介绍如何从行输出级得到这些所需的电压的。

5.7　ZX2035 的高频调谐器及其附属电路分析

ZX2035 采用 UVD6201-RB 型全频道电子调谐器（TDQ），它共有 10 个引脚，如图 5-4 所示。1 脚接天线，为射频全电视信号的输入端；2 脚为 RFAGC 输入端；3、5、6 脚分别是波段选择控制端；4 脚是调谐电压输入端；7 脚闲置未用；8 脚是高频调谐器的电源供给端；9 脚是 38 MHz 的中频全电视信号输出端；10 脚悬空未用，外壳接地。现对上述各引脚外的附属电路进行介绍。1 脚直接与天线相连接。不过，印制电路板上还有一个 ANTIN 插座，接收无线电信号时，天线是与 ANTIN 插座的动片相连的，当接收有线电视信号时，将有线电缆插头接入 ANTIN 插座，动触片与天线就断开，而将有线电视信号直接接入高频头 1 脚。

注意：印刷电路板上还有一个二线排插座 P_2，这也是外接天线的输入端。这样一来，按照印制电路板描绘出的天线输入电路原理图就如图 5-8 所示。

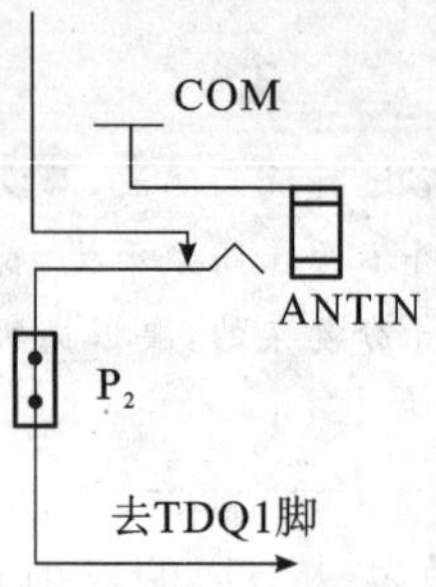

TDQ 的 2 脚为延迟 RFAGC 输入端，由 CD5151 产生的射频延迟自动增益控制电压由其 3 脚输出，通过 R_9、R_{10} 分压，并通过 C_9、C_8、C_{20} 滤波后加到了 TDQ 的 2 脚。TDQ 的 3、5、6、8 脚所加的都是本机的直流稳压电源输出的 10.8 V 稳定电压经过 R_{11} 降压和片端滤波电容 C_{35}、C_5、C_6 再次滤波后得到的 9.1 V 的稳定电压。其中，3、5、6 脚的电压是通过频段选择开关 K_3 加入的，而 8 脚是直接加入的，因为 8 脚是高频头的直流电压供应端。K_3 是一个平行移动的单刀三掷转换开关，输入电压接在刀端，三个掷端分别接到 3、5、6 脚，对应于分别选中 U、VH、VL 频段。

COM
ANTIN
P_2
去TDQ1脚

图 5-8　天线前端装配电原理图

TDQ 的 4 脚是调谐电压输入端。因为调谐电压需要在 0～30 V 之间变化，所以调谐电压是由行输出级的行输出级变压器（俗称高压包）的 7 脚输出的行频交流电压经 D_{14} 半波整流，并经 C_{56} 滤波后，得到的＋120 V 的直流电压，再经过 R_8 降压，以及稳压二极管 D_{Z2} 稳定到 33 V，再经 C_7 滤波后，通过 R_{27} 送到电位器 $2R_{P2}$ 的上端，$2R_{P2}$ 的中心头接到高频头的 4 脚，$2R_{P2}$ 的下端接地，调整 $2R_{P2}$ 中心头的位置，可以使高频头 4 脚的电位在 0～30 V 之间变化，从而实现不同频道的选择。

TDQ 的 9 脚是信号输出端，外接的 R_2 对噪声和干扰电流虽有分流作用，但同时对信号电流也有分流作用。

5.8　ZX2035 的末级视频放大电路

由于末级视频放大电路（简称视放）的负载是显像管的阴极，为了使显像管满幅调制，需要的调制电压较高，为 50～80 V 峰峰值，因此末级视放的供电电压也较高。NPN 型三极管 Q_8 担任末级视放管。R_{50} 是其集电极电阻，R_{50} 的另一端和 D_{14} 的阴极相连，这意味着，由行输出变压器通过其 7 脚输出的行频交流电由 D_{14} 整流、C_{56} 滤波后得到的＋120 V 直流电压是末级视放的供电电源。R_{54}、C_{46} 分别是 Q_8 的射极偏置电阻和旁路电容，因此，末级视放的基本电路如图 5-9 所示。Q_8 的基极静态工作点是由 CD5151 的内部电路提供的，静态时 CD5151 的 5 脚电位是 4.5 V，由电路参数可以求出 Q_8 的静态工作点。集电极电阻 R_{50} 的取值很关键，其对放大器的增益、通频带的带宽影响都很大。阻值越大，增益就越大，而通频带则越窄。

电视图像的最大亮度 B_{max} 和最小亮度 B_{min} 之比值称为电视图像的对比度，用 K 表示，其公式如下。

$$K=\frac{B_{max}}{B_{min}}$$

一般说来，$K\leqslant100$。对比度 K 不仅取决于电视机屏幕发光的强弱，还取决于观看电视时环境的亮度。通常，人们总是在较暗的环境下看电视，这样可以降低最小亮度来提高对比度，尽管如此，B_{min} 一般能达到 2～4 尼特就不错了，而显像管的最大亮度 B_{max} 一般只能达到 100～200 尼特，因此电视图像的对比度能达到 30～40 就应该算是比较好的了。电视机都设有对比度调节电位器。电视机电路中，通常调整对比度的方法是在末级视频放大器中加入负反馈电路，通过调节负反馈的大小来调节末级视放的增益，从而实现对比度的调整。接在 Q_8 发射极的 C_{38}→R_{57}→（R_{55} 与 C_3 并联）→CONT 电位器→公共地这一条支路（见图 5-9），就是为了调节对比度而设置的。CONT 是对比度调节电位器。C_{38} 是隔直电容，它的作用是

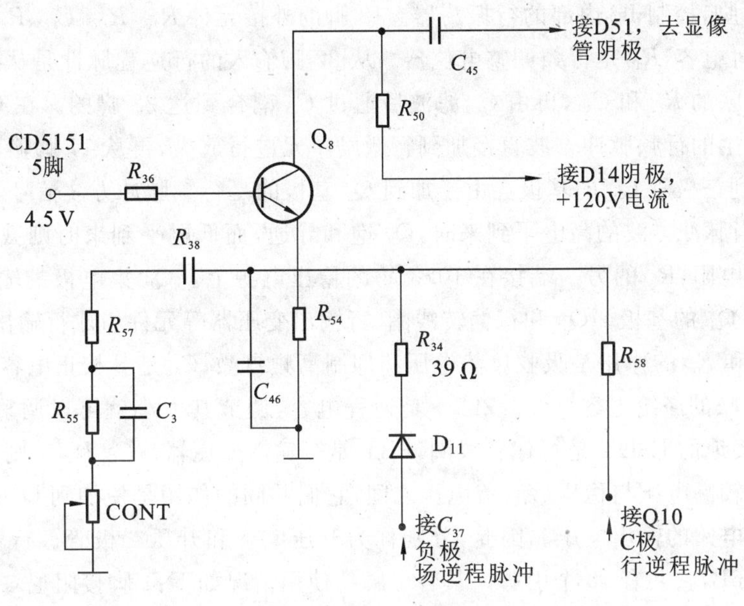

图 5-9　末级视放电路

当 CONT 阻值发生变化时不影响视放的直流工作点，该支路中只有交流负反馈，而没有直流负反馈，C_3 是高频补偿电容。关于这些参数的设计、计算，留给读者自己完成。

当对比度较小时，全电视信号中的消隐脉冲不足以使显像管电子完全截止，从而画面上会出现回扫线。为了防止这种有害现象的发生，在末级视放管 Q_8 的发射极还加有行场消隐电路，利用行场扫描逆程脉冲来消除光栅上的回扫线。行逆程脉冲是由行输出变压器的 3 脚通过 R_{58} 加入 Q_8 的发射极的，而场逆程脉冲是通过 D_{11}、R_{34}①(39 Ω)加到 Q_8 的发射极的。当行、场逆程脉冲到来时，Q_8 发射极的电位升高，Q_8 截止，从而 Q_8 的集电极呈现高电位，显像管阴极电位升高，电子束截止，回扫线消除。加入此种行场消隐电路之后，即使没有电视信号输入，电视机自激振荡产生的行、场逆程脉冲依然存在，所以扫描光栅也不会出现回扫线。

最后要提及的元件是电阻 R_{51}，它是一个连接在输出耦合电容 C_{45} 和显像管阴极 K 之间的限流电阻，当显像管内部打火时，它限制了短路电流的幅度，可以起保护作用。

 5.9　行扫描电路及显像管供电电路分析

1. 行扫描电路中各元件的作用

由图 5-1 所示的 ZX2035 黑白电视机原理框图可知，行扫描电路的振荡信号的产生与处理均在集成电路内部完成，而行推动级和输出级则由分立元件实现。显像管的供电电路是由行输出变压器输出的行频交流电经整流滤波后得到的。

下面结合图 5-4 所示的 ZX2035 的电路原理图和 CD5151 的内部方框图来分析行扫描电路的工作情况。从 CD5151 的 5 脚输出的复合全电视信号，经过 $K_1 \rightarrow R_{15} \rightarrow R_{16}$，又从第 6 脚进入 CD5151 内部的同步分离电路单元，分离出的行同步信号加到行自动频率控制单元与从 22 脚输入的行逆程脉冲进行比较，得到的比较误差电压从 19 脚输出，经 C_{39} 滤波后，通

① ZX2035 的电原理图中有 2 个 R_{34}，一个为 1 Ω，一个为 39 Ω，注意区别。

过 R_{45} 送入 18 脚，控制 IC 内部的行振荡器。18 脚的外接元件 R_{46}、R_{P7}、C_{68}、R_{44} 为定时元件，其中 C_{68} 为定时电容，R_{P7} 是行频调整电位器。从 22 脚输入的行逆程脉冲是从行输出变压器的 5 脚经过并联的 R_{55} 和 C_{45}，再由 C_{60} 滤波后通过 C_{15} 耦合到达 22 脚的。在 CD5151 内部，由行振荡器产生的行频脉冲方波直接加到行激励单元进行放大，再从 17 脚输出，由 C_{01} 滤波后通过 R_{52} 加到三极管 Q_9 的基极。由于加到 Q_9 基极的是行频脉冲方波信号，所以 Q_9 工作在开关状态，当脉冲方波的高电平到来时，Q_9 饱和导通，而低电平到来时则截止。R_{53} 是 Q_9 的集电极负载电阻，R_{53} 的另一端接在 10.8 V 的稳压电源上。Q_9 集电极的输出通过 C_{12} 耦合至行输出管 Q_{10} 的基极。Q_{10} 和行偏转线圈、行输出变压器等元件组成行输出级。Q_{10} 的基极回路中，D_6 和 R_{86} 的作用是吸收反势电压和抑制高频自激；C_{34} 是 S 校正电容，D_{10} 是阻尼二极管，与 D_{10} 并联的涤纶电容 222 J、223 J 是逆程电容，调节其大小就可以调整行幅的大小。与 C_{34} 串联后接地的 H-DY 是行偏转线圈，FBT 是行输出变压器。C_{54} 和 D_9 则接在本机电源整流滤波后的较高电压与稳压后直流电压之间，它们共同的作用是使加到 Q_{10} 的集电极工作电压高于稳压电路的输出电压。因此，分别称为升压电容和升压二极管。行输出变压器的型号为 BSH8-6B，它共有 10 个引脚。其各引脚的使用情况如下：1 脚接阻尼二极管 D_{10}；2 脚输出 6.3 V 电压，通过 R_{66} 及 4 线排插座 P_3 与显像管的 3 脚相连，向显像管的灯丝供电；3 脚接行输出管 D_{10} 的集电极；4 脚接地；5 脚通过 C_{45} 等元件连接到 CD5151 的 22 脚，提供行扫描的逆程脉冲；6 脚与 8 脚相连，7 脚接 D_{14}，产生半波整流中压，经 C_{56} 滤波后形成 120 V 中压供显像管加速极等使用，8 脚接高压整流二极管产生阳极高压接到显像管的高压帽上。

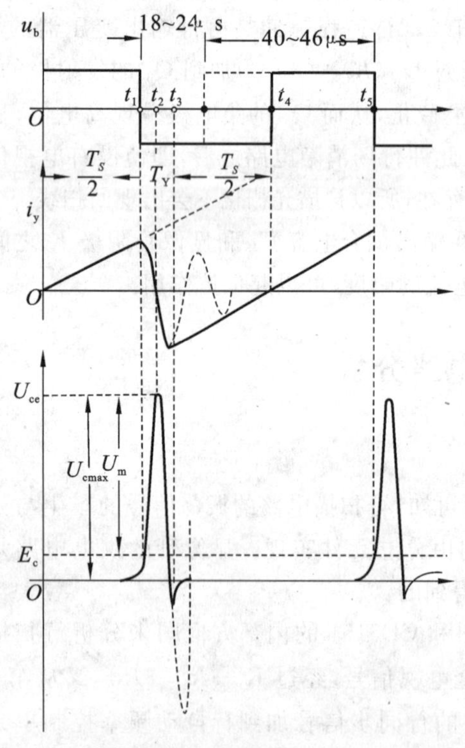

图 5-10　行输出级的有关波形

2. 行输出级的工作过程

对于行输出级的工作过程，以一个行周期为例分析如下。加在行输出管 Q_{10} 基极的是由 Q_9 的集电极通过耦合电容 C_{12} 传送过来的方波脉冲，如图 5-10 中的 u_b 所示。在 0～t_1 时间内 u_b 为高电平，Q_{10} 导通，C_{34} 通过 Q_{10} 向行偏转线圈放电，形成正向的偏转电流 i_y，如图 5-10(b)所示。在整机原理图 5-4 中 i_y 的正方向是由下向上。在 t_1 时刻 u_b 下跳，Q_{10} 立即截止，使得行偏转线圈产生很高的反压，如图 5-10(c)所示，这个反压连同 C_{34} 上所充有的电源电压，经行逆程变压器 FBT 的 3 脚、1 脚间的线圈向逆程电容 222 J、223 J 充电，直到 t_2 时刻，行偏转线圈所储存的磁能耗尽，充电电流为零时为止，从 t_2 时刻起，逆程电容 222 J、223 J 反过来经 FBT 之 1 脚、3 脚、电容 C_{34} 向行偏转线圈放电，直到 t_3 时刻止。到 t_3 时刻由于 222 J、223 J 放电将要结束，行偏转线圈又反过来向 222 J、223 J 充电，使得与逆程电容 222 J、223 J 并联的阻尼二极管 D_{10} 导通，D_{10} 导通的结果，使得行偏转线圈与逆程电容之间的电磁能交换的过程结束，D_{10} 导通的结果，还使得行偏转线圈储存的磁能得以均匀地线性地释放，形成偏转线圈的下半段电流。当磁能释放完毕，电流为零时，正好到了 t_4 时刻，这时 u_b 由负跳为正，Q_{10} 由截止转为导通，又开始了一个新的行周期。在上述过程中，电源电压始终向 C_{34} 和 222 J、223 J 充电，它们的充放电是在此基础上进行的。在行逆程过程中，即 Q_{10} 和 D_{10} 都截止的期间，行偏转线圈产生的反偏高压通过高压包 FBT 的初级线图 1、3 两端将能量部分地传输到次级，形成高压、中压，灯丝电压等供电电压。

3. 显像管的构造与管脚功能

显像管的结构示意图如图 5-11 所示。

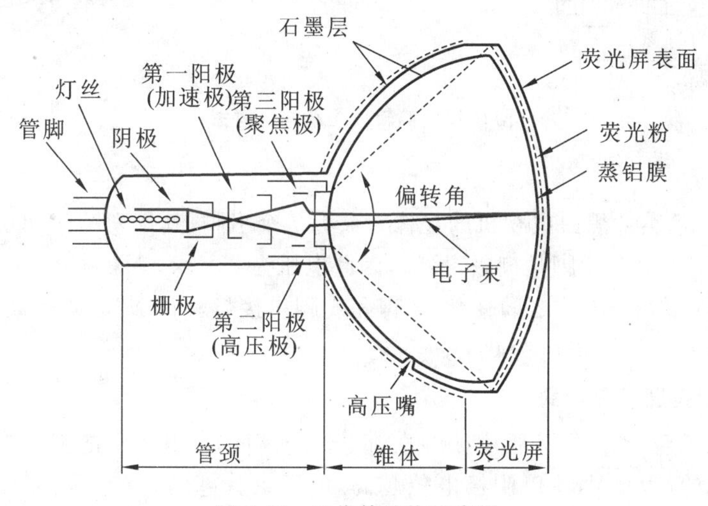

图 5-11　显像管结构示意图

显像管是一种电真空器件，管内抽成真空，管壳由高强度的玻璃制成，它能承受高的压力以防爆裂。显像管可分为管颈、锥体、荧光屏三部分。管颈内设有电子枪，电子枪由灯丝、阴极、栅极、第一阳极（加速极）、第二阳极（高压极）和第三阳极（聚焦极）组成。阴极是一个小金属圆筒，顶端涂有能发射自由电子的氧化物，阴极圆筒包围着灯丝，当灯丝通电发热，阴极被加热之后，其顶端的氧化物便发射出自由电子，这些自由电子在加速极、聚集极和高压阳极的共同作用下形成很细的电子束，这个电子束被套在显像管颈部的偏转线圈中的偏转电流形成的磁场所控制，产生有规律的行场扫描。栅极通常是接地的，当阴极加有负极性的图像信号时，电子束的强弱便被图像信号所控制，强弱不同的电子束按扫描规律轰击荧光屏，便还原出发送端的图像来。

显像管锥体内外均涂有石墨层，内石墨层和阳极高压相连，阳极高压是从锥体部分的高压嘴加入的，而不是在管脚部分加入的，这样做可以降低管座材料对绝缘性能的要求，避免击穿现象的发生。内石墨层还可以收集屏幕在高速电子轰击下可能产生的二次电子，防止它重返屏幕造成对图像的干扰。外石墨层通常接地以防止外电场干扰，这样在内外石墨层间便形成了一个上千皮法的电容，此电容就是高压阳极的滤波电容。

在靠近锥体顶部的显像管管颈外部，设有共用同一磁芯的水平和垂直两对偏转线圈，在其中通以与发送端同步的锯齿电流，从而在屏幕上还原出与发送端相同的图像。偏转线圈的结构示意图如图 5-12 所示。偏转线圈的位置是需要并且可以调整的。前后移动和旋转偏转线圈的位置，使电子束能在屏幕上形成矩形光栅而不产生失真。在偏转线圈尾部装有一对永久磁铁环片，称为中心调节环，调节其相对位置，其合成磁场可以使光栅中心位置与

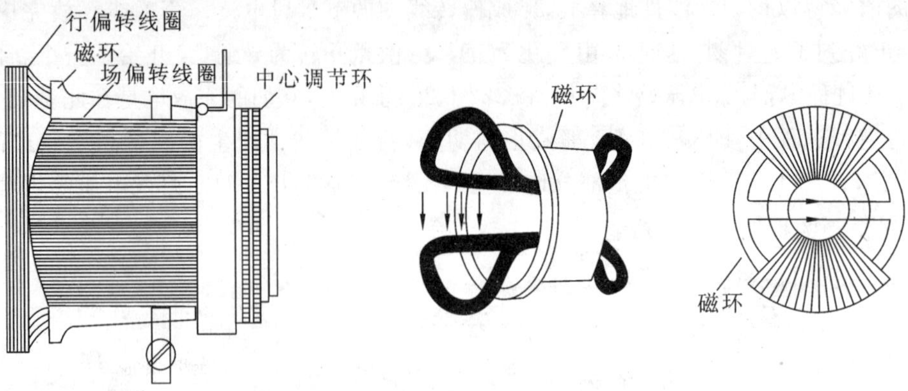

图 5-12　偏转线圈结构示意图

屏幕中心位置一致。

ZX2035 型 5.5 英寸黑白电视机的显像管共有 7 个引脚，其排列顺序和功能与普通黑白显像管完全相同。1 脚和 5 脚是栅极，接地，因此电压为 0 V；2 脚是阴极，可通过调节 BRIG 电位器使其电压在 27～33 V 之间变化；3 脚和 4 脚内接灯丝；6 脚是加速极，电压为 120 V 左右；7 脚是聚集极，接地，电压为 0 V。

4. 显像管的亮度控制电路

设想没有电视信号时，显像管阴极的直流电位的高低，对电子束的强弱有何影响呢？由于控制栅是接地的，为 0 V，所以阴极电位越高，电子束就越弱，荧光屏就越暗；阴极电位越低，电子束就越强，荧光屏就越亮。由此可见，在静态时显像管阴极的直流电位就决定了荧光屏的亮度，因此所谓的亮度控制电路其实就是一个电阻分压器组成的直流电压调节电路。在整机电路原理图中，由 D_{14} 和 C_{56} 整流滤波获得的 120 V 电压，经 R_{61}、BR1G 电位器、R_{60} 组成的电阻分压器连接到地形成通路，从 BR1G 电位器的上端使用一个电阻 R_{59} 连接到显像管阴极的保护电阻 R_{51} 上。调节 BR1G 电位器中心抽头的位置即可改变加到显像管阴极的直流电压，从而调节显像管的亮度。

5.10　场扫描电路分析

本机的场扫描电路也分为两部分，小信号各单元电路已集成在 CD5151 内部，功率较大的场推动极和输出级则由分立元件构成。下面结合整机电原理图 5-4 和 CD5151 内部电路结构方框图 5-2 来说明场扫描电路的工作过程和各元件的作用。

由 CD5151 内部的同步分离级分离出的场同步信号直接加至场触发电路，经处理后又加到场振荡电路，用于控制场振荡器的频率和相位，使其与发送端保持一致。场振荡器产生的场振荡信号直接加到场激励级进行放大，然后从 CD5151 的 26 脚输出，此时输出的是场频锯齿波信号，经 C_{30}、R_{29} 送到由分立元件构成的场输出电路的场推动管 Q_5 的基极。CD5151 的 24 脚外接的元件 R_{64} 和电位器 V-HOLD 是控制和调整场振荡频率的，由原理图可以发现 V-HOLD 的另一端接到了电源供电电路上，供电电压为 9.1 V，因此可以判断 R_{64} 和电位器 V-HOLD 是场自激多谐振荡器的定时电阻。从印制电路板上可以看到，电位器 V-HOLD 是装在后板上的，以便于使用者调节。而 CD5151 的 25 脚外接的电容 C_{41} 引入了场锯齿波的反馈信号。与 C_{41} 相连的电位器 R_{P5} 是用来进行场幅、场线性调整用的。由原理图可以看出，R_{P5}既在场偏转线圈输出回路中的一个支路内，同时又在负反馈回路中，因而调整 R_{P5}的大小，可以实现场幅和场线性的双重调节，可谓一举两得。

现在，我们再来分析分立元件 Q_5、Q_6、Q_7 组成的场推动级和输出级中各元件的作用。

如果将 Q_5、Q_6、Q_7 组成的场推动级和输出级电路从整机原理图中分离出来按照模拟电路课程中的习惯画法，则得到如图 5-13 所示的场扫描推动级、输出级电路的电路原理图的习惯布置方式。

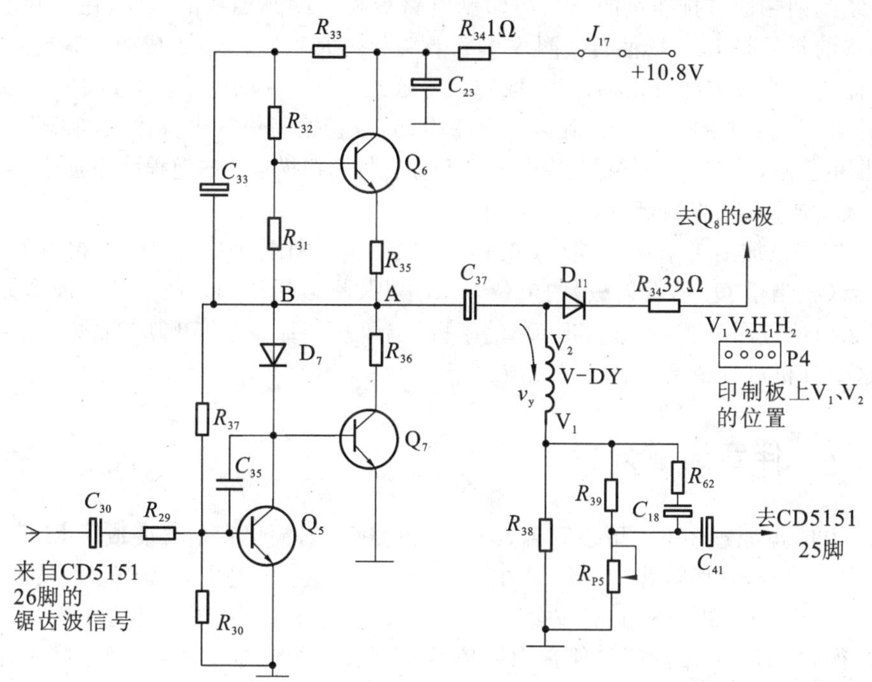

图 5-13　由 Q_5、Q_6、Q_7 组成的场扫描输出级电路

当电源接通后，稳压电源输出的 10.8 V 的稳定电压通过 R_{34}(1 Ω)、C_{23} 滤波后加到了 Q_6 的集电极。Q_6、Q_7 组成互补功率 OTL 放大电路，R_{35}、R_{36}是它们的发射极电阻(R_{35}、R_{36}也可以不要，视情况决定)，C_{33}是自举升压电容，R_{33}是升压用的隔离电阻，R_{31}、D_7 是 Q_6、Q_7 两基极间的微导通钳位元件，R_{37}、R_{30}是 Q_5 的基极偏置电阻，C_{36}是负反馈电容，以防止 Q_5 产生自激。C_{37}是输出耦合电容，同时也是 Q_7 导通时的直流供电电源。

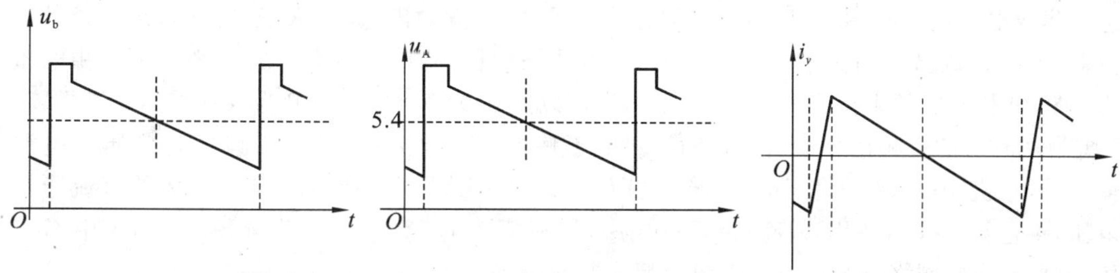

图 5-14　场偏转电流 i_y 形成波形图

首先分析三极管静态工作点是如何建立的。10.8 V 的直流稳定电压，通过 R_{34}→R_{33}→R_{32}→Q_6 的 be 结→R_{35}→R_{37}→Q_5 的 be 结→地这条路径形成通路。因为 Q_6 有了基射极电流，故会产生集电极电流，故又形成了 R_{35}→R_{36}→Q_7 的 be 结→Q_5 的集电极通路，同时由 R_{32}→R_{31}→D_7→Q_5 的集电极通路也可以向 Q_5 的集电极提供直流电流，由于 Q_7 的 be 结通过了电流，所以 Q_7 的集电极也会形成通路，通过 R_{31} 和 D_7 的电流在 R_{31} 和 D_7 上产生的压降，与 Q_6、Q_7 两基极的压降相等，故静态时，这个电压使 Q_6、Q_7 处于微导通状态，以克服互补对称功率放大器的交越失真。静态时，10.8 V 的稳定电压还通过 Q_6、R_{35} 及场偏转线圈 V-DY、R_{38} 这个回路向 C_{37} 充电，使 A 点的电位等于 $\frac{1}{2}\times 10.8\ \text{V}=5.4\ \text{V}$，故 A 点是电位中点。

图 5-13 中的场偏转线圈两端标注的字母 V_2、V_1 与印制电路板上的字母 V_2、V_1 相对应，表示偏转线圈两端通过排插座的插头与印制电路板相连的排插线的位置，在印制电路板上对应排插座的符号是 P_4。场偏转线圈 V-DY 下端所接 R_{38}、R_{39}、R_{P5} 组成的并联支路，起到限制偏转电流的大小和取样反馈的作用，取样信号通过与 R_{39} 并联的 R_{62}、C_{18} 在 R_{P5} 上获取，而通过 C_{41} 送到 CD5151 的 25 脚，回到集成电路内部，与场振荡信号进行比较，实现反馈控制。在偏转线圈的上端，与 C_{37} 相连接的还有二极管 D_{11}，它将场扫描电流的逆程脉冲通过 R_{34}（39 Ω）引入到末级视放 Q_8 的发射极，以加强场消隐作用。

当 Q_5 的基极加上了来自 CD5151 的锯齿波电压时，则图 5-13 中 B 点（相当于 Q_5 的集电极）、A 点（相当于 Q_6 的发射极）的电位 u_B、u_A 以及场偏转线圈中的电流 i_y 波形如图 5-14 所示。那么由此波形分析，不难得出 Q_5 的基极，也即 CD5151 的 26 脚应当输出怎样的锯齿波波形，这个分析过程留给读者自己完成。

5.11 伴音通道分析

由 ZX2035 电原理图 5-4 可以看到，经变频电路后，射频伴音信号变成了 31.5 MHz 的第一伴音中频信号，它伴随着 38 MHz 的图像中频信号一起经过中放和声表面波滤波器，进入 CD5151 内部。在 CD5151 内部又经过中频放大，在检波级中，第一伴音中频信号和图像信号相乘，得到 6.5 MHz 的第二伴音中频信号，因此，图像信号检波器，对于第一伴音中频信号来说，相当于变频器，声音信号在电视机中经过了第二次变频，因此将 6.5 MHz 的音频调制信号称为第二伴音中频信号。此信号从 CD5151 的 5 脚输出后，通过 C_{17}，又经过 6.5 MHz 的带通滤波器 Y_1，从 CD5151 的 7 脚进入集成电路内部的声音中频放大器 SIF，CD5151 的 8 脚也是内部声音中频放大器 SIF 的一个引脚，但由于它的外电路中接入 C_{18}、C_{19} 交流旁路电容，所以使得声音中频放大器 SIF 工作于单端输入式差分放大器状态。7 脚和 8 脚之间的电阻 R_{17}、R_{18} 为 SIF 的偏置电路。经过 SIF 放大之后的第二伴音中频信号由 9 脚输出，通过外接在 9 脚和 10 脚之间的元件 T_1（为内峰值鉴频器电路所需的线性电抗变换器），又从 10 脚进入集成电路内，经鉴频处理后得到的音频信号从 11 脚输出，通过 R_{20}、C_{85}、K_1、R_{87}、音量电位器 $2R_{P1}$、C_{82} 加到集成电路 IC_2（D386P）的 3 脚，进行音频信号放大。当 D386P 的电源电压为 9 V，负载喇叭的阻抗为 8 Ω 时，输出功率可以达到 0.7 W。D386P 为双列直插 8 脚封装。5 脚为功放后的音频信号输出端，经 C_{87} 耦合至喇叭，发出伴音。其 2、4 脚接地，6 脚为电源输入端，本机 10.8 V 的稳压电源，经片端 R_{83}、C_{86} 再一次降压、滤波后成为 9 V 的直流稳定电压，供音频放大器使用。JK_3 为耳机插座，耳机插入时，喇叭会自动断开。图 5-4 中 C_{84}、R_{82} 为高频滤波网络，而 C_{88}、R_{84} 则为低频滤波网络。

5.12 插装、焊接前的准备工作及焊接注意事项

1. 将原理图与印制电路板图、印制电路板实物进行核对

焊接前要仔细阅读电路原理图，弄清每一个元件的功能，将原理图和印制电路板图对

照，看原理图上的每一个元件对应于印制电路板图上的什么位置，还要把印制电路板图上的16根跳线以及排线接插座 P_1、P_2、A_4、P_3、P_4 在电路原理图上相应的位置标出来，这样做可以极大地提高读图能力，培养自己从原理图到印制电路板图的转换能力，这会给学习者的调试和检修工作带来极大的便利，从而提高工作效率。

在将原理图和印制电路板图对照的过程中，如果发现不吻合之处，要进行详细记录，确认之后，对错误的地方要进行更正，并记录下来。

进一步要将印制电路板图和印制电路板实物进行同样的比对，当然，这个工作要容易得多，但不要因为简单容易而掉以轻心，任何一点小疏忽都有可能带来严重的后果。

2. 清理元件

核对完电路原理图、印制电路板图、印制电路板实物之后，就可以着手清理元件了，将每一个元件按其所在的单元电路分组，检查每一个元件是否合格，参数与原理图是否一致。检查完毕后，每一个单元的元件应插在一张较厚的纸上作好标注，装在塑料袋内，以免丢失。

对于本机所用的电源开关 K_2，直流电源插座 DC、射频输入插座 ANTIN、频段转换开关 K_3、AV/TV 转换开关 K_1、音频输入插座 JK_1，视频输入插座 JK_2 以及耳机插座 JK_3、2线排插座 P_1、P_2、A_4，4线排插座 P_3、P_4 的结构要仔细琢磨、研究，实物中的各焊点分别对应于原理图中和印制电路板图中的哪一点，千万不能出错，要对这些元件用欧姆表反复实测、确认。

3. 关于几个特殊元件的提示

(1) 频段转换开关 K_3，从原理图上分析，是一种平行移动式的双刀三掷转换开关，但作为单刀三掷来用，这样可以增大可靠性，对这个元件事前一定要用欧姆表反复测试，明确哪个触点是刀，哪几个触点是掷。

(2) 高频调谐器各引脚的排列顺序按如下方式确定：将其有几个梯形凹坑的侧面朝制作者，同时引脚向上，从左到右依次为1到10脚。

(3) 电源调整管 Q_2 在装配时，将电源调整管标有型号的一面朝向制作者，散热器的一面朝后，则靠左的引脚是基极，中间引脚是集电极，右边引脚是发射极，最好再用万用表复测一次。

(4) 本机共用了5种型号的三极管10只，要会用万用表判别它们的e、b、c极，并装上不同颜色的套管以便于识别。

(5) 本机用了两种不同型号、稳压值不同的稳压二极管，使用时不能混淆，要正确地判断它们的引脚及稳压值。

(6) 本机还用了五种型号的二极管共11只，同样注意不要混淆，并能用万用表正确地判断引脚功能。

4. 插装与焊接

(1) 三极管在安装时引脚应留6～7 mm，集电极套上4 mm的红色塑料套管，基极极套上4 mm的绿色套管，套管和各管脚要贴紧，不要松动。

(2) 二极管安装时距印制电路板应要有2～3 mm的距离，功率大的电阻也一样，如 OR_2，以便散热，其余元件可靠近印制电路板安装。

(3) 电源部分的调整管 Q_2 和散热器要垂直插入印制电路板，散热器插入印制电路板后，突起部分应扭转一定的角度，以便将散热器卡在印制电路板上。

(4) Q_2 及散热器、高频调谐器、行输出变压器应在各单元的最后安装。

(5) 为了防止焊接时损坏集成电路，本机配备了2个集成电路插座，只需焊接插座即可。

(6) 将显像管座印制电路板插到显像管上或拔下时要沿引脚方向平行用力，操作时应小心注意，以免将显像管后面的封口处折断造成显像管漏气，尽量减少拔插次数。

5.13 调试与总装

1. 调试前的准备工作

调试前应熟悉印制电路板上各电位器、插座、开关，以及跳线、排线接插座、各供电电路的降压滤波电阻的位置。

印制电路板下面的一排元件，总装完成后，它们安装在电视机的后面，从右到左分别介绍如下。

(1) ANTIN 插座，用于外接闭路电视插头用。

(2) DC 插座，用于外接 12 V 直流电源时使用。

(3) JK_1，K_1 倒向 AV 时，为音频信号输入插座。

(4) JK_2，K_1 倒向 AV 时，为视频信号输入插座。

(5) K_1，为 AV、TV 的选择开关。

(6) V-HOLD，为 33 kΩ 场同步调节电位器。

(7) BRIG，为 1 MΩ 亮度调节电位器。

(8) CONT，为 2 kΩ 对比度调节电位器。

印制电路板上面的一排元件从左到右(如果在总装完成后，则它们在电视机的前面板上，从电视机的正面看则是从右到左)依次介绍如下。

(1) K_2：电源开关。

(2) $2R_{P2}$：电调谐电位器，用于选择不同频道。

(3) K_3：频段选择开关，可置于三个不同位置，分别选中 VL、VH、U 频段。

(4) $2R_{P1}$：伴音音量控制电位器。

(5) JK_3：耳机插孔座，外接耳机用。

除此之外，还有四个微调电阻(电位器)只在出厂前或维修时供技术人员调试电视机时调节使用，它们装在印制电路板相应的位置上，平时使用时，用户是不能调节的，这四个微调电阻分别是如下。

(1) R_{P4}：稳压电源输出电压调节电位器，调节 R_{P4} 则本机稳压电源应能在 9～12 V 范围内变化，一般调在 10.8 V 即可。

(2) R_{P5}：用于场线性调节。

(3) R_{P7}：用于行频调节。

(4) R_{P1}：用于 RFAGC 延迟量的调节。

2. 整机的调试方法和顺序

对于个人焊接、调试、组装电视机来说，其实施方法可以有两种。第一种是焊好一个单元电路，即检测、调试一个单元电路，调试好一个单元电路之后，再焊接安装、检测、调试下一个单元电路，直到全部各单元电路焊接、安装、检测调试完毕。第二种是一次性地将所有各单元电路都焊接、安装完毕，只留下各单元电路电源输入端的跳线或滤波降压电阻暂不焊，待各单元电路检测完毕后，通电前焊上。但无论按哪种方法进行，各单元电路的调试顺序都必须按照以下的顺序来进行：

稳压电源电路→行扫描电路→场扫描电路→末级视频放大电路→中频放大电路→同步分离电路→伴音电路

3. 单元电路的静态测试

对于每一个单元电路，在焊接完毕后，通电前可先用数字万用表的Ω挡，对其进行静态测试，以便检查电路中是否存在短路现象或其他故障，如图5-15所示。选择数字万用表的Ω挡的适当挡位，用红表笔(内接万用表电池正极)连接被测单元电路的电源输入端，黑表笔连接公共地。因被检测单元电路电源输入端一般都接有较大容量的滤波电容，所以万用表刚接上时，显示的阻值会很小，接着会逐渐变大，最后稳定下来的显示值，基本上就是该单元电路的输入电阻，由此可以估算该单元电路的取用电流。若在正常值范围内，就可以通电调试了。若有必要，可进一步测试该单元的静态工作电流。如图5-16所示将电流表置于最大挡位串联于电路中，待显示正常后，再将电流表置于适当挡位，测出该电路正常时的静态工作电流。静态电流的测试工作必须在稳压电路调试完毕正常工作后进行。

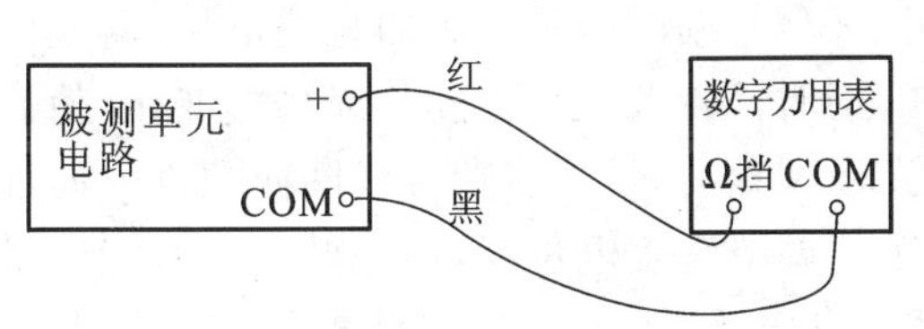

图5-15 用Ω挡测单元电路输入电阻(断电时)

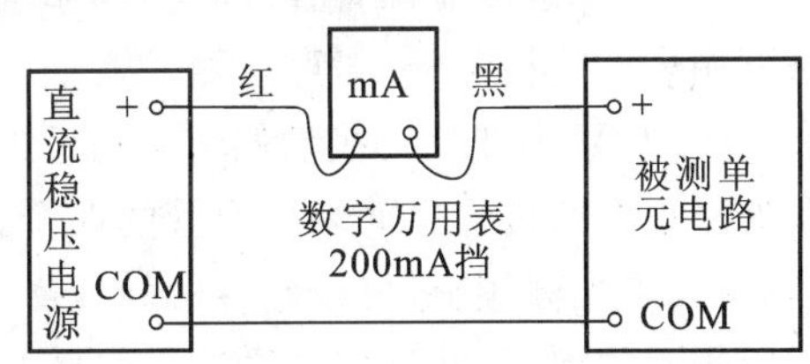

图5-16 测单元电路的静态工作电流

如果上述两项静态检测出现问题，如被测电路的静态电阻太小，只有5 Ω时。实际上这是不可能的，因为整机消耗的电流只有1.2 A，输入电阻为5 Ω，加上10.8 V的电压后，电流会达到2 A以上，一个单元电路怎么会消耗掉比整机还多的电流呢？因此，正常时是不可能的，一定存在部分短路或元件接错等不正常情况，应仔细回忆可能在焊接过程犯了哪些错误，一定要检查出并排除故障，直至通过静态电阻测试和电流测试为止。

4. 直流稳压电源的调试

首先对直流稳压电源的电路部分进行单元电路的静态测试。跳线J_{17}和电阻OR_2先不要焊，此时直流稳压电源电路是独立的，没有向本机任何单元电路供电，因为两条供电主线路均被切断。用数字万用表Ω挡高挡阻值测量，两表笔分别接二排线插座P_1的两端，因这时变压器还没有接上，所以正常时，电阻值应显示无穷大或溢出。再将红表笔移至DC插座输入端，或相应的等电位点，而黑表笔移至地端，万用表亦应显示溢出或无穷大。静态测试正常后，可以插上P_1插头，接上变压器，再插上交流电源插头，通入交流电，用万用表直流电压挡(大于15 V)监视稳压电源的输出电压，调节R_{P4}，使输出电压为10.8 V。至此，可以对此稳压电源进行各种性能指标的测试实验，如输出电压调整范围、输出电阻调整率、输出电压调整率、纹波等。

5. 行扫描电路的调试

在各单元电路静态电阻值测量正常、静态电流也正常的条件下，电视机应该基本上能正常工作，如屏幕上会有扫描线出现，喇叭会发出杂音和噪声。但这时还需对各单元电路进行相应的检查和调试，才能使电视机进入最佳工作状态。

首先调试行扫描电路，因为行扫描电路中的行输出变压器是第二级供电单位，故应首先进行调试。此时应将稳压电源向本机供电的各供电电路均接通。行输出管 Q_{10} 的集电极电压应在 12 V 左右、CD5151 的 17 脚电压应在 0.4～1.2 V 之间，用示波器在 17 脚应能观察到 15 625 Hz 的脉冲方波。由于本机电源已接通，正常情况下，屏幕上应能出现扫描线。如果行扫描不稳定，可尝试微调 R_{P7}。

6. 场扫描电路的调试

首先，应检测的是 R_{35}、R_{36}、R_{37}、C_{37}、C_{33} 五个元件相交的节点电压是否为稳压电源输出电压 10.8 V 的一半，即 5.4 V 左右。其次，检测 CD5151 的 24、25、26 脚的直流电压，并作记录，调节场频电位器 V-HOLD 使光栅闪烁并消失（当场频偏高或偏低时，光栅会出现闪烁；当场频准确时，闪烁会消失）。微调场线性，可微调场幅电位器 W_5，使场扫描布满全屏，有必要时，可用示波器观察 CD5151 的 26 脚以及 D_{11} 阴极的波形。

7. 显像管附属电路的检测与调试

显像管附属电路包括末级视放、行场偏转电路及亮度调节电路。

首先，应检测显像管各极电压，6 脚应为 120 V 左右，3 脚应为交流 6.3 V，高压阳极普通万用表不能检测，一般可不测。调节亮度控制电位器，同时测量 2 脚的直流电压，其应能在 10～80 V 内变化。拨动偏转线圈后的磁环片，同时注视荧光屏上扫描光栅的变化，使光栅处于正中的位置。如果显像管的四个角没有光栅到达时，可以将偏转线圈向颈锥方向推到底，如果光栅倾斜，可以旋转偏转线圈使其摆正。调节亮度电位器，使光栅最亮时能满足白天收看的需要，并且扫描线没有明显的散焦，最暗时屏幕应为全黑，如果亮度不受控制，则应检查亮度控制电路。如果图像出现上下颠倒，则要将场偏转线圈的两根引线对调，若是左右颠倒，则要将行偏转线圈的两根引线对调。

8. 信号通道的检测与调试

信号通道包括高频调谐电路、中频放大电路、视频放大电路、同步分离电路、伴音电路等五大部分。由于本机采用声表面波滤波器来控制频率特性，故频率特性不需要调试。调节频道选择电位器 $2R_{P2}$，监视高频调谐器 4 脚电压应在 0～33 V 之间变化。检测高频调谐器 8 脚电压应为 10.8 V 左右。预中放管 Q_1 各极电压应为：基极为 1.15 V，集电极为 8 V，发射极为 0.3 V 左右，如果偏离过大，则应检测相应电路。将高频调谐器置于空频道，用万用表测 CD5151 的 1、2、3、4、5、14、15 等各脚电压值，做好记录，与表 5-1 对照，检验资料的正确性。调节频道选择电位器 $2R_{P2}$，使电视机收到某一频道的信号，用万用表监测 CD5151 的 5 脚电压，用塑料螺丝刀微调 T_2 的磁芯，使 5 脚电压最低，此时 5 脚输出信号最强，同时观看屏幕效果，是否最好。有的机芯 T_2 已经做成固定式的，则此项不用调。检测末级视放管 Q_8 各极电压，基极应为 3～4 V，集电极应为 80 V，发射极应为 3 V，若偏离太大，则应检查相应的电路。当图像出现上下滚动不稳定时，可微调场同步电位器 V-HOLD。

9. 伴音通道的检测与调试

首先检测 CD5151 的 7、8、9、10 脚之电压值，并作记录。在接收到电视信号后微调 9、10 脚外接的 6.5 MHz 中周 T_1 的磁芯，使伴音最清晰、噪音最小。检测 IC2（D386）的 6 脚电压，应为 9 V 左右。如果没有伴音，可以将其他音频信号从音频输入插座 JK_1 直接送入音频放大器放大，观察最终效果；也可采用信号寻迹法检查故障。对图像信号通道的检查可用类似的方法，直接从视频信号输入插座送入视频信号进行检查。要提醒注意的是，利用 JK_1、JK_2 直接输入音频或视频信号时，首先要将 AV/TV 转换开关转向 AV 挡。

10. 总装

调试检测完毕后，即可进行总装。先将变压器及扬声器装在上盖的相应位置。变压器用 ϕ3.5×15 自攻螺丝固定在上盖右边，扬声器装在上盖的左边，左边有一个槽，将扬声器插入即可。电源开关装塑料按钮、音量电位器 $2R_{P1}$、电调谐电位器 $2R_{P2}$ 分别装上旋钮。将上盖卡在前盖的槽内，并用 ϕ3×12 自攻螺丝固定。所有的外壳在出厂前已经装好，在拆开之前可以先仔细看一下具体的安装方法，在拆开的过程中，边拆边作记录，重新安装时，按逆过程进行即可。

思考题与习题 5

5.1

1. 电视机的图像清晰度大于 380 线的含义是什么？

5.2

1. 画出黑白电视机通用的原理框图。
2. 我国的电视频段和频道是怎样划分的？
3. 什么叫负极性的图像信号？
4. 什么叫 AGC 电路？电视机中为什么要设置 AGC 电路？

5.3

1. 画出 CD5151 内部电路结构方框图。

5.4

1. 射频全电视信号包含哪些信号成分？其频带宽度是多少？
2. 什么叫第一伴音中频信号？什么叫第二伴音中频信号？这两者有什么区别？又有什么共同之处？

5.5

1. 画出 ZX2035 的稳压电源电路原理图，对该电源电路进行原理分析，给出各元件参数选取的计算依据。
2. 在印制电路板上为什么会出现少量的“跳线”？又为什么会布置一些接插座？
3. 如果将电源开关 K_2 的上端从 Q_4 的发射极改接到 Q_4 的集电极，结果会是怎样的？
4. 分析稳压电路的启动过程是怎样的？

5.6

1. 图 5-6 供电电路方框图是否适用于一般的电子仪器，如是否适用于计算机？
2. 既然在稳压电源的输出端已经设置了滤波电容，为什么还要用电单元的入端设置滤波电容？
3. 滤波电容为什么要设置为大的电解电容和小的瓷片电容或涤纶电容？
4. 单独画出行输出级的供电电路，并详细分析供电电流的方向。

5.7

1. 全频道电子调谐器的特点是什么？
2. 画出 UVD6201-RB 型全频道电子调谐器的内部结构框图，说明各引脚的功能。
3. 根据图 5-4 提供的元件参数，计算 TDQ 的 4 脚所得到的调谐电压的变化范围。
4. 分析 TDQ 的 2 脚外接电阻 R_2 的作用，并用实验来证明分析是否正确。

5.8

1. 末级视频放大器的供电电压应为多大？为什么要这么大？供电电流应为多大？

2. 画出 ZX2035 末级视放的基本电路，定性说明各元件的作用和参数选取的依据。

3. 根据 ZX2035 的整机电原理图所提供的元件参数，分析计算末级视放管 Q_8 的静态工作点，为了获取合适的静态工作点，Q_8 的 β 值选取范围是多大?

4. 电视图像的对比度是如何定义的，它与哪些因素有关? 对比度的调节是如何实现的?

5. 为什么要在视放末级加入行场逆程脉冲? 在电路上是如何实现的?

6. 行输出管 Q_{10} 的负载是什么元件? 为什么?

5.9

1. 画出行扫描电路一般性的原理框图，说明各部分的作用。

2. 从 ZX2035 的整机电原理图中分离出行扫描部分的电原理图，并说明其工作原理。

3. 叙述行输出级的工作过程，并画出行偏转线圈中锯齿波电流 i_y 有关的波形图。

4. 电视图像的再现过程中，除了使用电真空显像管之外，还有哪些显示方法? 它们的工作原理又是怎样的。

5. 在 ZX2035 的电路原理图上，为什么高压帽的输入端没有接滤波电容，难道这个电容是可以省略的吗?

6. 显像管的亮度，或者说图像的亮度与哪些因素有关? 如何调节? 亮度和对比度有什么区别? 它们的调节方法有什么不同?

7. 画出 ZX2035 的亮度控制电路的原理图，说明电路工作原理，给出元件参数选取的依据。

5.10

1. 画出场扫描电路一般性的原理框图，说明场扫描电路各部分的作用，比较场扫描电路和行扫描电路的异同点。

2. 画出 ZX2035 的场扫描电路的电路原理图，分析电路工作原理，给出各元件参数选择的依据。

3. 在 ZX2035 的电路原理图中，根据图中所给的元件参数，计算 Q_5、Q_6、Q_7 三个晶体管的静态工作点，并估算 Q_5、Q_6、Q_7 的 β 值的范围。通过实验检验计算的结果。

4. 叙述场偏转线圈中偏转电流形成的过程并画出有关的波形图。

5. 根据图 5-4 所提供的元件参数，计算显像管阴极直流电压的调节范围是多少?

5.11

1. 查找有关资料，给出音频放大集成电路 D386 的内部结构框图，说明其工作原理。

2. 描述音频信号从射频全电视信号经过电视机的处理还原出来的过程分别给出频域和时域变化过程的波形图。

5.12

1. 在 ZX2035 原理图上，标出印制电路板上各跳线和插座的位置。

2. 拔插显像管座时应注意什么?

5.13

1. 调试黑白电视机时，调试顺序应是怎样的? 为什么?

2. 总结自己焊接、调试 ZX2035 的经验教训和心得体会，写出文字报告。

第6章 直流电源和直流稳压电源

现代电子、电气设备都需要电源才能工作，而且大多数必须是直流电源或直流稳压电源。本章主要介绍直流电源。

6.1 电源的基本概念

凡是能向用电器提供电能的设备称为电源。电源分为交流电源和直流电源。交流电源的频率一般是 50 Hz 或 60 Hz，称为工频交流电；也有其他频率的交流电，如 400 Hz。交流电一般由发电厂的发电机发出，通过电网调配传输后，送到各个用电地区。直流电源的种类则要多一些，有各种化学电池，蓄电池，太阳能电池，直流发电机等。但用得最多的直流电源仍是由工频交流电转变而来。所有的电源，总的来说可以分为一次电源和二次电源，分别介绍如下。

(1) 一次电源：凡本身能将机械能、化学能等其他形式的能量转换成电能的装置，称为一次电源，或自生电源。如各种发电机，化学电池等。

(2) 二次电源：将一次电源产生的电能经过变换，处理成所需要的，符合要求的形式的电能，这种设备或装置称为二次电源，或再生电源。

本章只讨论二次电源。

6.2 直流电源

收音机是一种最早的电子消费品，所使用的电源通常是电池，电池是一种化学自生电源，是一次电源。也可以用二次电源来替代。一个简易的直流电源如图 6-1 所示。

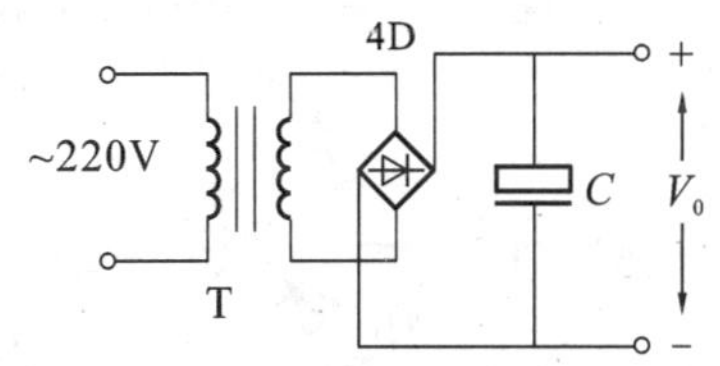

图 6-1 简易的直流电源

图 6-1 所示的为简易直流电源的原理图，它将交流市电经变压器降压后，经桥式整流器整流，再经电容器滤波后，就可以得到直流输出电压 V_0。它可以替代电池，让收音机工作，V_0 必须等于原来电池的输出电压。这种简易直流电源的效果不好，它的输出电压会随电网电压的波动而波动，也会随收音机音量的大小而波动，也就是供电电压不稳定。有些电子产品，需要稳定的直流供电电压，才能很好地工作，因此需要在这种简易直流电源的基础上，增加稳定电压的功能。首先应运而生的是串联调整式的直流稳压电源，这就是下节所要讨论的内容。

6.3 串联调整式直流稳压电源

1. 稳压原理

串联调整式直流稳压电源的工作原理可以用图 6-2 来说明。图中，V_i 代表简易直流电源，R_L 代表用电器(如收音机、电视机等)。在 V_i 和 R_L 之间串接了一个电位器 R_P。

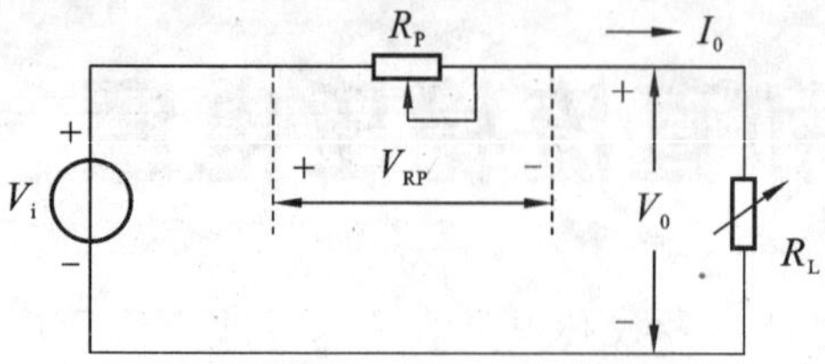

通过调节 R_P 的阻值大小，可以在 V_i 变化时，或输出电流 I_0 变化时，保证用电器 R_L 两端的电压 V_0 不变，由图可以得到

$$V_i=V_{RP}+V_0=R_P I_0+V_0$$

如果 V_i 上升，则导致 V_0 上升，可以调节 R_P，使 R_P 增大，这会产生如下的反馈过程：

$$V_i\uparrow\rightarrow V_0\uparrow\rightarrow R_P(\text{调节})\uparrow\rightarrow V_{RP}\uparrow\rightarrow V_0\downarrow$$

图 6-2　串联调整稳压原理

最终将 V_0 拉回到原来的大小。

如果因为 R_L 减小，导致 V_0 下降，则可以调节 R_P，使 R_P 也减小，这会产生如下的反馈过程：

$$R_L\downarrow\rightarrow V_0\downarrow\rightarrow R_P(\text{调节})\downarrow\rightarrow V_{RP}\downarrow\rightarrow V_0\uparrow$$

最终也会将 V_0 拉回原来的大小。

从以上的分析可以看出，用电器 R_L 两端电压 V_0 的稳定是靠调节电位器 R_P 的阻值的变化而实现的，电位器 R_P 是和负载相串联的，“串联调整式直流稳压电源”由此而得名。电位器 R_P 在这里实际上起了一个存储一部分电压的作用，当负载电压降低时，R_P 便释放一部分电压出来，使负载两端的电压回升，当负载电压升高时，R_P 又吸收一部分电压储存起来，使负载两端电压维持不变。

图 6-2 只介绍了这种稳压电源稳压的原理，要实现这种调节，必须对负载电压进行监测，并且和一个标准电压进行比较，然后再决定对 R_P 进行调节。而且还必须找到一个能替代 R_P 的电子器件，实现自动快速调节，这必须采用模拟电子技术的方法。下面就是依照图 6-2 的原理用模拟电子技术的方法设计的一个串联调整式稳压电源的实例。

2. 串联调整式稳压电源举例

按照上述原理，采用电子技术方法设计的一个实际的串联调整式稳压电源的电路原理图，如图 6-3 所示。

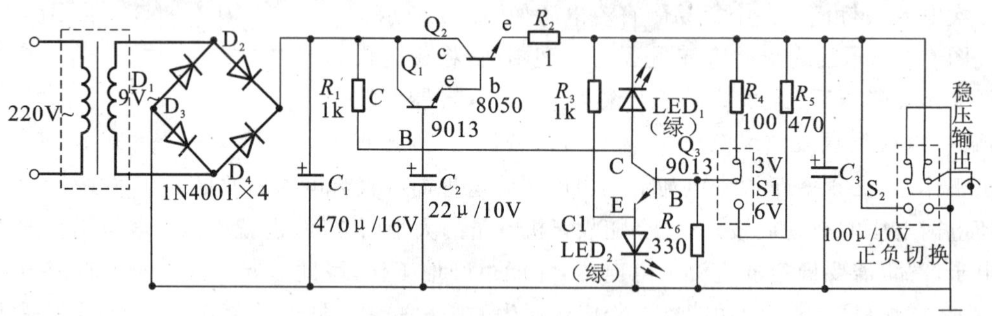

图 6-3　实际的串联调整式稳压电源电路原理图

下面结合图 6-3，说明图中各元件的作用和电路的工作原理。T 为工频变压器，它将交流 220 V，50 Hz 的市电，降为交流 9 V，50 Hz 的低压，再经过 D_1～D_4 四个二极管组成的桥式整流器变为直流电，电容 C_1 起滤波作用，使得本来是脉动的直流，变得比较平滑，如果不带负载，则是比较平稳的直流电压，可以用示波器观察到。

Q_1 与 Q_2 组成达林顿式的复合管，它的作用相当于一个放大倍数很大的三极管，这个三极管就相当于图 6-2 中的可调电阻 R_P，通过控制其基极电流的大小，可以调整其 c-e 极间的管压降，从而实现稳压的目的，Q_3 是放大管，接在其发射极的 LED_2 有双重作用：(1)作为基准电压，为放大管的发射极提供一个基准电压，R_3 是其限流电阻，当发光二极管通过一定电流时会发光，并且其两端的电压降是一定的，基本不发生改变，因此它可以作为基准电压；(2)发光后作为指示灯用，LED_2 亮后，表示电源已经进入通电状态。R_4、R_6 是输出取样电阻，对输出电压进行取样，送到 Q_3 的基极，从而和 Q_3 发射极的基准电压进行比较，比较的结果，可以决定 Q_1 和 Q_2 组成的调整管的管压降是否改变。Q_3 的集电极电阻是 R_1，R_1 同时也是 Q_1，Q_2 的基极偏置电阻，它使电路在空载时可以正常启动，输出端有正常的输出电压。改变 R_4 的大小，可以改变稳压电源输出电压的大小。调节范围是2.5～9 V。

C_2 是调整管的基极滤波电容，它可以避免在电源输出端产生大的尖峰干扰。C_3 是输出滤波电容，它可以进一步地减少输出直流电压中的纹波。

如果将电路中的 R_2 短路，并将 LED_1 去掉，电路可以正常工作，只是没有过流保护功能。R_2 和 LED_1 组成稳压电源的过流保护电路。该稳压电源最大输出电流 $I_{omax}=500$ mA，如果不小心接错了负载，使 $I_o>500$ mA，此时在 R_2 上的电压降会大于 0.5 A×1 Ω=0.5 V，则加在 LED_1 上的电压降会大于 $0.5+V_{BE1}+V_{BE2}=(0.5+0.7+0.7)$ V=1.9 V，所以 LED_1 会由截止转为导通，LED_1 会发光，向用户发出警告，电流过载了。LED_1 发光后，同时将调整管的基射极之间的电压钳定，不可能再增加，因此输出电流也不可能再增加，从而实现了限流保护。

下面再详细地分析这种电路稳定输出电压的过程。假定电网电压升高，使得稳压电源输出电压 V_0 升高，由 R_4、R_6 分压后，Q_3 的基极电位 V_{B3} 也升高，而 LED_2 上的压降是基准电压，它是基本不变的，这样一来，Q_3 的基射极间的电压 V_{B3} 增大，使得 Q_3 的基极驱动电流 I_{B3} 增大，经过放大，I_{C3} 也加大，I_{C3} 是流过 R_1 的，这样 R_1 上的电压降加大，这使得 C_2 正端的电位，也即 Q_1 的基极电位下降，调整管的驱动电流减少，使得调整管的 c-e 极之间的压降增大，从而使得 V_0 下降，以达到新的平衡。这个过程可以用下面的方法简单地表示为：

$$V_0\uparrow\rightarrow V_{B3}\uparrow\rightarrow I_{B3}\uparrow\rightarrow I_{C3}\uparrow\rightarrow V_{R1}\uparrow\rightarrow V_{B1}\downarrow\rightarrow V_0\downarrow$$

上述过程是一个反馈控制的过程，从反馈原理上分析，这是一个电压并联负反馈。如果由于电网电压或其他原因导致输出电压下降，那么，则会完成下列的反馈控制过程：

$$V_0\downarrow\rightarrow V_{B3}\downarrow\rightarrow I_{B3}\downarrow\rightarrow I_{C3}\downarrow\rightarrow V_{R1}\downarrow\rightarrow V_{B1}\uparrow\rightarrow V_0\uparrow$$

要能实现自动并快速地稳定输出电压，控制其在一定范围内变化，电路中各元件参数的选取是非常重要的。各元件参数的确定，先要通过理论计算，再通过实验来进行验证、调试和修改。

要使得这种稳压电路保持稳压功能，调整管①(Q_1 与 Q_2 联合构成的达林顿式的复合管)必须工作在线性放大状态。因此，依靠这种原理工作的稳压电源又称为线性稳压电源。

假定图 6-3 所示电路中各元件参数选取在正确的范围内，那么稳压电源输出电压 V_0 的大小是如何决定的呢？设 LED_2 正常发光时的管压降 $V_{REF}=1.8$ V(因为元件参数的分散性，每个发光二极管在正常发光时，其管压降是存在差异的)，VT_3 的基射极间电压 $V_{BE3}=0.7$ V，那么，V_0 和 V_{REF}、V_{BE3} 之间，由图可知存在下列关系：

$$V_{B3}=\frac{V_0\cdot R_6}{R_4+R_6}\tag{6-1}$$

---

① Q_2 通常称为调整管，其含义是通过调整 Q_2 两端电压的大小，可保持输出电压稳定不变。从其工作原理的描述来看，Q_2 是一个电压存储管，是用于储存电压的，这与水库的储水功能是类似的。

$$V_{B3}=V_{BE3}+V_{REF} \tag{6-2}$$

式(6-1)和式(6-2)可得：

$$\frac{V_0 \cdot R_6}{R_4+R_6}=V_{BE3}+V_{REF}$$

故

$$V_0=\frac{R_4+R_6}{R_6}(V_{BE3}+V_{REF}) \tag{6-3}$$

代入上述假定之参数可得

$$V_0=\frac{100+330}{330}(0.7+1.8)\text{V}=\frac{43}{33}\times 2.5\text{ V}=3.258\text{ V}$$

改变 R_4 和 R_6 组成的分压链，可以在一定范围内改变 V_0 的大小。

如果将 R_4 的阻值换成 470 Ω，则可以得到

$$V_0=\frac{470+330}{330}(0.7+1.8)\text{V}=\frac{80}{33}\times 2.5\text{ V}=6.06\text{ V}$$

还可以在 R_4、R_6 当中串联一个电位器，将电位器的中心头接到 V_{B3}，做成一个 V_0 可以连续调节的稳压电源。当然，该调节范围是要受到限制的，最大值受 V_i 的限制，最低值受 Q_3 射极基准电压的限制。

在图 6-3 中，变压器的参数是如何选取的呢？变压器的参数主要有两个：一个是输出功率，另一个是副边的输出电压。只要知道这两个参数，即可交给变压器生产厂商生产。

假定 V_0 最大选定为 6 V，在此电路中，要使稳压电路正常工作，调整管 Q_2 的管压降至少应保持在 0.3 V，即 $V_i=(6+0.3)\text{V}=6.3\text{ V}$，并且必须是在电网电压最低时，$V_i$ 必须保持有 6.3 V。考虑整流时二极管的管压降为 1.2 V，变压器副边在电网电压最低时应为(6.3+1.2)/1.1 V=6.8 V，设电网电压最低为(220−220×0.1)V=198 V，则变压比为 198∶6.8，对应于 220∶7.6。考虑留有余量，可选变压比为 220∶9，这样电网电压低于 198 V 时稳压电源也能正常工作。

变压器的功率则可以根据稳压电源的最大输出电流和最大输出电压计算。

设该电源最大允许输出电流为 500 mA，则电源最大输出功率为 6 V×0.5 A=3 W，考虑电网电压为最高 240 V 时，变压器副边电压为(240×9)/220=9.8 V。变压器次边输出功率应为 9.8 V×0.5 A=4.90W，再考虑变压器的效率，约为 0.8。故变压器的功率应选为 4.90 W/0.8=6.13 W，选用 6～10 W 的小型变压器即可。

整流二极管的选取要满足最大整流电流和最高反压的条件。在此电路中，最大整流电流即为 500 mA，最高反压即为 $\sqrt{2}\times 240$ V=340 V。1N4001 的最大整流电流为 1 A，而最高反压为 400 V，故完全合用。

调整管 Q_2 的选取要满足最大功耗及 c-e 极之间所能承受的最大电压 BV_{ceo}。考虑 Q_2 最大功耗是发生在电网电压为 240 V，而输出电流为 500 mA 时。此时 $V_i=9.8\times 1.1\text{ V}=10.8\text{ V}$，故最大管耗为(10.8−3)×0.5 W=7.8×0.5 W=3.9 W，而 BV_{ceo} 则为 7.8 V。

Q_1、Q_3 的选取主要是放大倍数要足够大，Q_1 的 BV_{ceo} 亦为 7.8 V，Q_3 的 BV_{ceo} 为 9.8 V×1.4=13.72 V。

电容 C_1 的选取，考虑耐压要足够，因为整流后最大峰值电压为 $\sqrt{2}\times 9.8\text{ V}\approx 14\text{ V}$，故取 16 V 是可以的，其容量越大，输出电压的纹波就越小，但太大则开机时浪涌电流太大，可能烧毁整流二极管。

电容 C_3 的选取原则同 C_1。二者的选取均可以依据纹波大小与容量 C 的关系式，但一

般可由实验确定。

电容 C_2 的选取亦和纹波有关，但由于 C_2 是在 Q_1 的基极，故其容量要小很多。

取样电阻 R_4、R_6 的选取原则同三极管的偏置电阻的选取原则是一样的，即要使流过取样电阻链的电流是流过 Q_3 基极电流的 5～10 倍。同时取样电阻阻值之比，决定了输出电压 V_0 的大小，见式(6-3)。

3. 集成电路线性直流稳压电源——三端稳压块

由于集成电路制造技术的飞速发展，许多功能电路被制造成了集成电路。集成电路相对于由分立元件组成的功能电路来说具有很多优点，如体积小、功耗低，可靠性高，免调试，成本低等。

将线性稳压电源制造成集成电路，形成了许多系列的产品，它们大多数仅有三个引脚，因此常称为三端稳压块。三端稳压块的使用非常方便，深受广大电子工程师和电子技术业余爱好者的欢迎。下面介绍几种较常用的三端稳压块。

1) ×××78××，×××79××

这两种是 78 系列正输出电压和 79 系列负输出电压的线性集成稳压电路，78 前面×××为不同生产厂商的命名，78 后面是数字，代表输出电压的稳定值。例如：LM7805 中的 LM 表示厂商为美国国家半导体公司，05 表示输出稳定电压为 5 V。该系列产品输出电压为固定值，除 5 V 外，还有 6 V、9 V、12 V、15 V、18 V、24 V 共 7 种。最大输出电流有 1 A、0.5 A 等多种，0.5 A 在后缀中表现出来，如 CW78M05 表示国产输出电压为 5 V，电流为 0.5 A的三端稳压块。具体参数可查阅各厂商的产品手册。

×××79××则是输出为负电压的系列集成稳压电路，除了输出是负电压之外，其余与 78 系列是完全类似或对应的。

2) ×××317，×××337

×××317 是正输出可调的三端稳压块，×××337 则是负输出可调的三端稳压块。与 317 同一系列的还有 117 和 217，它们的区别只是工作温度范围不同。117 的工作温度范围为－55 ℃～＋150 ℃，217 为－25 ℃～150 ℃，317 为 0 ℃～125 ℃，可见 317 为最小，是民用品。同样的，与 337 对应的系列产品是 137，237。

317 输出电压的调整范围是 1.25～40 V，337 输出电压的调整范围则是－1.25～－40 V。设计应用电路时，必须根据产品手册提供的有关电参数进行。

如图 6-4 所示的是根据红外焊缝检测仪的需要设计的仪用电源。

该电源设计的主要步骤如下。

(1) 确定输出电压的路数，该电源有 5 路输出，分别是±15 V，±5 V，＋12 V。

(2) 确定每路输出的最大电流，从而确定每路的最大输出功率，这是选择芯片和设计变压器的依据。

(3) 考虑最坏情况下实现稳压，确定每路输入电压的大小。

(4) 各路输出功率之和即为变压器的输出功率。

(5) 根据变压器的效率决定变压器的输入功率，提交给变压器制造厂家。

(6) 选择芯片和元件参数。

(7) 设计印制板。

(8) 焊接测试。

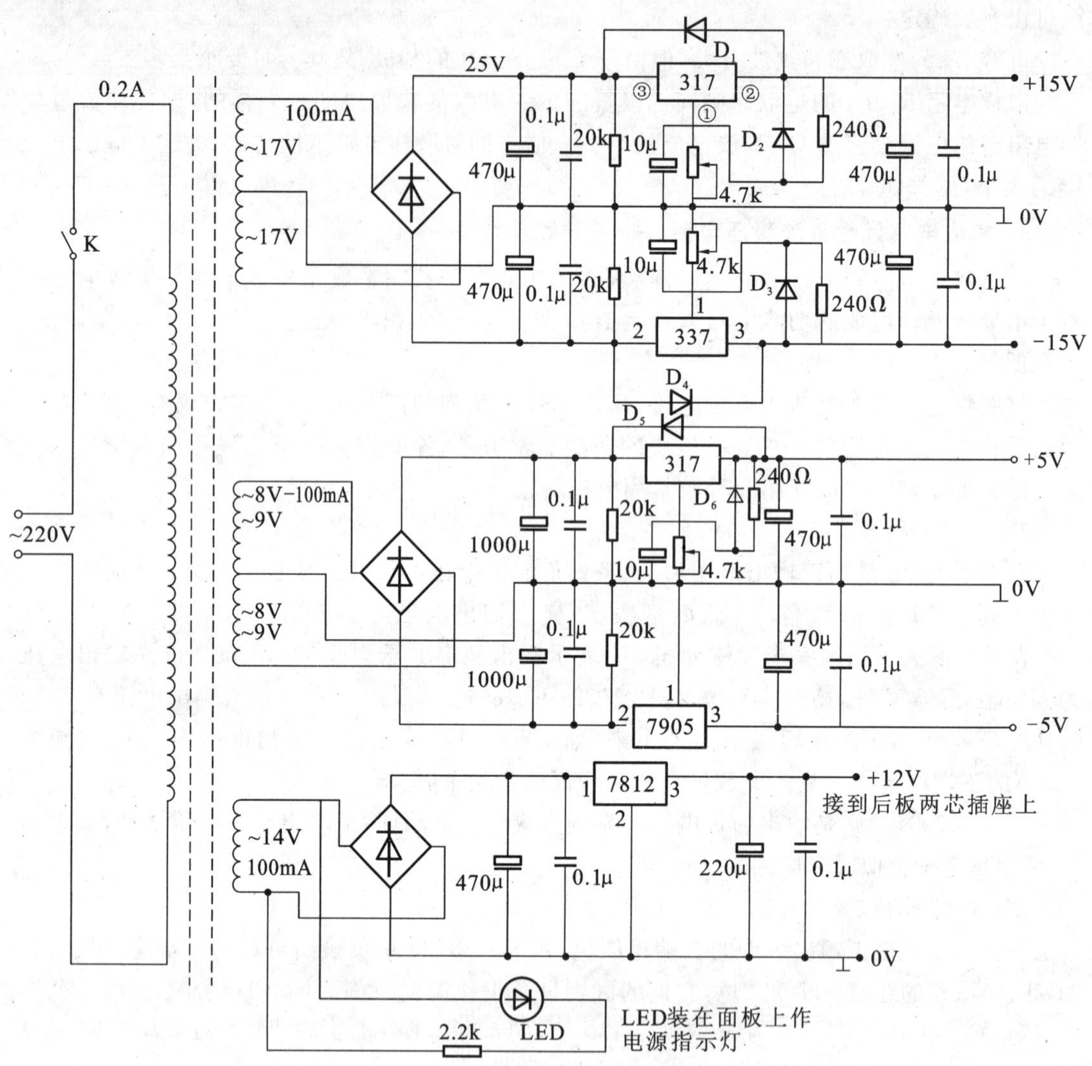

图 6-4　红外焊缝检测仪的电源电路

思考题与习题 6

6.1

1. 太阳能电池是一次电源还是二次电源？蓄电池呢？

2. 试举一个直流电源的例子，必须是本书中没有列举的。

3. 一个半导体收音机，使用 2 节 5 号电池工作，最大工作电流为 200 mA，试设计一个简易直流电源，替代电池，使其工作。

6.2

1. 问题同 6.1 第 3 小题，但不允许使用工频变压器。

6.3

1. 简要复述串联调整式直流稳压电源工作原理。

2. 与“串联调整式”对应的是“并联调整式”，试画出并联调整式直流稳压电源的原理图，并说明其工作原理。

3．画出图 6-3。复述图 6-3 中每个元件的作用。

4．如果将图 6-3 中的电阻 R_4 的阻值改变为 1 kΩ，输出电压 V_0 为多大？

5．如果将图 6-3 中的电阻 R_4 换成一个 1 kΩ 的电位器使其阻值在 0～1 kΩ 连续可调，则输出电压会发生怎样的变化？

6．在图 6-3 中，改变电容 C_3 的大小，在不同输出电流的条件下观察输出电压纹波的大小，做好实验记录，给出理论分析。

7．利用三端稳压块设计一个输出电压为 5 V，输出电流可达 1 A 的直流稳压电源。

8．利用三端稳压块设计一个具有两路稳压输出的直流稳压电源：一路输出为 15 V，电流 1 A；另一路为－15 V，电流 1 A。

第7章 开关电源

7.1 保留工频变压器的串联开关式稳压电源

1. 串联调整式稳压电源的缺点

第6章所介绍的串联调整式稳压电源是20世纪50年代在电子管线性稳压电源的基础上发展起来的，其发展日趋完善，最终形成集成化。这种稳压电源的优点是电压稳定度和负载稳定度高，纹波小，瞬态响应快，线路简单。但是它有严重的缺陷，那就是效率低、体积大、比较笨重。效率低的原因有两个：①调整管是与负载相串联，负载所取用的电流，全部都要通过调整管，而且调整管两端必须有一定的电压降，这样才能起到调整作用，尤其是在大功率时，调整管消耗的功率也会增大，为了避免调整管因发热而损坏，必须给调整管加装散热器，这样一来又加大了电源的体积和增加了电源的重量，使得这种电源很笨重；②这种电源要使用工频变压器进行降压，工频变压器也要产生损耗，因此串联调整式稳压电源的效率只有0.3～0.4，最高也不会超过0.5。另外，对工频电压进行滤波，由于其频率低，只有50 Hz，故滤波电容的容量必须较大，因而体积也大，这又增加了电源的体积和重量。总而言之，效率低，体积大而笨重是串联调整式稳压电源的严重缺点。随着电子产品的集成化程度越来越高，体积越来越小，串联调整式稳压电源也越来越不能适应新电子产品的要求，因此各种开关式稳压电源就应运而生。

2. 改进措施

针对串联调整式稳压电源效率低的因素，研究人员采取的相应措施是：让调整管工作在开关状态，省掉工频变压器，取而代之的是高频变压器，不断地研究提高开关频率，使得滤波电感和滤波电容也变得越来越小，如今这些措施都取得了很大的成果。目前，最先进的开关电源，效率可达90%以上，体积和重量是原来同等功率串联调整式稳压电源的1/2～1/3。

开关电源的种类繁多，电路也较为复杂，本节先从开关电源一般性的工作原理分析开始。

3. 开关电源工作原理框图

描述开关电源一般性的工作原理，可用图7-1来表示。

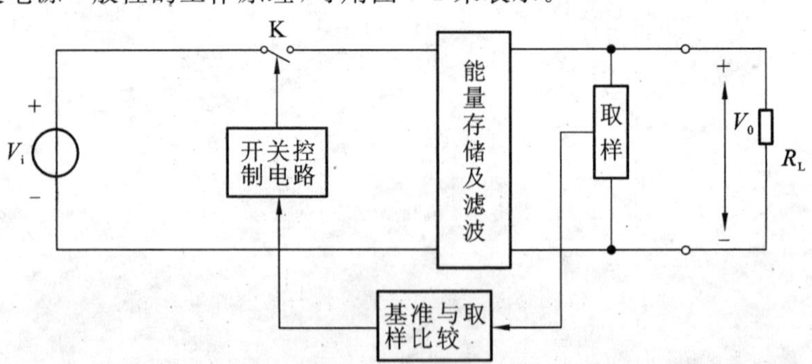

图7-1 串联式开关稳压电源一般性工作原理的描述框图

图中，V_i是一个直流输入电源，它可以是交流市电经变压或直接整流滤波后得到的简易直流电源，也可以是化学电源或直流发电机发出的直流电，以及太阳能电池产生的直流电。K是一个开关管，它受开关控制电路控制，周期性地进行开或关。理想状态时，K导通时的电阻为零，电能可以顺利通过，关断时电阻为无穷大，电能传输被阻挡。能量存储及滤波网络较为复杂，其电路形式也多种多样，从而导致了开关电源种类繁多，它的功能就是在开关管K导通时，将一部分电能传送给负载，将剩余的能量储存起来，以便在开关管K断开时，继续保持向负载供电。取样电路将负载两端的电压取样后送到比较器与那里设置的基准电压相比较，比较器将比较的结果以信号的形式送到开关控制电路，由开关控制电路控制开关管K导通时间的长短，从而使输出电压V_0稳定在所需的范围内。

下面分析V_0和V_i之间的关系，由哪些因素来决定。

设开关K导通的时间为T_{ON}，关断的时间为T_{OFF}，则开关的周期$T=T_{ON}+T_{OFF}$，开关K的工作频率$f=\frac{1}{T}$，令$\frac{T_{ON}}{T}=\delta$，称为占空比，则V_0和V_i之间的关系为

$$V_0=\frac{V_i \cdot T_{ON}}{T}=V_i \cdot \delta \tag{7-1}$$

因此，调节和控制输出电压V_0的办法，就是调节占空比δ的大小。

进一步分析式(7-1)，可以发现，调控V_0的办法实际上有如下三种。

(1) 保持开关的工作频率f不变，改变T_{ON}的大小，这种办法称为脉冲宽度调制(pulse width modulation，PWM)，这种方法用得最多。

(2) 保持T_{ON}或T_{OFF}不变，改变f的大小，称为脉冲频率调制(PFM)，这种方法用得较少。

(3) 既改变T_{ON}，也改变f，称为脉冲宽度、频率混合调制(PWFM)，这种方法多在自激型电路中采用。

4. 保留工频变压器的开关稳压电源举例

一个早期的，保留了工频变压器的用分立元件制造的开关电源如图7-2所示。

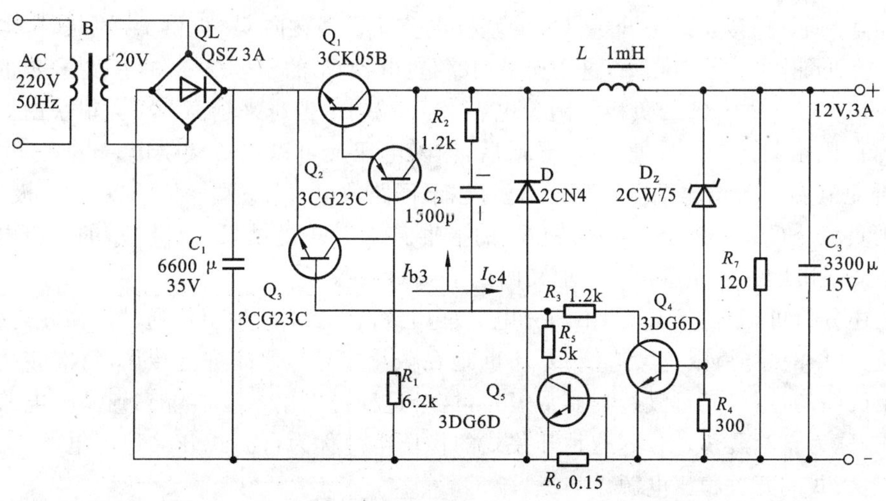

图7-2 带工频变压器的分立元件开关电源原理图

下面来分析该电路是如何工作的。当接通交流市电220 V之后，经变压器降压，变压器副边得到有效值为20 V/50 Hz的低压，这个交流电压经桥式整流后，经电容滤波平滑得到

为$\sqrt{2}\times 20$ V≈28 V的直流电压，这个直流电压就相当于图 7-1 中的V_i，也可以用其他形式的直流电源代替。

Q_1 和 Q_2 都是PNP型三极管，它们接成了达林顿型的复合管，这样接的结果是可以得到很大的电流放大倍数。这个复合的达林顿管就是功率电子开关管，电源的能量和功率就是通过这个电子开关周期性的开关动作传输到负载的。Q_3 也是PNP型的三极管，它跨接在 Q_1、Q_2 的发射极和基极之间，这使得可以通过控制 Q_3 的导通和截止来实现控制 Q_1 的截止和导通。而 Q_3 的导通和截止是通过自激震荡来实现的。

当28 V的直流输入电压加到 Q_1 的发射极时，沿着 Q_1 的发射结，Q_2 的发射结，经 R_1 形成直流通路，获得 Q_2、Q_1 的基极电流，该电流经过放大，形成 Q_1 的集电极电流，此集电极电流经过电感 L 及电阻 R_7 形成回路，这样在输出端便得到了输出电压。这里 R_7 是电路的启动电阻，即在没有负载的情况下，也能保证电源正常启动有电压输出，如果没有 R_7，在空载时，电源可能无法可靠地启动。

当 Q_1 为初次启动，向输出端传送电流时，Q_3 是截止的，但是一旦输出端有了电压，稳压管便被击穿而导通，R_4 上便获得了适当的电压，这个电压使得 Q_4 产生基极电流 I_{B4}，一旦有了 I_{B4}，在此电路中就会通过 Q_3 的发射结及 R_3 产生 Q_4 的集电极电流 I_{C4}，这个 I_{C4} 就是 Q_3 的基极电流 I_{B3}，一旦有了 I_{B3}，就会产生一个放大的 I_{C3}，I_{C3} 是流经 R_1 到达电源负极形成回路的，当一个较大值的 I_{C3} 流经 R_1 时，使得 Q_2 的基极电位迅速升高，从而使得 Q_1、Q_2 截止，功率电子开关处于关断状态。

在 Q_1 关断期间，电感 L 由于其惯性作用，它会通过二极管D向负载供电，把 Q_1 导通期间存储的磁能释放出来，同时电容 C_3 也会向负载供电，当然电容的电压会下降，所以设计者或电源制造者必须保证电感 L 和电容 C_3 在 Q_1 关断期间能向负载提供足够的电能，而输出电压的下降在允许的范围之内。二极管D称为续流二极管，它保证了 L 在 Q_1 关断期间，流过的电流保持不间断，使电感的储能得以释放。

在 Q_1 截止后，输入电压 V_i 停止了向负载供电，这时转而由电感 L 和电容 C_3 向负载供电，但是，这种状况不会永远持续下去。

在 Q_3 导通，Q_1 截止的一开始，Q_3 的基极电流 I_{B3}，就在向 Q_4 提供 I_{C4} 的同时，也在向电容 C_2 充电，见图 7-2 中的节点A，这个充电回路是：电容 C_1 的+极→Q_3 的e极→Q_3 的b极→C_2→R_2→L→R_7→R_6→C_1的负极。随着电容 C_2 下端的电位越来越高，Q_3 会很快由导通变为截止，而 Q_1 则由截止变为导通。Q_1 导通后，输入电压又可以向负载供电，同时向电感 L 和电容 C_3 补充电能。Q_1 导通后，C_2 又开始通过以下回路放电：C_2 下端→R_3→Q_4 的c极→e极→R_6→C_1的负极→C_1的正极→Q_1→R_2→C_2 的上端。C_2 放电的结果，使得 Q_3 的基极电位不断下降，Q_3 又很快地进入导通状态，Q_1 又回到了截止状态。

从上述分析可知，由于 C_2 的不断充电、放电，致使 Q_3 不断地由导通转向截止，又由截止转向导通。Q_3 的导通、截止又迫使 Q_1 不断地在截止与导通之间进行转化，每次转化过程都是一个正反馈的过程，其过渡过程非常短暂，这个过程可以用示波器观察到。此电路的这种工作方式，称为自激震荡，因此，这种开关式的稳压电源称为自激式开关稳压电源，与此对应的，还有他激式的开关稳压电源。

该电路是如何实现稳压的呢？由稳压管 D_Z 和 R_4 组成取样电路，假定某种原因，使得输出电压 V_o 升高，则 R_4 两端的电压升高，这使得 Q_4 的基极电流增大，经放大后，I_{C4} 增大，导致 I_{C2} 减少，I_{C2} 减少会使得 C_2 充电的过程延长，C_2 充电的时间过程，就是 Q_1 截止的时间，延长了 Q_1 截止的时间，也就减少了电能的传送，因此输出电压就会下降，一直达到新的平衡，实现了自动稳压的调节，此稳压过程可以简要的地表述如下。

$$V_0\uparrow\rightarrow V_{R4}\uparrow\rightarrow I_{B4}\uparrow\rightarrow I_{C4}\uparrow\rightarrow I_{C2}\downarrow\rightarrow T_{off}\uparrow\rightarrow V_0\downarrow$$

如果因某种原因导致输出电压下降，可以做出类似的反馈分析，将促使输出电压回升。

以上的自动调节过程改变了开关管关断时间的长短，这样既改变了开关的周期，又改变了占空比，因此这种调节方式属于脉宽、频率混合调制方式。

7.2 非隔离型直流-直流变换器

如图 7-2 所示的带工频变压器的开关式稳压电源是将交流 220 V 的市电，经工频变压器降压、整流、滤波后得到的直流电压 V_i，约为 28 V。在很多场合，这个直流输出电压 V_i 也可以是其他形式的电源，如太阳能电池、化学电池或其他表示的自生、再生电源。这些电源有一个共同点，即它们的供电电压较低。如果开关电源的输入电压 V_i 是由这类低压直流电源供电，则开关电源电路可以采用称为“非隔离型”的直流-直流变换器。直流—直流变换器常写为 DC-DC 变换器。所谓“非隔离型”的 DC-DC 变换器，是指这种变换电路的输出电压 V_0 和输入电压 V_i 有公共地（可参见图 7-2），另一重要特征是输出电压 V_0 的正端和输出电压 V_i 的正端是由功率开关管联通的，它们之间有时串联入一只电感，有时又没有串联电感，视电路形式而异。这种非隔离形成的 DC-DC 变换器只是通过功率开关管的周期性的导通与关断，将不稳定的输出直流电压 V_i 变换成输出稳定的直流电压 V_0，并且 V_0 的大小可预先设计成所需的固定值或在一定范围内可调节的值。

非隔离型 DC-DC 变换器的电路形式有多种，下面介绍常用的三种类型。

1. 降压型电路

降压型（Buck）电路如图 7-3 所示。

降压型电路的工作原理是：当开关管 Q 饱和导通时，V_i 通过 L 向负载 R_L 供电的同时，也向 L 和 C 供应电能，并且被 L 和 C 储存起来，当 Q 被关断时，L、C 储存的电能向 R_L 供电，以维持输出电压 V_0 不变，所以 L、C 储能的多少是很关键的，决定了 V_0 能维持多长时间不变。图中 D 为续流二极管，当 Q 关断时，电感 L 相当于一个感生电压源，其感生电势右端为＋，左端为－，L 储存的磁能转换为电能后，就是通过 D 形成回路向 R_L 供电的。

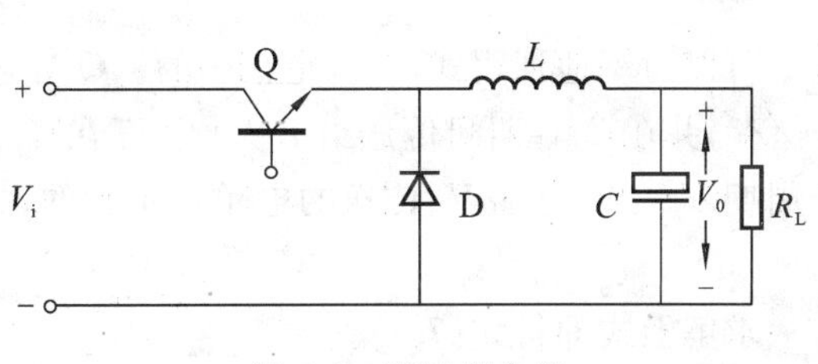

图 7-3 降压型电路

图 7-1 所示的原理框图，就是降压型电路，由式（7-1），V_0 和 V_i 的关系为

$$V_0=\frac{V_i T_{ON}}{T}=V_i\cdot\delta \tag{7-2}$$

降压型电路的结构形式，以及根据此电路形式导出的关系式（7-1），决定了 V_0 的大小不可能大于 V_i，只能小于 V_i，因此称为降压型电路。

根据电感量 L 的大小以及 Q 开关时间的不同，其工作波形的分析以及各元件参数的选取，涉及元件的物理模型以及电路理论的数学分析和计算，必须在学完一定的专业基础课之后才能进行。

所有的理论设计的计算和分析正确与否，都必须通过实验的验证和修改。

前述的图 7-2 所示的带工频变压器的开关电源，即为降压型的 DC-DC 变换电路。下一节将介绍的用 LM2575 构成的 5 V 稳压电源也是降压型 DC-DC 变换电路。

下面利用图 7-3 说明如何得出式(7-2)。当 Q 导通时，电源 V_i 向右边传送的电单位记为 V_iT_{on}，而在一个周期 T 内，整个电路向负载传送的电单位是 V_0T，当降压型开关稳压电路正常工作时，Q 经过一个开关周期后，又到了原来的状态。因此，在一个周期内，电源 V_i 向负载 R_L 传送的电单位的两种表达式应该相等，于是有：

$$V_0T=V_iT_{on}$$

即

$$V_0=V_i\frac{T_{ON}}{T}=V_i\cdot\delta$$

这就简单地说明(而不是严格的证明)，式(7-2)是正确的。

2. 升压型电路

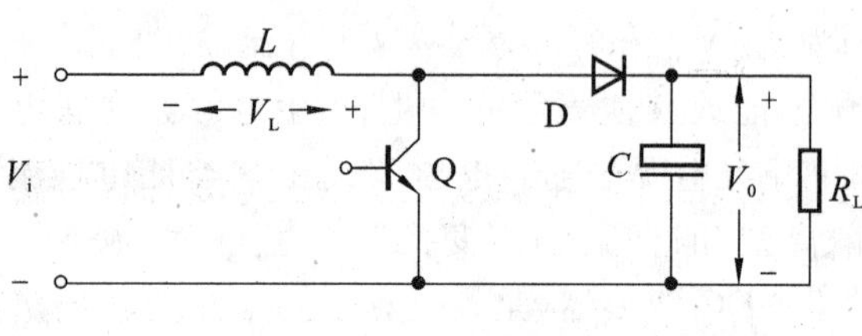

图 7-4　升压型电路

升压型(Boost)电路如图 7-4 所示。升压型电路的工作原理是：当开关 Q 导通时，V_i 通过 L 和 Q 形成回路，L 中的电流逐渐增大，电能转换为磁能，储存在 L 中。当 Q 关断时，L 产生感生电动势 V_L，正好与 V_i 串联，通过 D 向负载 R_L 供电，同时给电容充电，在 Q 导通期间，由电容 C 向负载 R_L 供电，D 起隔离作用，否则 C 也可通过 Q 放电。

理论分析表明，当各元件参数满足一定条件时，可以使 L 中的电流始终不间断，这样 V_0 和 V_i 的关系如下。

$$V_0=\frac{V_i}{1-\delta} \tag{7-3}$$

由于 $\delta=\frac{T_{ON}}{T}$ 为占空比，有 $0\leqslant\delta\leqslant1$，所以 $V_0\geqslant V_i$。

可以简单地证明式(7-3)是正确的。Q 导通时，V_i 传送的电单位是 V_iT_{ON}，这些电单位被 L 储存，并在 T_{OFF} 期间传送给 R_L 和 C，而在 T_{OFF} 期间，$V_i+V_L=V_0$，所以 $V_L=V_0-V_i$，在一个周期 T 内 V_0 是靠 V_L 传送的电单位维持的，故有

$$V_iT_{ON}=V_LT_{OFF}=(V_0-V_i)T_{OFF}$$

求解上式即得式(7-3)。

3. 升压-降压(Buck-Boost)型电路

升压-降压型电路如图 7-5 所示。电路的工作原理是：当开关管 Q 导通时，V_i 向 L 储存电能，电容 C 向负载 R_L 供电，二极管 D 处于截止状态，将两个供电回路断开。当 Q 断开时，L 的磁能转换为电能，L 中感生出的电动势，向负载 R_L 供电并同时向电容 C 充电。如果电感的参数选择合理，可以证明 V_0 和 V_i 的关系满足如下关系。

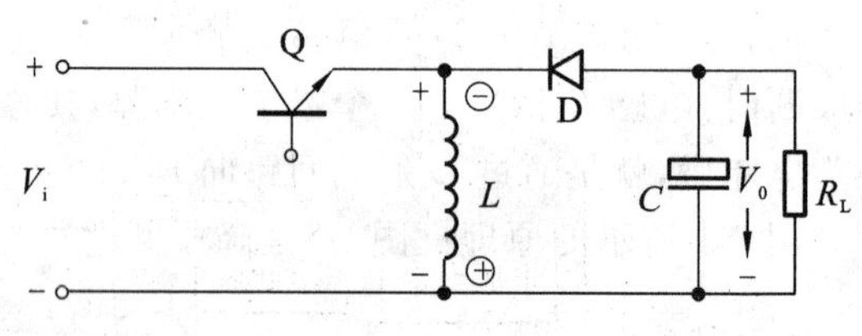

图 7-5　升压-降压型电路

$$V_0=\frac{-\delta}{1-\delta}V_i \tag{7-4}$$

式中：$\delta=\frac{T_{ON}}{T}$ 表示占空比；负号表示 V_0 与图中假定的正方向相反，V_0 的实际正方向与 V_i 的方向是相反的。

由式(7-4)可以看出，$|V_0|$的大小既可以大于$|V_i|$也可以小于$|V_i|$，只要适当控制δ的大小即可。当$\delta>0.5$时，$|V_0|>|V_i|$；而$\delta<0.5$时，$|V_0|<|V_i|$，即可分别实现升压和降压的目的。

除了上述三种基本的非隔离型DC-DC变换电路外，还有几种电路较为复杂的非隔离型变换器，需要了解时可参阅有关文献。

如何说明式(7-4)是正确的呢？当Q导通时，V_i将电单位传送给L，电单位的大小为V_iT_{ON}，这些电单位由L储存起来，在T_{OFF}期间转送给R_L和C，传送的电单位大小为V_0T_{OFF}，当达到平衡时，应该满足下式。

$$V_iT_{ON}=-V_0T_{OFF}=V_L\cdot T_{OFF}$$

将上式与$T=T_{ON}+T_{OFF}$及$\delta=T_{ON}/T$联立，可以得到式(7-4)。

7.3 保留工频变压器(低直流电压输入)的开关式集成稳压器

由于集成电路技术的飞速发展和进步，与线性集成稳压器一样，人们研制出了许多不同型号的开关式集成稳压器。其中，有一类就是输入为直流低电压(一般为1.5～40 V)输出电压可调节或固定的直流稳压器，这类稳压器的输入是直流，输出也是直流，故仍属于直流-直流(DC-DC)变换器。

由于DC-DC变换器的基本电路较多，因此这类集成变换器的型号也特别多，涵盖了各种用途所需的直流稳压电源，下面举其中的几个例子。

1. LM2575

LM2575是美国国家半导体公司生产的输出电流可达1 A的集成开关稳压器。它的内部结构框图如图7-6所示。应用LM2575，只需要极少数的外围元件便可构成一种高效的稳压电路，因此可大大减少散热片的体积，而在大多数情况下不需要散热片，其内部有热关断电路及限流保护电路。芯片可提供外部控制引脚，将输出电压经内部分压电阻分压后送至内部放大与1.3 V基准电比较并放大。

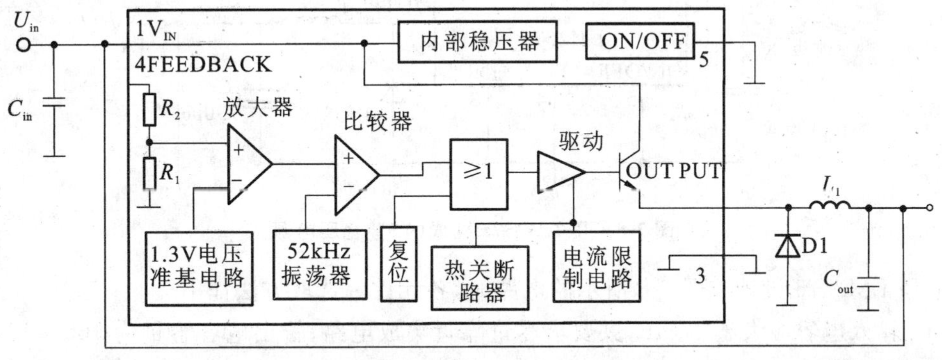

图7-6 LM2575内部结构框图

该产品分为LM1575、LM2575、LM2575HV三个系列。其中，LM1575为军用品，LM2575为标准电压产品，LM2575HV为高电压输入产品。每一种产品系列均提供3.3 V、5 V、12 V、15 V及可调(ADJ)等5个电压档次的产品。对于LM2575标准电压产品，有5种不同的封装形式。例如，对于固定输出电压为5V的产品分别表示为：①LM2575T-5.0表示TO-220直脚封装；②LM2575T-5.0 Flow LB03表示TO-220弯脚封装；③LM2575N-5.0表示塑料封装 DIP-16 脚;④LM2575M-5.0 表示表面安装(贴片安装)DIP-24 脚;⑤LM2575S-5.0 表示表面安装 TO-263-5 脚封装形式。

其中 TO-220 直脚封装和 DIP-16 脚塑料封装的管脚图如图 7-7 所示。

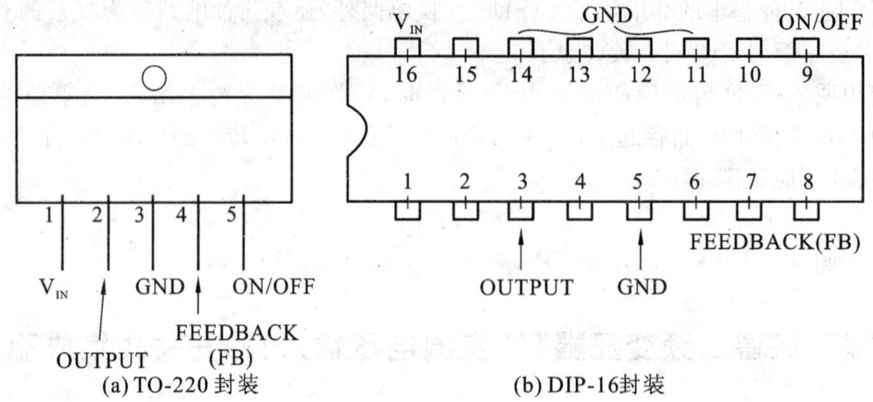

图 7-7　LM2575 的两种封装管脚排列图

图 7-7 中所示的各管脚的功能是:V_{IN} 为未稳压的电压输入端;OUTPUT 为电压输出端;GND 为公共地端;FB 为反馈输入端;ON/OFF 为控制输入端,接公共端时,稳压电路工作;接高电平时,稳压电路停止。

LM2575 系列开关稳压集成电路芯片的主要参数为:①最大输出电流 1 A;②最大输入电压 LM1575/LM2575 为 45 V,LM257HV 为 63 V;③输出电压分为 3.3 V、5 V、12 V、15 V和 ADJ(可调)5 种;④振荡频率 54 kHz;⑤最大稳压误差 4%;⑥转换效率为 75%~88%(不同的电压输出,效率不同);⑦工作温度范围 LM1575 为 −55~+150 ℃,LM2575/LM2575H 为 −40~+125 ℃。

应用 LM2575 设计的一个输出电压稳定为 5 V,输出电流最大为 1 A 的稳压电路,如图 7-8 所示。

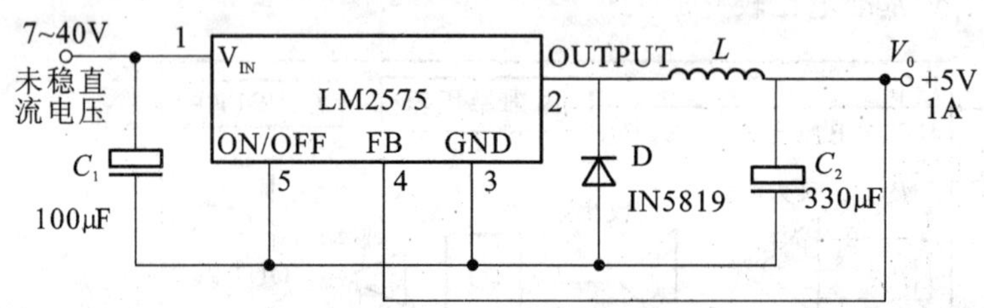

图 7-8　用 LM2575 构成的 5V 稳压电源

应用 LM2575 设计如图 7-8 所示的电路时,各元件的选取方法如下。

(1) 输入电容应大于 47 μF,并要求尽量靠近集成电路;输出电容容量为 100~470 μF,其耐压值应大于额定输出电压的 1.5~2 倍,对于 5 V 电压输出,可选耐压为 16 V 的电容。

(2) 二极管的额定电流值应大于最大负载电流的 1.2 倍,但考虑到负载短路的情况,二极管的额定电流值应大于 LM2575 的最大电流限值,在本电路即为 1 A。二极管的反向电压应大于最大输入电压的 1.25 倍,本电路为 1.25×40 V=50 V。

2. LM2576-ADJ

该串联开关稳压器的功能方框图如图 7-9 所示,它采用 TO-220 封装,只有 5 只管脚,其外形与线性三端稳压块差不多，其管脚排列如图 7-10 所示。

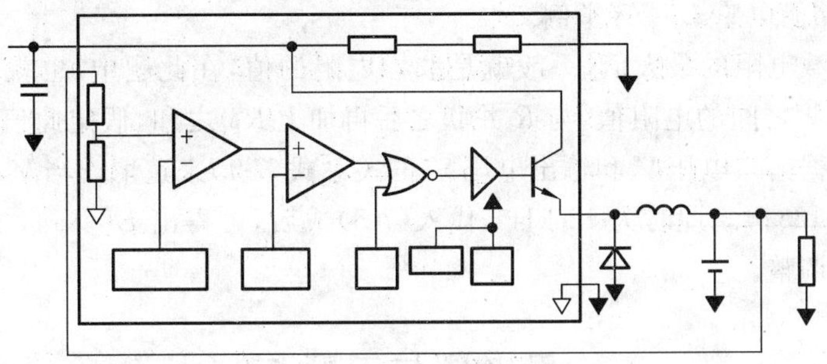

图 7-9 LM2576 的功能方框图

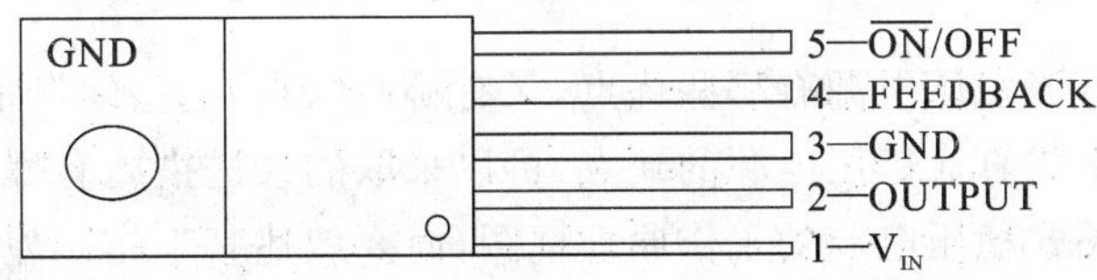

图 7-10 LM2576 的管脚排列

LM2576-ADJ 是输出电压可调型的，其技术参数如下。

(1) 输入电压为 3.5～40 V。

(2) 输出电压为 1.23～37 V，最大输出电流为 3 A。

(3) 内部振荡器固定频率为 52 kHz。

应用 LM2576-ADJ 设计的稳定电源如图 7-11 所示。

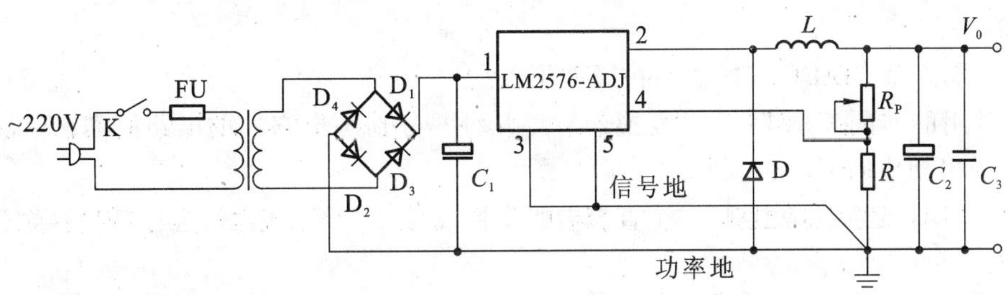

图 7-11 用 LM2576-ADJ 设计的可调输出直流稳压电源

设计该电路时，应注意如下几点。

(1) 由于 LM2576-ADJ 是降压型开关稳压芯片，因此，应该根据输出电压的最大调节范围来设计直流输入电压的大小，从而决定工频变压器的设计。

(2) 输入滤波电容 C_1 的大小，可按 $C = I_{om} \times 1\ 000$ 这个经验公式计算，即每输出 1 A 的电流就对应 1 000 μF 的电容器，耐压为 63 V 即可。续流二极管的选择方法可参照 LM2575 的设计电路进行。

(3) 储能电感的大小，可按如下公式进行估算，再经试验调整。

$$L = R_{Lmax}(1 - \delta_{min})/2f_{min} \tag{7-5}$$

式中：R_{Lmax} 为负载电阻最大值；δ_{min} 为最小脉冲占空比；f_{min} 为电源的最小工作频率。

(4) 输出电压的大小可由以下公式决定。

$$V_0 = V_{REF}(1 + R_P/R) \tag{7-6}$$

式中：V_{REF} 为 1.23 V，是 LM2576-ADJ 内部的基准电压源，R_P、R 为图中分压电位器及电阻的阻值。

【例 7-1】 储能电感 L 计算举例。

开关电源负载电阻的最大值，一般就是取样电阻的值，在此题中，也就是芯片 LM2576-ADJ 的 3 脚和 4 脚之间的电阻值，与 R 并联之后再加上 R_P 之和，假定此值为 $R_{Lmax}=1\ k\Omega$；最小占空比应根据输入电压 V_i 和输出电压 V_0 的关系式(7-1)来选取。当 $V_i=40\ V$，$V_0=5\ V$ 时，求得 $\delta_{min}=0.125$；f_{min} 此时为 52 kHz，代入(7-5)式后，可得出 $L=8.41\ mH$。最后，再通过实验来检验和调整。

思考题与习题 7

7.1

1. 串联调整式直流稳压电源有哪些优点，又有哪些缺点，这些缺点是怎样产生的？

2. 针对串联调整式直流稳压电源的缺点，可以采取的改进措施有哪些？

3. 画出串联开关式稳压电源的工作原理框图，简要叙述其工作原理。

4. 对于串联开关式稳压电源，调控输出电压 V_0 的方法有几种，请分别给予简要论述。

5. 绘制图 7-2，简要叙述该原理图中各元件的作用。

6. 比较串联调整式和串联开关式两种直流稳压电源的异同点。

7. 在图 7-2 中，R_7 有什么作用？去掉它行不行？

8. 如果将图 7-2 所示的开关电源最大输出电流从 3 A 减小为 1 A，电路中的哪些元件可以更换为低容量的？

9. 在图 7-2 中输出电压 V_0 的大小取决于哪些因素？

7.2

1. 非隔离型 DC-DC 变换器的特征是什么？

2. 常用的非隔离型 DC-DC 变换器有哪几种？分别画出它们的电路原理图，说明其工作原理，导出相应的 $V_0 \sim V_i$ 关系式。

3. DC-DC 变换器，就是将一个直流电压变换成另一个直流电压，这有何实际意义？

7.3

1. 调查市场上有无开关式集成稳压器芯片 LM2575 及 LM2576-ADJ 出售，价格是多少？市场上有无其他类似功能的芯片出售？

2. 试设计一个输出电压为 12 V，输出电流可达 1 A 的开关式稳压电源。

第8章 无工频变压器的开关电源

上一章所介绍的串联型开关稳压电源虽然提高了效率，减小了体积和重量，但仍然有工频变压器和低频滤波电路，使得电源仍然显得较为笨重，并且效率也不够高。因此，人们又成功地研制出了无工频变压器的开关电源，取而代之的是逆变电路和高频变压器，以及高频整流器，这一措施使得开关电源的效率进一步提高，体积和重量进一步减小。

8.1 无工频变压器开关电源的原理框图

目前有关开关电源的资料、书籍很多，对于开关电源还没有一个严格的统一的定义，因此有必要对本章所介绍的无工频变压器开关电源给出一个明确说法，其原理性结构框图如图 8-1 所示。

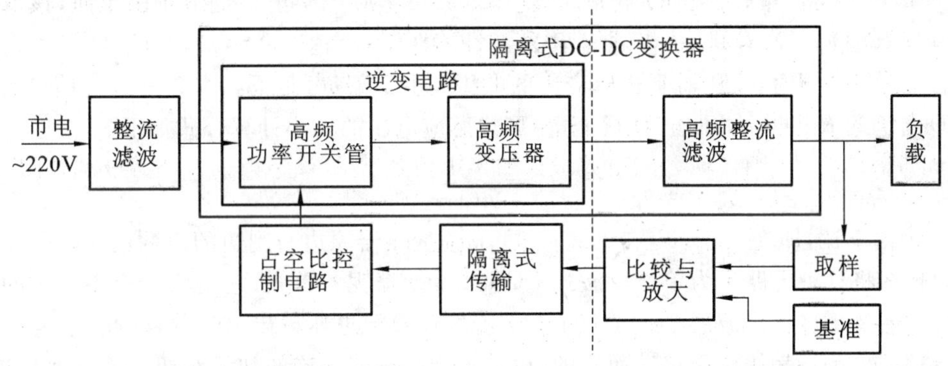

图 8-1 无工频变压器开关电源原理框图

由图 8-1 可以看出，无工频变压器开关电源主要由九大部分的电路组成，其中左边五大部分和右边四大部分之间有一条虚线隔开。这表示左边的电路和右边的电路是不共地的。这类开关电源一般来说比较安全。左边的电路由交流 220 V 经整流滤波后得到约 310 V 的直流电压。由高频功率开关管和高频变压器组成的逆变电路，将 310 V 的直流电变成了高频变压器次级输出的频率较高的交流电，将此高频交流电再经过整流滤波就得到负载所需要的直流电压。多数情况下输出电压是低压直流电。其中，频率由设计者根据多种因素决定，目前一般为 20～100 kHz。为了使输出电压稳定，采用了反馈调节技术，将输出电压取样，与一个基准电压进行比较后，将放大信号通过隔离的形式传输，由占空比控制电路来控制高频功率开关管的导通和截止，从而实现输出电压的稳定。所谓隔离式传输，可能使用变压器，也可能使用光电耦合器。在有些情况下，逆变电路和占空比控制电路、隔离式传输等是融合在一起的，很难分开，但在多数情况下，还是能大致分成如图 8-1 所示的九大部分。

在图 8-1 中由高频功率开关管和高频变压器两个部分电路组成的电路，称为逆变电路，简称为逆变。此过程是通过开关管的开关作用和高频变压器的变压，将直流电变成了所需频率及幅度的交流电，因此这个过程又称为逆变。逆变器在很多场合都得到了应用。

如果把逆变器和高频整流滤波电路组合在一起，则称为隔离型 DC-DC 变换器。

大多数无工频变压器开关电源都是由隔离型 DC-DC 变换器组成。从电路结构上来看，多数文献将隔离型 DC-DC 交换器分为五种类型，它们分别是单端反激式、单端正激式、推挽式、半桥式和全桥式。下面将分别进行介绍。

8.2 单端反激式 DC-DC 变换器

1. 单端反激式 DC-DC 变换器的主电路

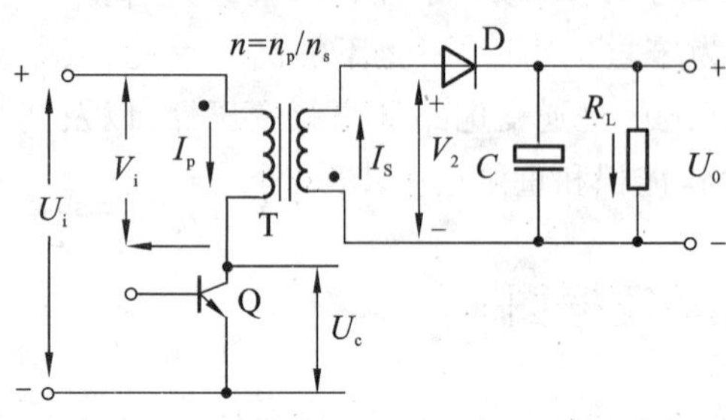

图 8-2 单端反激式 DC-DC 变换器主电路

图 8-2 为单端反激式 DC-DC 变换器的主电路。图中高频功率开关管 Q 和高频变压器 T 的原边串接，接入直流电压 U_i，即经市电整流滤波后得到的约 310 V 的直流电压。当 Q 导通时，U_i全部加在变压器的原边，原边电压为上正下负，副边感应电压为下正上负，二极管 D 截止，电容 C 靠上一周期储存的电量向负载 R_L供电，以维持输出电压 U_0 基本不变，显然，这个时间不可能很长。当 Q 截止时，变压器原边感应产生出上负下正的电压，该电压大小亦为 U_i，Q 虽关断，但其 c-e 极之间承受了 2 倍的 U_i，高达 600 多伏，因此，Q 必须选用耐高压的功率管。同时，变压器副边感应出的电压是上正下负，变压器将 Q 导通时储存的能量通过 D 向负载 R_L供电，并向电容 C 充电，副边感应电压的大小计算公式如下。

$$U_0=\frac{\delta U_i}{n(1-\delta)}$$

式中：δ 为占空比，即 $\delta=T_{on}/T$，参见式(7-1)；n 为变压器原边与副边的匝数比，即 $n=n_p/n_s$。

为什么将这种电路称为单端反激式 DC-DC 变换器呢？首先，它是将一个不稳定的直流电压通过逆变、整流、滤波后变成了一个较为稳定的直流电压输出给负载，因此，它是 DC-DC 变换器；其次，单端是相对于双端而言的，单端是指高频变压器的初级绕组只有一个线圈，没有中心抽头，也不像后面介绍的半桥、全桥、推换式变换器那样都有两个端子轮流地与输入电压 U_i的正极相连通，因此称为单端；第三，从上面的论述可以看到，高频变压器的原边有电流通过时，副边中是没有工作电流的，反之，当原边没有电流流通时，副边中有电流通过，原、副边中电流的相位是相反的，因此称为反激，反激是相对于后面所要介绍的正激而言的。当高频变压器的原、副边同时有电流流通时，这样的变换器，其工作方式就称为正激。

2. 自激型单端反激式 DC-DC 变换器

对于图 8-2 所示的单端反激式 DC-DC 变换器主电路，自己是无法正常工作的，必须增加控制功率开关管 Q 按一定周期开和关的激励电路。对于所有的开关电路，从原理上来说，激励电路可以是自激型的，也可以是他激型的。下面就来介绍以图 8-2 为基础，增加自激型激励电路后所形成的自激型单端反激式 DC-DC 变换器，如图 8-3 所示。

变换器的工作过程如下：接通电源 U_i后，通过 R_1、R_2分压，向开关管 Q 提供了一个基极偏置电压，从而产生了基极电流，继而得到集电极电流，集电极上接有高频变压器的初级线圈 L_P，由于电感的惯性作用，它会产生上正下负的感应电压，同时变压器的反馈绕组 L_f则感应出下正上负的电压，这使得开关管 Q 很快地进入饱和导通状态，Q 进入饱和导通后，由于反馈绕组的作用，使得 Q 的基极电流越来越大，从而使得集电极电流也越来越大，直到 R_3上的电压大到使基极电流不再增长，一旦 I_B停止增长，I_C也会停止增长，这时 L_P上的感生电动势就会反向，变成下正上负，从而使 L_f、L_s也都反向，L_f反向的结果，使得 Q 很快截止，在 Q

截止期间 L_s 的电压是上正下负，它通过 D 向负载供电，并同时向 C 充电，当储存在高频变压器中的磁能得到释放，L_f 中的下负上正电压减少到一定程度，使得 R_2 上的电压又可以使 Q 导通时，电路又开始了下一个周期的导通与截止过程，周而复始地通过 Q 的导通和截止，电能从 L_p 传到 L_s 进而传向负载。

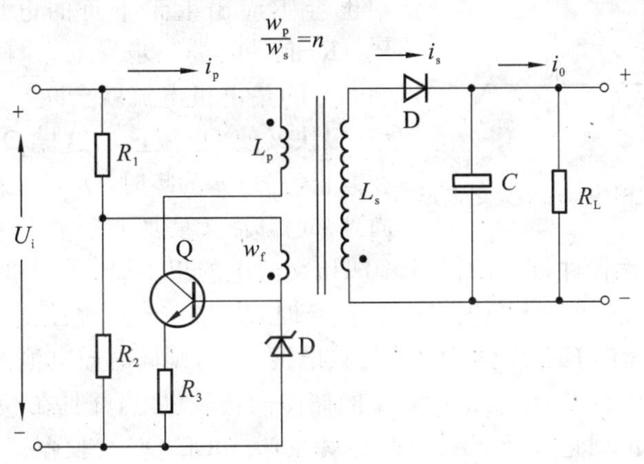

图 8-3　自激型反激式 DC-DC 变换器的基本电路

这类模拟电路的特点是各元件参数的选取非常重要，一般先通过估算，进而由实验来确定最佳参数，因而需要付出较大的工作量，能掌握定性的分析和定量的估算对指导实验是非常重要的。

3. 自激型单端反激式 DC-DC 变换器的应用

自激型单端反激式 DC-DC 变换器，又可称为自激型单管反激式 DC-DC 变换器，因为它只使用了一个晶体三极管便完成了变换工作。这种电路的优点是结构简单、调试容易、工作可靠，缺点是变换器的工作频率随着输出功率及输入电压的变化而变化，晶体管的集电极电流从零开始线性增长，当工作频率低时，效率较低，因此这种变换器只适合于小功率输出的场合。下面举例说明。

手机使用可充电的电池，需要经常充电，因此手机电池充电器是一种需求量极大的电子消费品。一种万能手机充电器的电路原理图如图 8-4 所示。

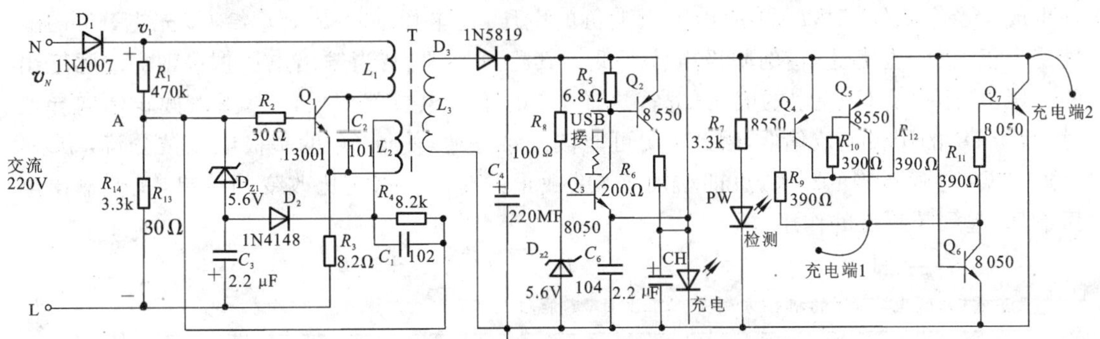

图 8-4　JC820 型手机万能充电器电路原理图

此充电器的电路主要分为两部分，以 Q_1 和高频变压器 T 组成开关电源，Q_2 和 Q_7 组成充电、自动检测及显示电路。

当接通电源后，二极管 D_1 对 220 V 的交流电进行半波整流，得到的是一个脉动的直流电压，并且在负半周时没有输出。因此，图 8-4 中，v_N、v_1 的波形如图 8-5 所示。

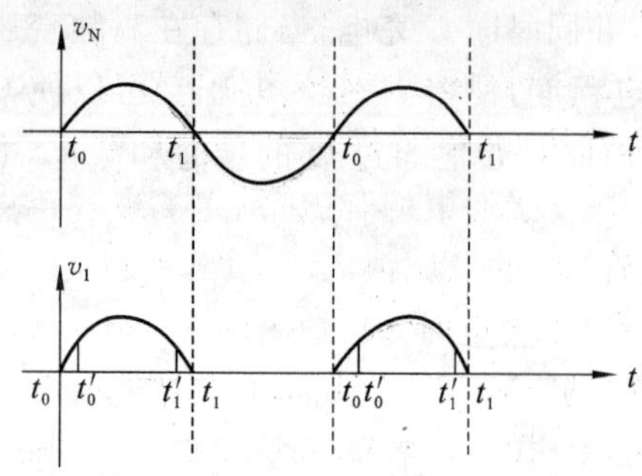

图 8-5　充电器电原理图中 v_N、v_1 处之波形

v_1 为正电压时，R_1 和 R_{14} 分压，Q_1 获得基极电压，于是产生基极电流，此基极电流被放大，产生集电极电流，集电极电流要通过高频变压器 T 的初级线圈 L_1，在 L_1 感应出上正下负的电压，同时在 L_2 中也会感应出上正下负的电压，此电压通过 R_4、R_{13}、R_2 使 Q_1 进一步导通，瞬间使 Q_1 进入饱和状态，Q_1 的集电极电流就会减小，而通过 L_1、L_2 的作用，很快又使 Q_1 截止①，这样 Q_1 便周而复始地导通和截止，直到 v_1 为零时，Q_1 停止振荡。当下一个正半周到来时，Q_1 又重复上一个正半周的振荡，故 Q_1 是一个间歇振荡器的功率器件，它仅工作于 50 Hz 交流电的正半周。

当 L_1 的感应电压为下正上负时，即 Q_1 截止时，L_3 感应出的电压是上正下负，此时 D_3 导通，高频变压器的储能向 C_4 充电，此时若外接电池充电，则同时向电池充电。当 Q_1 导通时，L_3 感应的电压是下正上负，D_3 截止，由 C_4 的储能向负载供电，并且在 Q_1 停振时，也要由 C_4 向负载供电。因为 Q_1 截止时，D_3 导通，故称为反激式 DC-DC 变换器。

图中 A 点的电压为　$$v_A=\frac{v_1\times 3.3}{470}=0.0702v_1$$

当 v_1 为 $\sqrt{2}\times 220\ \text{V}=311.08\ \text{V}$ 时，则 $v_A=2.184\ \text{V}$

为了使 $v_A>0.7\ \text{V}$，则 $\frac{v_1\times 3.3}{470}\geqslant 0.7$，那么 $v_1\geqslant 99.7\ \text{V}$。

因为 $v_1=\sqrt{2}\times 220\sin\omega t$，则此时

$$\sin\omega t=\frac{99.7}{\sqrt{2}\times 220}=0.320\ 6$$

可得　$$\omega t=18°42'$$

这说明 Q_1 开始起振的时间不是在 t_0，而是在 t'_0，则有

$$\omega t'_0=18°42',\omega t'_1=180°-180°42'$$

见图 8-5，t'_0 至 t_1' 区间是 Q_1 不断开关的时间，因此，Q_1 构成间歇式振荡器。

该自激式开关电源具有简单的稳压措施。稳压电路由反馈绕组 L_2 及 D_{Z1}、D_{Z2}、C_3 等元件组成。当 Q_1 截止时，L_2 感应出下正上负的电压，此电压通过 R_3、D_2 给 C_3 充电，C_3 的极性是下正上负，这使得 D_{Z1} 的阳极电位变低。其稳压原理为：当输出电压偏高时，L_2 感应出的电压也升高，给 C_3 充电的电压也高，这样 D_{Z1} 的阳极电位就偏低，当 Q_1 由截止转向导通时，由于 D_{Z1} 的阳极电位偏低，因此，D_{Z1} 可能被击穿导通，使得 Q_1 的基极电流被分流，结果，延迟了 Q_1 导通时刻的到来，也即增加了 Q_1 截止的时间。占空比改变的结果，是使输出电压下降，起到了稳压的作用。

注意：电解电容 C_3 的极性方向是下正上负，不能接反了。

下面再来分析输出电路，即充电电路部分的工作原理，如图 8-4 所示。

当 Q_1 截止时，D_3 导通，将高频变压器初级线圈 L_1 的储能由 L_3 向 C_4 充电，空载时，C_4

① 使 Q_1 很快截止的因素，还因为 C_1 上的充电电压的升高。C_1 上电压的升高使 V_{be} 减小，I_b 减小，I_c 减小。截止后 C_1 会通过 R_4 放电，为下一次导通做好准备。

两端电压可达 9 V。

R_8 和稳压管 D_2 相串联，构成 Q_3 的偏置电路，Q_3 是射极跟随器，又称为射极输出电路，这种电路的特点是输入电阻大，输出电阻小，充电电流就从 Q_3 的 e 极输出。不充电时，R_7 和 PW(红色发光二极管)是射极跟随器的负载。因此，一旦接通电源，红色发光二极管会点亮，否则表示电路出现故障，应当检修。由于稳压二极管 D_{Z2} 的稳压值为 5.6 V，所以 Q_3 的射极输出电压被稳定在(5.6－0.6)V＝5.0 V 左右。给电池充电时，Q_3 输出的 5 V 电压，还要经过两个硅三极管 Q_4、Q_7（或 Q_5、Q_6）的饱和管压降（约 0.6 V），故实际加在被充电电池两端电压只有 4.4 V，甚至更低。而手机电池正常时为 3.7 V～4.2 V，若低于 3.5 V，则需要充电了。Q_2 和七彩二极管 CH 构成充电指示电路。接通电源后，未充电前，红色发光二极管 PW 亮，但 CH 不闪烁，因为此时 Q_2 的基极电位不够低，Q_2 导通不够，或没有导通，故接在 Q_2 集电极上的 CH 不能工作。当充电工作开始时，流过 Q_3 的电流增大，因此流过 R_5 的电流增大，致使 Q_2 的基极电位下降，这使得 Q_2 进一步导通，从而使得通过 CH 的电流增大，因此就开始闪烁了，当电池充电完成后，Q_2 的基极电位又回升到原来的状态，因此 CH 又停止工作，表示充电结束。

Q_4、Q_5、Q_6、Q_7 组成电池极性自动识别电路，并对电池进行充电。也就是说，两个充电输出端不分正、负极，对电池进行充电时，用户可以随便接，只要将两个充电端分别对准被充电池的正负极即可。这可以方便用户使用 Q_4 至 Q_7 组成的电池极性识别电路具有能自动识别电池的极性，让充电电流从被充电电池的正极流向负极的功能。这其实是设计者综合运用晶体三极管的开关特性和桥式电路的工作特点的结果。如图 8-6 所示，由四个开关组成的桥式电路，只要按需要控制对边开关的通与断，就可以控制电阻 R 中电流的方向。当 Q_4 和 Q_6 同时导通时，R 中的电流是由 2 端流向 1 端；而 Q_5 和 Q_7 同时导通时，R 中的电流由 1 端流向 2 端。

如果将图 8-4 中的 Q_4～Q_7 和 R_9～R_{12} 组成的电路等效变换一下，如图 8-7 所示。在图 8-7 中，用四个三极管代替了图 8-6 中的四个关开。三极管 Q_4～Q_7 组成的桥式开关电路，具有自动识别被充电电池的极性的功能。例如，当用户将被充电电池的正极接 2 端，负极接 1 端时，如图 8-7 所示，则被充电电池的残余电压会迫使 Q_4、Q_6 饱和导通，而 Q_5、Q_7 截止，此时的充电回路是：+5 V 电源（即 Q_3 的 e 极）→Q_4→被充电电池→Q_6→公共地端。

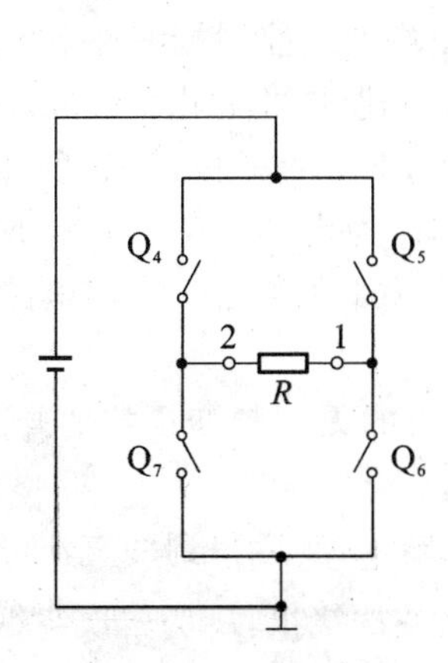

图 8-6　由四个开关组成的桥式电路

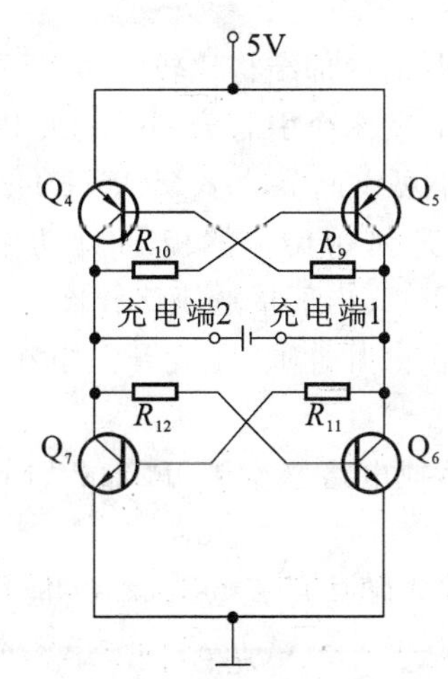

图 8-7　Q_4～Q_6 组成的桥式开关电路

反之，当用户将被充电电池的正极接 1 端，负极接 2 端时，则被充电电池的残余电压会

迫使 Q_5、Q_7 饱和导通，而 Q_4、Q_6 截止，此时的充电回路是：+5 V 电源（即 Q_3 的 e 极）→Q_5→被充电电池→Q_7→公共地。

上述过程说明，由 Q_4～Q_7 组成的桥式开关电路，具有简单的智能，它总能保证充电电流是从被充电电池的正极流入，而从负极流出，不管用户如何接入被充电电池。

事实上，由 Q_4、Q_5 两个 PNP 管和由 Q_6、Q_7 两个 NPN 管分别构成了两个双稳态触发器。双稳态触发器具有记忆功能和触发功能，是数字电路的基本单元，也是计算机 CPU 中的基本单元电路。

4. 单片集成开关稳压电源

随着技术的不断发展，无工频变压器的开关电源也逐步地实现了集成化，即采用集成电路技术制造各种各样的开关电源。全世界生产单片集成开关电源的著名厂商有十几家，如美国电源集成公司（Power Integrations，简称 PI），美国 Motorola 公司、Silicon General 公司、Unitrode 公司、意法半导体有限公司（SGS-Thomsen，简称 ST）、荷兰飞利浦（Philips）公司等。

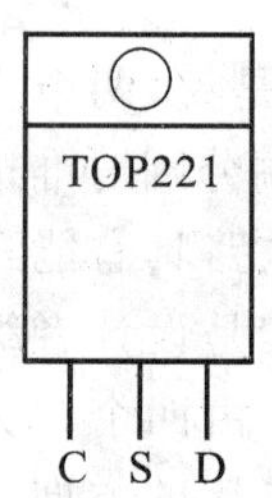

图 8-8 TOP221P 的 TO-220 封装外形

1994 年，PI 公司率先研制成功三端隔离式脉宽调制型单片开关电源。1994 年生产出 Topswitch 的第一代产品，1997 年又推出 Topswitch-Ⅱ系列的第二代产品，2000 年 1 月推出的 Topswitch-FX 是第三代，11 月又推出第四代产品 Topswitch-GX。该公司还有其他多种用途和性能的开关电源。

下面介绍 Topswitch-Ⅱ系列单片开关电源的一个典型应用：用一片 TOP221P 集成电路开发的无工频变压器的单端反激式开关稳压电源。

TOP221P 有两种封装形式，其中 TO-220 封装形式如图 8-8 所示。TO-220 封装中，自带小散热片，属典型的三端器件，并且其外形与线性三端稳压块 78 系列相同，因此设计者需要注意。除此之外，TOP221P 还有 DIP-8 及 SMD-8 两种封装形式。

注意：*DIP-8 表示双列直插 8 脚封装形式，可配用 8 脚 IC 插座，SMD-8 表示表面贴片形式。*

TOP221P 的内部结构比较复杂，但可以简化为如图 8-9 所示内部结构框图。

TOP221P 的 3 个引脚分别是漏极 D、源极 S、控制端 C。控制端 C 的作用是：利用控制电流 I_C 的大小可以调节功率 MOSFET 开关频率的占空比 δ，当 I_C 由 6.0 mA 减到 2.0 mA 时，δ 由 0.17 升到 0.67。漏极 D 即功率开关管 MOSFET 的漏极，该管的漏-源击穿压为 $U_{(BR)DS} \geqslant 700$ V，其内部接过流比较器的一端。源极 S 即为内部功率开关管 MOSFET 的源极，并且与小散热片连通，作为开关电源的一次侧的公共地（参见其应用电路原理图，如图 8-10所示）。

一个由集成电路芯片 TOP221P 加上外围元件构成的无工频变压器的开关式稳压电源如图 8-10 所示。

电源的输入端接直流电压 U_i，U_i 是市电经桥式整流、滤波后得到的直流电压，正常时一般为$\sqrt{2} \cdot 220$ V=311 V 左右。T 为高频变压器，L_P 为一次绕组，L_S 为二次绕组，L_F 为反馈绕组。图中圆点表示各绕组的同名端。

当接通电源后，TOP221P 在内部自动启动电路的作用下，MOSFET 开始工作，当其导通时，L_P 储存能量，当其关断时，二次绕组 L_S 的感应电压为上正下负，D_2 导通向负载供电。

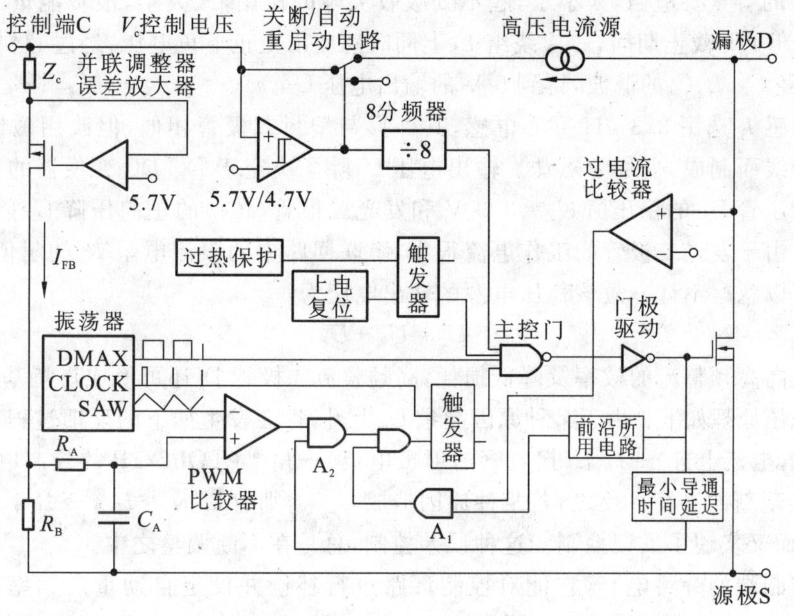

图 8-9　TOP221P 内部结构框图

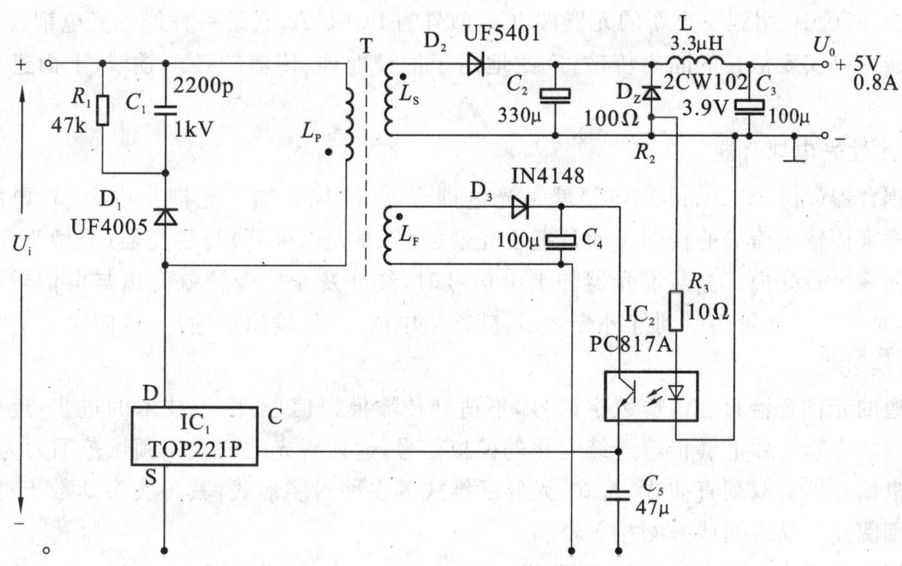

图 8-10　输出为 5 V、0.8 A 的无工频变压器的集成电路开关稳压电源

因此，这个电路的工作模式属于单端反激式 DC-DC 变换器。由于 TOP221P 内部振荡器的频率设计高达 100 kHz，因此，高频变压器及高频滤波器的体积都可以大为减小。

由于当 MOSFET 关断的瞬间，L_P会产生感应的电动势，此电势的方向为下正上负，与电源的直流输入电压U_i叠加之后，可高达 680 V，这就要求 MOSFET 至少能承受 700 V 的高压，即要求 MOSFET 的参数 $U_{(BR)DS}\geqslant 700$ V，同时还必须在漏极增加钳位电路，用以吸收尖峰电压，保护 TOP221P 中的 MOSFET 不受损坏。钳位电路由 D_1、R_1、C_1 组成。D_1 必须选用反向耐压为 600 V 的快恢复二极管，如 UF4005。当 MOSFET 导通时，L_P的电压极性是上正下负，D_1 截止，钳位电路不起作用，C_1 通过 R_1 放电，为下次工作做好准备。在 MOSFET 截止瞬间，L_P突然产生下正上负的感应电压，此时 D_1 导通，向 C_1 充电，尖峰电压被

C_1吸收。C_1的容量要适当，太小了，起不到吸收尖峰的作用，太大了，浪费能量、影响输出功率。在 MOSFET 截止期间，二次绕组 L_S上同时感应出上正下负电压，经过超快恢复二极管 D_2整流，再经 C_2、L、C_3的滤波，得到 5 V 的输出电压 U_0。

滤波电感 L 选用 3.3 μH 穿心电感，其外形与塑封二极管相似，但改用磁性材料封装，内穿一根导线而制成，也称为磁珠。输出电压 U_0除了决定于 DC-DC 变换器的有关参数外，最后是由稳压管 D_Z 的稳压值 $U_Z=3.9$ V 和发光二极管(IC_2)的正向压降 U_F(约 1 V)之和来决定的。由于发光二极管的工作电流很小，串联回路中的限流电阻 R_1的阻值很小，故 R_1上的压降可以忽略不计。故该稳压电源的输出电压为

$$U_0=U_Z+U_F$$

为了提高高频整流的效率及降低损耗，高频整流二极管 D_2还可换成肖特基二极管。

U_0的稳压原理如下。由于某种原因导致 U_0上升，将会发生如下的反馈过程：$U_0\uparrow\rightarrow I_F\uparrow$(发光二极管电流上升)$\rightarrow I_E\uparrow$(接收管的射极电流)$\rightarrow I_C\uparrow$(TOP221P 的控制电流)$\rightarrow\delta\downarrow\rightarrow U_0\downarrow$直到实现新的平衡。反之，若某种原因造成 $U_0\downarrow$，则有 $U_0\downarrow\rightarrow I_F\downarrow\rightarrow I_E\downarrow\rightarrow I_C\downarrow\rightarrow\delta\uparrow\rightarrow U_0\uparrow$，从而又实现了反馈控制。这种误差控制，总是在不断调整之中。

C_5为控制端的旁路电容，它能对控制环路进行补偿并设定自动重启频率。当 $C_5=47$ μF 时，自动重启频率为 1.2 Hz，周期为 0.83 s，即每隔 0.83 s 检测一次调节失控的故障是否已被排除，若确认已被排除，则自动重新启动开关电源恢复正常工作。

在图 8-10 中，用到一个新的元器件 IC_2，型号为 PC817A，它是一种线性光电耦合器。光电耦合器可以实现信号的隔离传输，广泛地用于信号处理、传输的各个领域，下面进行详细介绍。

5. 线性光电耦合器

光耦合器(optical coupler，OC)就是光电耦合器，简称光耦。光耦是以电-光-电的两次转换方式来传输电信号的器件。通常把发光器(红外发光二极管)与受光器(光敏半导体管)封装在同一个管壳内。当给发光器加上电信号时，红外发光二极管就发出与电信号相关的红外光，光敏半导体管接收到红外光之后，就产生电流，并从输出端输出，从而实现了“电-光-电”的转换过程。

普通的光耦合器只能传输数字信号，不适合传输模拟信号，由于技术的进步，近年来研究出的线性光耦合器能够传输连续变化的模拟信号，这使得光耦的应用领域范围大为拓宽。

光电耦合器有双列直插式、管式、光导纤维式等多种封装形式，其种类多达数十种，使用前要仔细阅读产品说明或查阅相关资料。

常用的几类光电耦合器如图 8-11 所示。

光电耦合器的特点是单向传输信号，输入与输出完全实现了电气隔离，抗干扰能力强，寿命长，传输效率高。在开关电源中，常利用线性光电耦合器构成反馈回路，实现反馈控制，达到稳定输出电压的目的。

描述光耦特性和品质的技术参数，要注意输入端发射二极管的正向压降 U_F和正向电流 I_F，输出端的接收三极管 c-e 极反向击穿电压 $U_{(BR)CEO}$和饱和管压降 $U_{CE(SET)}$。另外，输出端对输入端的响应，电流传输比 CTR(current transfer rate)是光耦的重要性能参数，其定义为直流输出电流 I_C与直流输入电流 I_F之比，即

$$CTR=\frac{I_C}{I_F}$$

通用型光耦的 CTR 的范围大多为 0.2～0.3，而达林顿型的光耦可达 1.0～50.0。

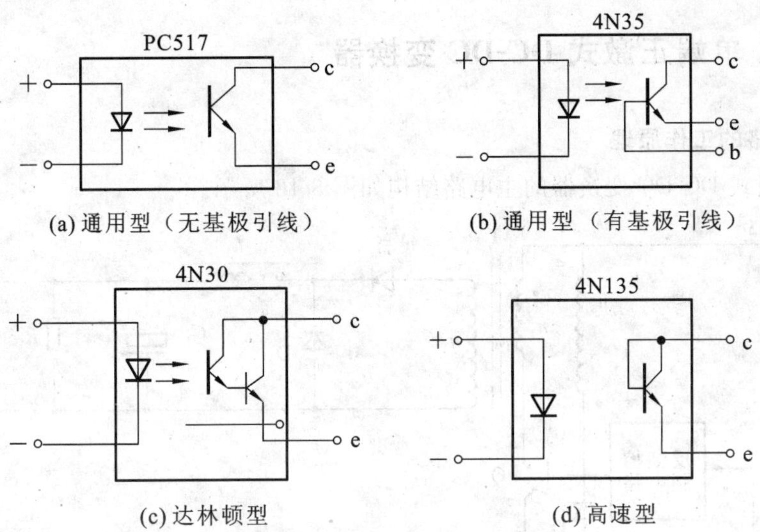

图 8-11　常用的光电耦合器

目前，世界上生产线性光耦的厂商和产品型号，如表 8-1 所示。

表 8-1　常用线性光耦产品型号及主要参数

产品型号	CTR	U_{RRCCO}/V	生产厂	封装形式
PC816A	0.8～1.6	70	夏普	DIP-4 基极未引出
PC817A	0.8～1.6	35		
SFH610A2	0.63～1.25	70	西门子	
NEC250I-H	0.8～1.6	40	NEC	
CNY17-2	0.63～1.25	70	Motorola	DIP-6 基极引出
CNY17-3	1.00～2.00	70	西门子	
SFH600-1	0.63～2.25	70	西门子	
SFM600-2	1.00～2.00	70		
CNY75GA	0.63～1.25	90	TEMIC	
CNY75GB	1.00～2.00	90		DIP-6 基极引出
MOC8101	0.50～0.80	30	Motorola	
MOC8102	0.73～1.17	30		

在设计光耦反馈式电路来控制开关电源的输出电压时，必须选择线性光耦，并且其 CTR 的允许范围应是 0.50～2.00。这是因为当 CTR<0.5 时，光耦中的红外二极管需要较大的工作电流，即 I_F>5.0 mA 时才能正常控制开关电源的占空比，这样会增大光耦的功耗；若 CTR>2.00，在启动电路或者当负载发生突变时，有可能将开关电源误触发，影响正常工作。

需要注意的是，目前由英国 Isocom 公司、美国 Motorola 公司生产 4N××系列（如 4N25、4N26、4N35）光耦，在我国销售、应用较多，但这种光耦线性度差，呈现开关特性，适宜传输数字信号而不宜在开关电源的反馈控制中选用。

8.3 单端正激式 DC-DC 变换器

1. 主电路的工作原理

单端正激式 DC-DC 变换器的主电路结构如图 8-12 所示。

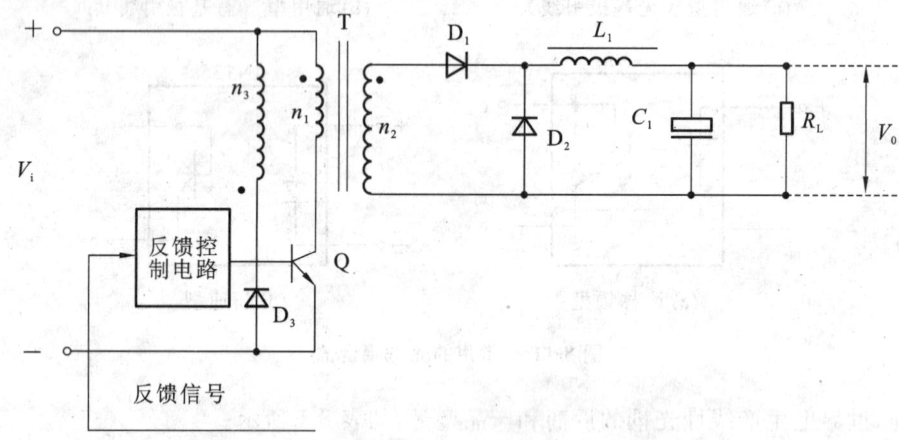

图 8-12 单端正激式 DC-DC 变换器的主电路

图中，T 是高频变压器。Q 是高频功率开关管，Q 受反馈控制电路的控制，进行有规律的开关动作。D_1是输出端高频整流二极管，D_2是续流二极管。L_1为滤波电感，C_1为滤波电容，R_L为用电负载。高频变压器有三个绕组，n_1为原边绕组，n_2为次边绕组，n_3是高频变压器的磁复位绕组，它与二极管 D_3相配合，实现高频变压器的磁复位功能。其与单端反激式 DC-DC 变换器的主要区别，就在于正激式变换器必须增加磁复位绕组 n_3。

正激式变换器的工作过程如下。当直流输入电压 V_i接通后，Q 在反馈控制电路的控制下，进行有规律的开关动作，当 Q 导通时，原边绕组感应出上正下负的电压，根据图中标注的同名端所示，次边绕组也感应出上正下负的电压，此电压使高频整流二极管 D_1导通，n_2向 L_1、C_1、R_L供电，电能是从高频变压器通过电磁感应转送过来的。注意绕组 n_3此时感应的电压是下正上负，故 D_3截止。当 Q 截止时，n_1感生出下正上负的电压，此电压和 V_i相串联，使得 Q 的集射极之间有很高的电压，要注意对 Q 采取保护措施，增加保护电路。同时，n_2也感应出下正上负的电压之后，故二极管 D_1截止，L_1通过续流二极管 D_2向 R_L供电，同时电容 C_1也可以向 R_L供电，维持了 R_L上的输出电压 V_0基本不变。n_3和 D_3的作用这时使显现出来，根据同名端可知，Q 截止时，n_3感应出上正下负的电压，该电压使 D_3导通，对 V_i进行反充电。由于 n_3中的电流方向与 n_1中的电流方向相反，故使得高频变压器得以磁复位。如果没有绕组 n_3，那么高频变压器会出现磁饱和，这样就可能造成 n_1的电感量下降，从而烧毁开关管 Q。为了实现磁复位，通常应使 $n_3=n_1$，并且采用双线并绕的耦合方式。

开关管 Q 的反馈控制电路，目前的技术，一般由集成电路芯片和少量的外围电路共同组成。

单端正激式变换器除单管正激变换器外，还有双管串接正激变换器，由于篇幅所限，这里不再介绍，有兴趣的读者，可参考有关文献。

2. 应用举例

一个根据单端正激式 DC-DC 变换器的工作原理设计的实际应用电路如图 8-13 所示。

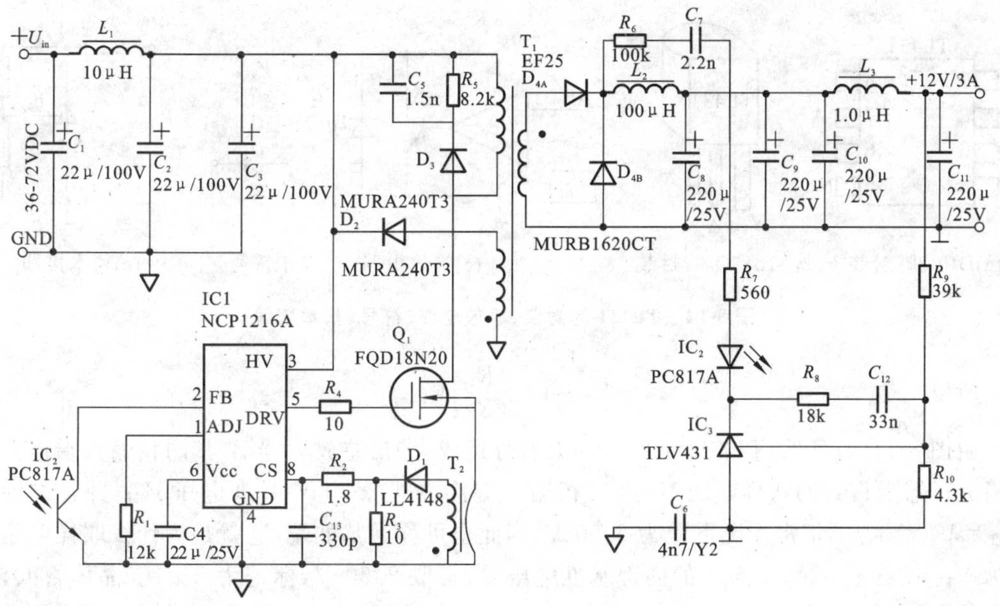

图 8-13 单端正激式开关稳压电源原理图

该电路的输入电压要求是直流 36～72 V，输出电压为 12 V，输出电流 3 A，工作频率为 100 kHz，转换效率为 85%，具有过压、过流和短路保护功能。

该电路中 IC_1(NCP1216A)是 PWM 型电流模式的集成控制器，用于控制 MOS 场效应管 Q_1 的通断。电容 C_1、C_2、C_3 和电感 L_1 组成输入滤波电路。二极管 D_3 与 C_5、R_5 组成一次缓冲钳位电路，用于抑制来自于一次线圈和复位线圈产生的漏感。当开关截止时，D_2 将磁能返回给初始的直流电源，同时使 T_1 实现磁复位。T_2、D_1 和 R_2、R_3 组成一次电流监测电路。T_2 采用电流互感器的结构可降低监测电路的功耗，提高了整机效率。二次电路中的 D_{4A} 是整流二极管，D_{4B} 是续流二极管。C_6 提供共模电流通路。电阻 R_7、R_8、R_9、R_{10}，电容 C_{12}，精密电压基准 IC_3 和光耦 IC_2 共同组成输出电压反馈检测电路，由 IC_2 送出的隔离信号反馈到一次侧后，再经 IC_1 内部识别处理，控制开关管的占空比，从而实现对输出电压的调节，以达到稳定输出电压的目的。为了抑制高频振荡，由 R_6、C_7 构成缓冲网络，并联在电感 L_2 两端，可起到一定的效果。L_2、C_8、C_9、C_{10} 组成第一级滤波器。为了减少高频噪声，由 L_3、C_{11} 组成第二级滤波器。

3. 可调精密稳压器 TL431

在设计开关电源时，可调精密稳压器 TL431 是经常用到的一种器件，详细介绍如下。

TL431 是由美国德州仪器公司(TI 公司)和 Motorola 公司生产的 2.5～36 V 可调精密稳压器。该器件广泛用于开关电源中，可构成电压比较器、电源电压监视器、延时电路、精密恒流源等。在单片开关电源中，普遍用它构成误差放大器，再与线性光电耦合器组成隔离式光耦合反馈回路。

TL431 系列产品包括 TL431C，TL431AC，TL431I，TL431AI，TL431M 和 TL431Y，共 6 种型号，属于三端可调器件。其封装形式、等效电路、符号及基本接线如图 8-14 所示。

图 8-14 中，A 为阳极，使用时需接地；K 为阴极，需经限流电阻接正电源；V_{REF} 是输出电压 V_0 的设定端，外接电阻分压器。由图 8-14(e)可知

$$V_0 \frac{R_2}{R_1+R_2}=V_{REF}$$

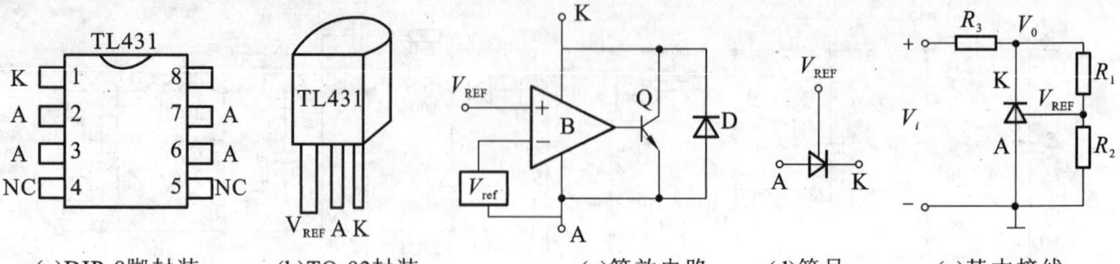

(a)DIP-8脚封装　(b)TO-92封装　(c)等效电路　(d)符号　(e)基本接线

图 8-14　TL431 的封装、等效电路、符号、基本接线

所以
$$V_0=\left(1+\frac{R_1}{R_2}\right)V_{REF} \tag{8-1}$$

由图 8-14(c)可见，TL431 主要由四大部分组成：①误差放大器 B，其同相输入端连接从电阻分压器上得到的取样电压 V_{REF}，反相输入端接内部 2.50 V 基准电压 V_{ref}，并且设计的 $V_{REF}=V_{ref}$，V_{REF}端正常情况下应为 2.50 V，因此也可称为基准端，这就是为什么取样电压仍标为 V_{REF}的缘故；②2.495 V 的内部基准电压源，常取 2.50 V，标记为 V_{ref}；③晶体管 Q，它在电路中起到调节负载电流的工作；④保护二极管 D，其作用是防止因 K-A 间电源极性接反而损坏芯片。

为了分析 TL431 稳压工作原理，可将图 8-14 中的(c)和(e)画在一起，如图 8-15 所示。

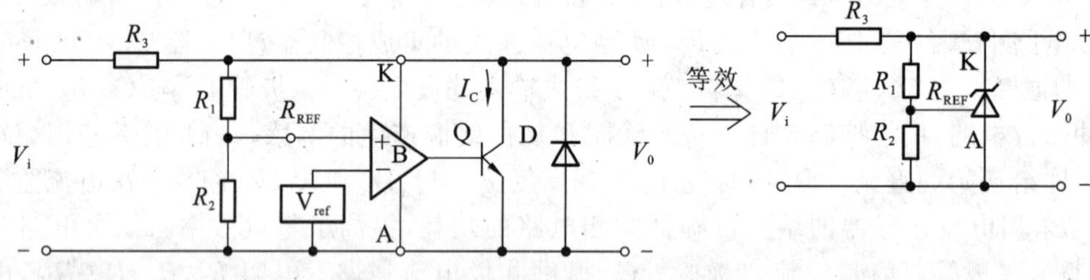

图 8-15　TL431 的基本接线与等效符号

当外电压升高，导致 V_0上升时，由 R_1、R_2组成的分压器致使 V_{REF}升高，使 $V_{REF}>V_{ref}$，误差放大器 B 输出为高电平，使 Q 导通，流过 R_3的电流进一步加大，使 R_3的电压降加大，迫使 V_0回落，直至达到 $V_{REF}=V_{ref}$，误差放大器 B 输出为零时为止。这里的误差放大器实际上是一个灵敏度很高的比较器。上述稳压过程可以简单地表示为：

$$V_0\uparrow\rightarrow V_{REF}\uparrow\rightarrow I_C\uparrow\rightarrow V_{R3}\uparrow\rightarrow V_0\downarrow$$

上面的 I_C为流过 Q 集电极的电流。

根据式(8-1)，TL431 的输出稳定电压 V_0可以根据需要，通过调节电阻 R_1与 R_2的比值来确定，而 $V_{REF}=V_{ref}=2.495$ V。

注意到在图 8-13 的单端正激式开关稳压电源的电路原理图中，所使用的精密稳压器是 TLV431。TLV431 同样是 TI 公司推出的精密稳压器，只是其芯片内部的 $V_{ref}=1.24$ V，其余的均和 TL431 一样，因此，其作为可调精密稳压器的低端电压可达 1.24 V。

8.4　推挽式 DC-DC 变换器

1. 工作原理

推挽式 DC-DC 变换器的原理性电路如图 8-16 所示。

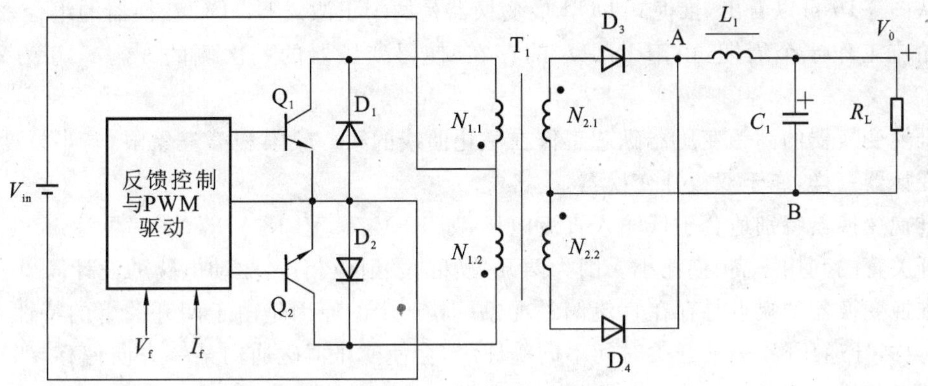

图 8-16 推挽式 DC-DC 变换器原理电路

图中，V_{in}为输入直流电压，一般为市电经整流滤波后所得到的直流电压，也可以是其他形式的直流电压。Q_1、Q_2为高频开关管，它们在反馈控制与 PWM 驱动电路的作用下按一定规律轮流导通，高频变压器 T_1的初级和次级各有两个线圈。推挽式变换器工作的时序图如图 8-17 所示。现结合该图说明变换器在半个周期内的工作情况。在 $t=0$ 时，Q_1导通，电流从 V_{in}的正极，通过初级线圈 n_{11}，经 Q_1到 V_{in}的负极形成回路。根据图中所标的变压器的同名端，可知，次级线圈 n_{21}感应出上正下负之电压使高频整流管 D_3导通，n_{21}向 L_1、C_1及 R_L供电，R_L上获得电压 V_0。此时的等效电路如图 8-18(a)所示。

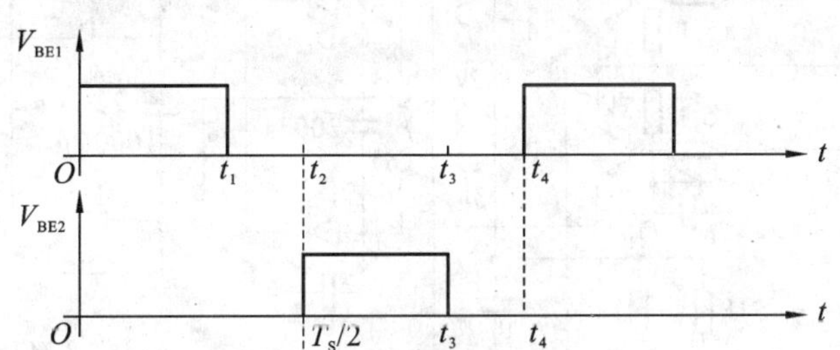

图 8-17 推挽式 DC-DC 变换器工作时序图

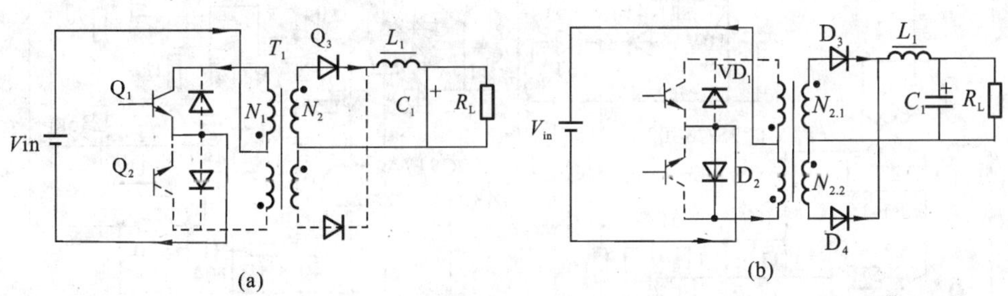

图 8-18 推挽式变换器前半个周期工作时的等效电路

在 $t=t_1$时刻，加在 Q_1上的控制电压 V_{BE1}变为零，Q_1截止，此时 Q_2仍在截止状态，在 t_1到 t_2($t_2=T_S/2$，T_S即为工作周期)这段时间内，Q_1、Q_2均处于截止状态，因此称为死区时间。在死区时间内的等效电路可参见图 8-18(b)。在死区时间，高频变压器的原边通过 D_2的导通，向电源反向充电，并使高频变压器的磁芯实现磁复位；在副边则是 L_1通过 D_3、D_4实现续流，以维持 R_L两端的电压。当 t_2到来时，PWM 驱动电路又使 Q_2导通，开始了后半个周期的工作过程。后半周期的工作过程与前半周期是类似的，读者可自行分析。

从图 8-16 可以看出，推挽式 DC-DC 变换器是两个正激式 DC-DC 变换器的组合，两个变换器轮流工作半个周期，由于 D_1、D_2 的存在，使得变压器的一次侧的 n_{11}、n_{12} 互为磁复位绕组。

推挽变换器的高频变压器磁芯工作在磁化曲线的第一象限和第三象限，与半桥变换器、全桥变换器一样，属于双极性变换器。

推挽变换器特别适合于低输入直流电压，如 12 V、24 V、48 V 等，功率可达 1 000 W 以上。开关管的利用率高、损耗小。因为两开关管的发射极相连，驱动电路的设计简单。

推挽变换器的缺点是存在直流偏磁现象。其产生的原因是由于两开关管的特性不可能完全对称，导通压降、驱动开关时间不同等原因，会使变压器磁通向某一方向偏移，严重时可能导致磁芯饱和现象的。为避免磁饱和现象的发生，在设计时就应采取相应的措施。

2. 应用电路

选择合适的控制电路芯片和设计合理的外围电路，在原理电路的基础上，就可以获得各种不同形式的应用电路，但基本原理是一致的。图 8-19 是利用集成控制芯片 TL494 设计的一款推挽式 DC-DC 变换器的稳压电源。

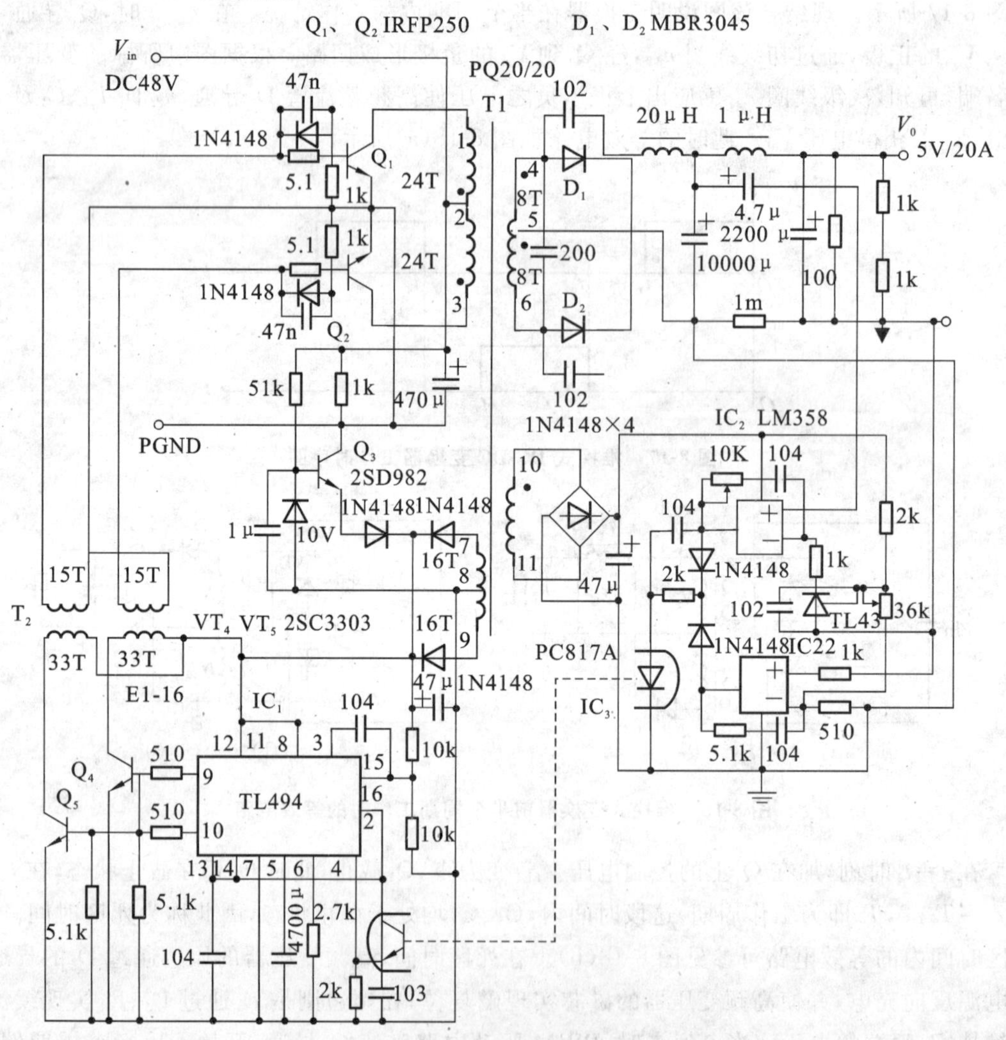

图 8-19 5 V/20 A 推挽式变换器稳压电源

在图 8-19 中，Q_1、Q_2为推挽开关功率管，T_1为高频变压器，电能由它从输入端传向输出端。T_2为控制回路的驱动变压器。T_1的绕组 7、9 两脚的电压经两个 1N4148 全波整流，再经 47 μF 电容滤波后，给集成控制芯片 IC_1(TL494)供电。

图中 IC_2为集成运算放大器 LM358，其内含两个运算放大器单元，分别标为 IC_{21}和 IC_{22}。LM358 的供电是由 T_1的绕组 10、11 两脚的电压经 4 个 1N4188 进行桥式整流、再经 47 μF 电容滤波后提供。

IC_{21}构成开关电源的电压反馈回路，用于实现稳压控制，其反相端电压为 TL431 提供的 2.5 V 基准电压，同相端加入的是输出取样电压，二者比较后输出的误差信号经过光电耦合器 IC_3，即 PC817A 隔离传输至 TL494 的 4 脚(DT 端)，由 TL494 进行处理，从而实现稳压控制。

IC_{22}用于限流保护控制，其反相输入端的电压约为 0.035 V，加入其同相输入端的比较电压，是由串接在输出回路 1 mΩ 的电阻上获得的。二者比较后，若 1 mΩ 电阻上的压降大于 0.035 V 时，IC_{22}则输出高电压，经光电耦合器 IC_3送至 TL494 的 4 脚，由 TL494 进行处理，实现过流控制。

未发生过流时，稳压控制回路起作用，过流发生时，则过流控制回路起作用。两个控制回路之间由两个 1N4148 隔离，互不干扰。二者同样是通过 PWM 控制器 TL494 实现稳压或限流的目的。

TL494 的内部结构、工作原理、管脚功能详细介绍如下。

3. TL494 的内部结构框图及管脚功能

TL494 是开关电源设计中常用的电压型脉宽调制器，它是面世较早的芯片中至今仍在使用的 PWM 集成芯片。其内部结构框图如图 8-20 所示。

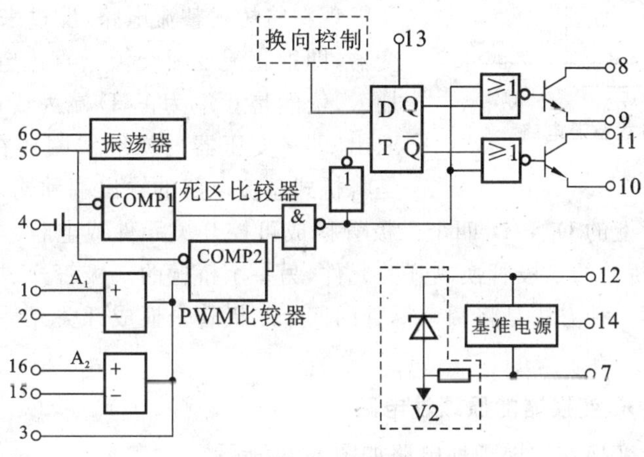

图 8-20　TL494 内部结构框图

TL494 各引脚的名称和功能介绍如下。

(1) 1 脚为误差放大器同相输入端。

(2) 2 脚为误差放大器反相输入端。

(3) 3 脚为误差放大器输出端，经 P 或 PI 电路反馈到误差放大器反相输入端。

(4) 4 脚为死区时间控制端，0 V 时占空比为 45%，3.4 V 时占空比为 0。此端常用于软启动及保护控制，亦可用于信号输入控制调节脉冲宽度。

(5) 5 脚为定时电容 C_T的接入端，通常外接定时电容 470～10 000 pF。

(6) 6 脚为定时电阻 R_T 接入端，通常外接电阻 1.8～500 kΩ。振荡器输出频率由公式 $f=(1.2)/R_TG_T$ 决定。

(7) 7 脚为地端。

(8) 8 脚为输出级 A 的集电极。

(9) 9 脚为输出级 A 的发射极。

(10) 10 脚为输出级 B 的发射极。

(11) 11 脚为输出级 B 的集电极。

(12) 12 脚为电源 Vcc，最大 40 V。

(13) 13 脚为输出模式控制端，通常与基准电压 5 V 相接，A、B 反相输出，占空比为 0.48；接 0 V 时则 A、B 同相输出，占空比为 0.96。

(14) 14 脚为基准电压 5 V 输出端。

(15) 15 脚为误差放大器 A_2 的反相输入端。

(16) 16 脚为误差放大器 A_2 的同相输入端。

8.5 半桥式 DC-DC 变换器

1. 桥式整流电路与桥式逆变器

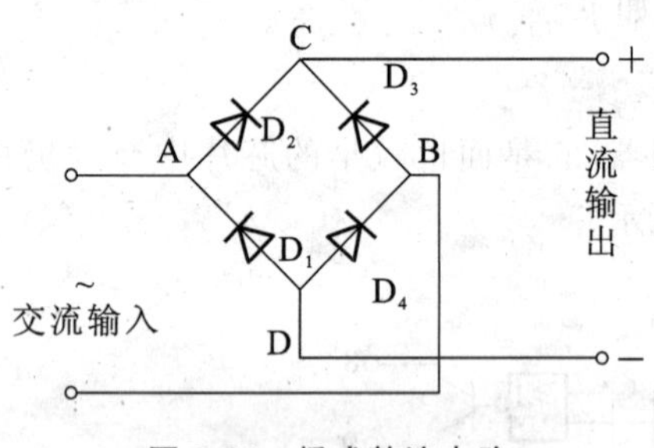

图 8-21　桥式整流电路

如图 8-21 所示的是桥式整流电路，D_1、D_2 首尾相接构成左边的桥臂，D_4、D_3 首尾相接构成右边的桥臂。A、B 两点是交流输入端，C、D 两点是直流输出端，并且 C 端为正，D 端为负。

现在将桥式整流电路，反过来应用，让它成为逆变器，即把直流变成交流。直流电压从 C 点和 D 点加入，依然是 C 端为正，D 端为负；交流从 A、B 两端取出，即将变压器的初级线圈接在 A、B 两端，也就是将桥式整流电路的输出端和输入端互易。除此之外，还要将两个桥臂上的 D_1 至 D_4 四个二极管换成可控开关元件或电容。更换方法有两种：①第一种是将一个桥臂的二极管换成开关元件，另一个桥臂的二极管换成电容，这样就成了半桥式逆变器；②第二种方法是将两个桥臂的四个二极管全换成开关元件，这样就成了全桥式逆变器。

2. 半桥式 DC-DC 变换器的原理性电路

半桥式 DC-DC 变换器的原理性电路如图 8-22 所示。

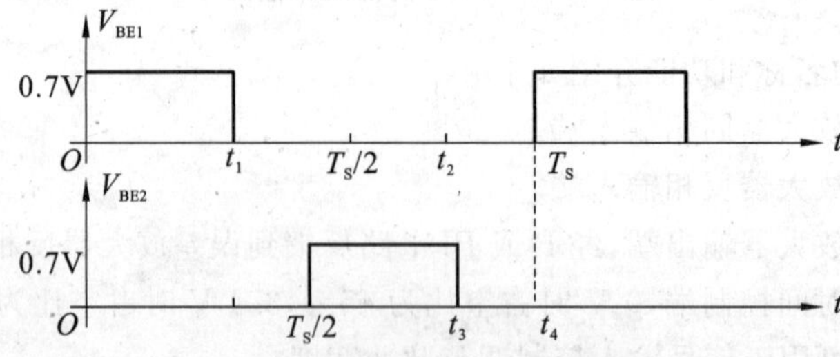

图 8-22　半桥式变换器原理性电路

图中，C_1、C_2组成变换器的一个桥臂，R_1、R_2为均压电阻，且有 $C_1=C_2$，$R_1=R_2$。功率开关管 Q_1、Q_2构成变换器的另一个桥臂。变压器 T_1的初级串接隔直电容 C_3后接到两桥臂的中点 A、B 处。开关管 Q_1、Q_2的工作状态受 PWM 驱动脉冲控制。并接在 Q_1、Q_2两端的二极管 D_1、D_2用于变压器漏感储能的释放及能量返回输入电源的通路。变压器的副边采用具有中心抽头的线圈，以构成全波整流电路。D_3、D_4是副边全波整流电路的两个二极管，L_1、C_4构成输出滤波电容。

现对半桥变换器的工作过程分析如下。接通电源后，左边桥臂的两电容 C_1、C_2在均压电阻 R_1、R_2的均压下，各获得输入直流电压 V_{in}的二分之一。功率开关管 Q_1、Q_2在 PWM 的控制下，周期性地工作，设一个周期为 T_S，则 Q_1、Q_2导通、截止的时序如图 8-23 所示。

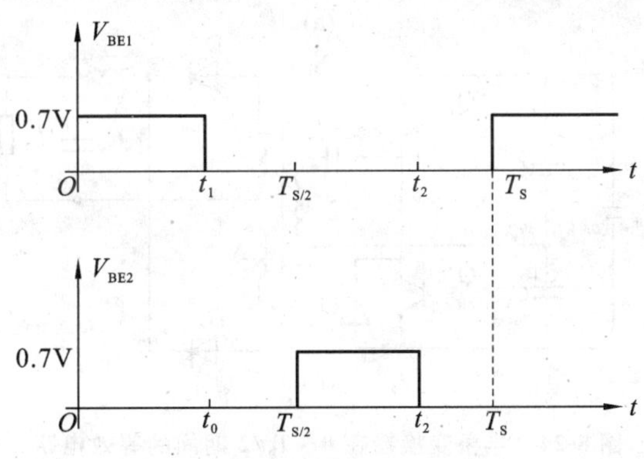

图 8-23　Q_1、Q_2在一个周期 T_S期间的工作状况

由图 8-2 可见，当 $t=0$ 时，在 PWM 的控制下，Q_1导通，此时的等效电路如图 8-24(a)所示。此时的电流回路是 C_1的上端→Q_1→C_3→n_1→C_1的下端。这意味着 C_1是作为电源向高频变压器的初级 n_1输送电能，由于电感的惯性作用，n_1两端的感生电压是上正下负，n_1中的电流从 $t=0$ 开始逐步增大；与此同时，T_1的副边两个绕阻 n_{21}、n_{22}都会产生感应电压，根据图中同名端所示，均为上正下负，这就使 D_3导通而 D_4截止。D_3导通，使 L_1中的电流逐步上升，L_1储能，并向 C_4充电，向 R_L供电，实现了电能从电源 V_{in}向负载 R_L的变换与传送。

当 $t=t_1$时，n_1中的电流达到了最大，PWM 使 Q_1截止，注意此时 PWM 并没有使 Q_2导通。在 t_1到 $T_S/2$ 这段时间，是 Q_1、Q_2都处于截止状态，这段时间又称为死区时间。此时期的等效电路如图 8-24(b)所示。此期间 n_1会感生出下正上负的电动势，通过 C_2、D_2、C_3形成泄放回路；而在输出回路中，L_1会感生出右正、左负的感生电动势，以维持 L_1中的输出电流通过 R_L，此时 n_{21}与 n_{22}感生电动势的方向都是下正上负，故 D_3、D_4同时导通，均成为 L_1的续流二极管。当 n_1中的电流趋于零时，也即在 $t=T_S/2$ 时，PWM 使 Q_2导通，半桥变换器进入了后半个周期的工作时期。

Q_2导通后的工作过程与 Q_1在前半个周期的工作过程是类似的，也是先导通，后截止，然后是 Q_1导通，新的一个周期又开始了。Q_2导通后，加在 n_1两端的电压是 C_2两端的电压及 C_3在上半个周期工作中充电得到的电压，因此流过 n_1的电流是从下向上，n_1所产生的感生电动势也是下正上负。这样一来，流过 n_1的电流下半个周期和上半个周期刚好相反，故做到了磁复位，而无须专门设置磁复位绕组。在 $T_S/2$ 到 t_2时刻(见图 8-23)Q_2导通期间，流过 n_1的电流是从下向上，并不断增大，此期间在 T_1的副边两个绕组 n_{21}、n_{22}中，感应出的电动势也是下正上负，因此，这一次是 n_{22}通过 D_4向 L_1、C_4、R_L供电，L_1、C_4储存电能，待 Q_2在 t_2时刻关断时，也即在 t_2到 T_S期间，由 L_1、C_4向负载 R_L供电。当 Q_2在 t_2时刻被关断，n_1中的剩余磁能是

通过 D_1、C_1、C_3 泄放的，C_3 此时也是泄放电能。到 T_S 时刻 PWM 又使 Q_1 导通，新的工作周期又开始了。

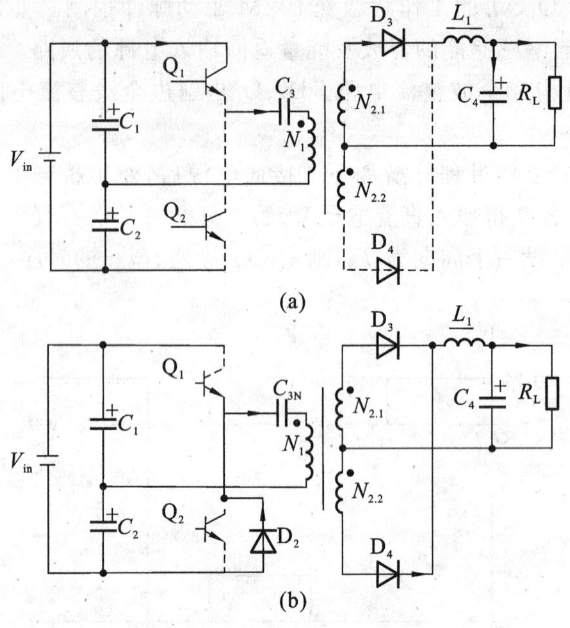

图 8-24 半桥变换器在 $0 \sim T_S/2$ 期间的等效电路

3. 半桥变换器应用举例

一个由集成控制器 MC33066 控制的半桥式隔离型 DC-DC 变换器的实用电路如图 8-25 所示。

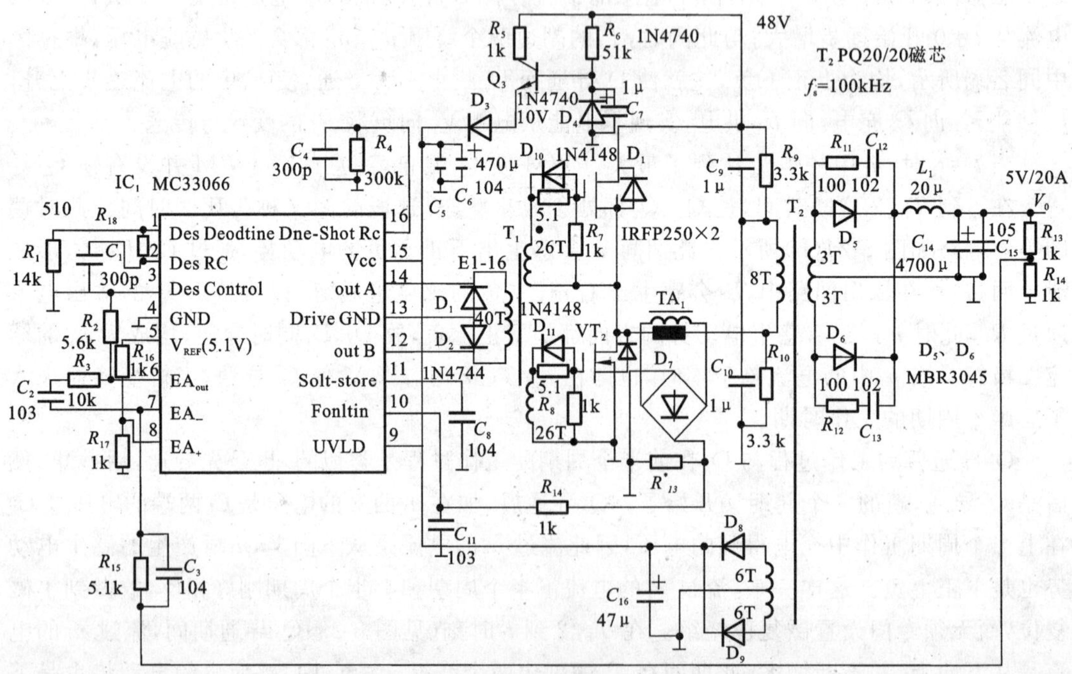

图 8-25 半桥式 DC-DC 变换器直流稳压电源

由图可以看出，主电路由 Q_1、Q_2、C_9、C_{10}组成半桥，高频变压器 T_2的初级接在两桥臂的中点，输出采用全波整流电路，输入为 48 V，输出为 5 V 20 A。

由图可以看到，在高频变压器的次边，D_5、D_6为高频全波整流二极管，与它们并联的 R_{11}、C_{12}、R_{12}、C_{13}为辅助元件，L_1、C_{14}、C_{15}组成输出滤波电路，R_{13}、R_{14}为输出电压取样电路，取样电压通过 R_{15}、C_3加到控制芯片 MC33066 的 7 脚。因此，要读懂该电路的反馈控制原理，必须查找 MC33066 的有关资料，如内部结构框图、管脚功能、应用实例等，此工作留给读者自己完成，这里不再讨论。

8.6 全桥式 DC-DC 变换器

1. 原理性电路

全桥式 DC-DC 变换器的原理电路如图 8-26 所示。

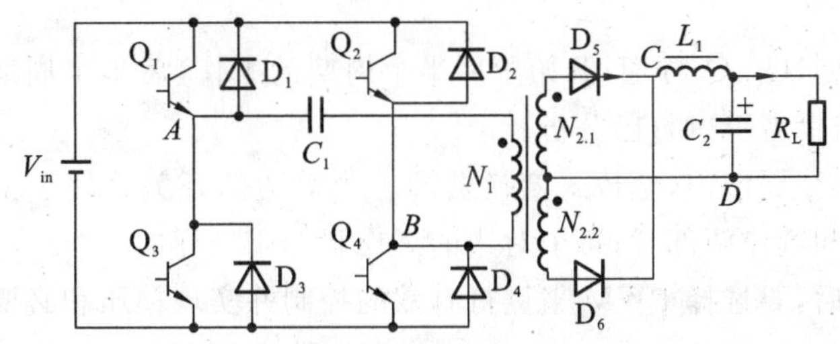

图 8-26 全桥式 DC-DC 变换器原理电路

图中，Q_1～Q_4为功率开关管，构成桥式电路。变压器的初级绕组 n_1与隔直电容 C_1串联后接在桥的一条对角线上，桥的另一对角线为直流输入电压 V_{in}。与四个功率开关管相并联的四只二极管 D_1～D_4的作用与半桥式 DC-DC 变换器中的并联二极管是一样的，用于返回能量和清除漏感产生的瞬时过电压。变压器的次级绕组与全波整流电路的结构，与半桥变换器是相同的。

2. 工作原理

下面分析全桥变换器在 PWM 的控制下的工作过程，参见如图 8-27 所示的全桥变换器开关管工作时序图。

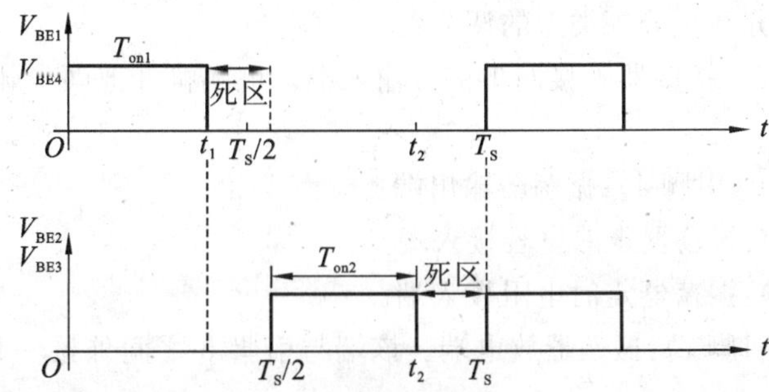

图 8-27 全桥变换器开关管工作时序图

在 $t=t_0$时刻，Q_1、Q_4导通，V_{in}加在 n_1上，忽略 C_1上的压降，$V_{AB}=V_{in}$，参见图 8-28(a)中 Q_1、Q_4导通时的等效电路。次级绕组 n_{21}产生感应电压，带同名端标志的一端为正。D_5导通，通过 L_1向 R_L供电，同时 L_1、C_2储能。

在 $t=t_1$ 时刻，Q_1、Q_4 由导通变为截止，并且在 $t_1 \sim T_S/2$ 期间 $Q_1 \sim Q_4$ 全都处于截止状态，进入所谓“死区状态”。Q_1、Q_4 由导通转变为截止的时刻 t_1 起，变压器的原边 n_1 及副边 n_{21}，还有 L_1 都要产生感生电动势，以维持原来的电流，此时的等效电路见图 8-28(b)，在原边 n_1 通过 D_2、D_3 续流，把部分能量返还给 V_{in}，同时实现磁复位；在副边，L_1 则通过 D_5，D_6 的同时导通而续流。

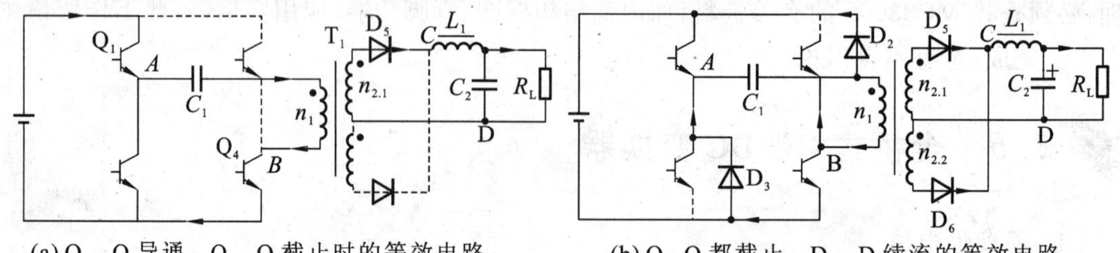

图 8-28　半周期内 $Q_1 \sim Q_4$ 开关等效电路

在 $t=T_S/2$ 时刻，Q_2、Q_3 导通，开始了后半个周期的工作，后半个周期的工作过程，与前半个周期是类似的，读者可以自己分析。

综上所述，在半个周期内，全桥式变换器的一个对边的开关管处于工作状态，而这种工作状态又分为导通和续流两部分，每个对边的工作状态是一样的。

主电路确定之后，要选择 PWM 来进行有效的控制并实现稳压和必要的保护功能。

3. PWM 控制芯片 SG3525

SG3525 是美国硅通用半导体公司(Silicon General)推出的电流控制型 PWM 控制器，即是按照反馈电流来调节脉宽的。它在脉宽比较器的输入端直接用流过输出电感线圈的信号与误差放大器输出信号进行比较，从而调节占空比使输出的电感峰值电流跟随误差电压变化而变化。

SG3525 的原理框图如图 8-29 所示。各管脚名称及功能如下。

(1) Inv. input(引脚 1)：误差放大器反向输入端。在闭环系统中，该引脚接反馈信号。在开环系统中，该端与补偿信号输入端(引脚 9)相连，可构成跟随器。

(2) Noninv. input(引脚 2)：误差放大器同向输入端，在闭环系统和开环系统中，该端接给定信号。根据需要，在该端与补偿信号输入端(引脚 9)之间接入不同类型的反馈网络，可以构成比例、比例积分和积分等类型的调节器。

(3) Sync(引脚 3)：振荡器外接同步信号输入端。该端接外部同步脉冲信号可实现与外电路同步。

(4) OSC. Output(引脚 4)：振荡器输出端。

(5) CT(引脚 5)：振荡器定时电容接入端。

(6) RT(引脚 6)：振荡器定时电阻接入端。

(7) Discharge(引脚 7)：振荡器放电端。该端与引脚 5 之间外接一只放电电阻，构成放电回路。

(8) Soft-Start(引脚 8)：软启动电容接入端。该端通常接一只 47 μF 的软启动电容。

(9) Compensation(引脚 9)：PWM 比较器补偿信号输入端。在该端与引脚 2 之间接入不同类型的反馈网络，可以构成比例、比例积分和积分等类型调节器。

(10) Shutdown(引脚 10)：外部关断信号输入端。该端接高电平时控制器输出被禁止。

该端可与保护电路相连，以实现故障保护。

(11) Output A(引脚 11)：输出端 A。引脚 11 和引脚 14 是两路互补输出端。

(12) Ground(引脚 12)：信号地。

(13) Vc(引脚 13)：输出级偏置电压接入端。

(14) Output B(引脚 14)：输出端 B。引脚 14 和引脚 11 是两路互补输出端。

(15) V_{cc}(引脚 15)：偏置电源接入端。

(16) V_{ref}(引脚 16)：基准电源输出端。该端可输出一个温度稳定性极好的基准电压。

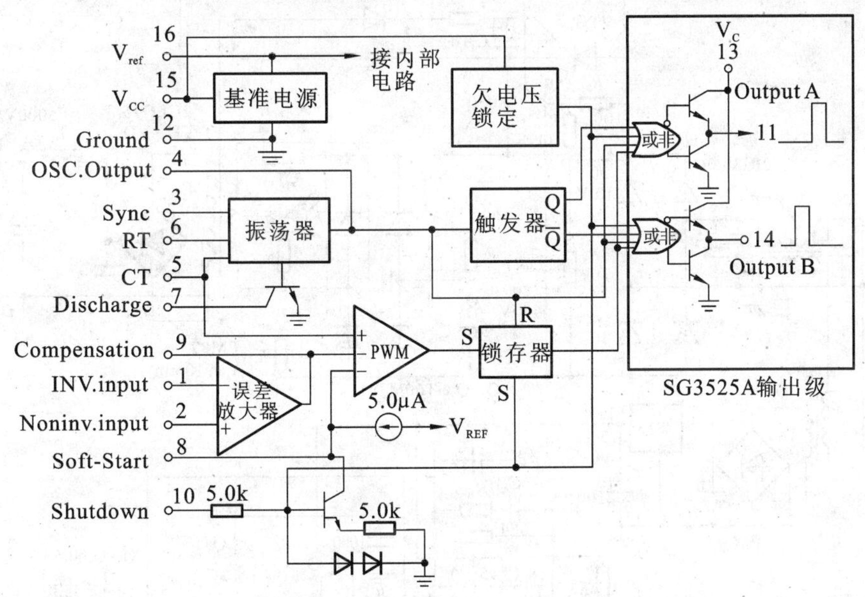

图 8-29 SG3525 内部结构及原理框图

下面结合图 8-29 说明其工作原理。SG3525 中内置了精密基准电源，并从引脚 16 输出，可供开关电源设计者使用，无须再外接分压电阻。SG3525 还具有同步功能，可以工作在主从模式，也可以与外部系统时钟信号同步，为使用者提供了极大的灵活性。在 CT(5 脚)和 Discharge(7 脚)之间加入一个电阻就可以实现对死区时间的调节功能。在 SG3525 内部集成了软启动电路，软启动的实现，只需要在 8 脚上接一个定时电容到地即可。上电过程中，由于电容两端的电压不能突变，因此 SG3525 内部 PWM 比较器的反相输入端处于低电平，比较器输出高电平(见图 8-29)，锁存器输出也为高电平，此高电平通过两个或非门加到输出晶体管上，从而使两个互补输出端 11 脚和 14 脚均为低电平输出，开关电源不工作。只有接在 8 脚的电容充电至高电平时，SG3525 才开始工作，从而使开关电源工作。

SG3525 的稳压调节过程是这样的，加在误差放大器同相输入端的是基准电压，而加在反相输入端的是输出电压的取样部分，当输出电压 V_0 因某种原因上升时，则误差放大器的输出将减小，这导致 PWM 比较器输出为正的时间变长，锁存器输出高电平的时间也变长，因此互补输出端 11 脚和 14 脚均为低电平输出的时间变长，从而使输出电压下降，实现了稳压。当输出电压 V_0 下降时，反馈控制过程刚好相反。

SG3525 具有如下特点。

(1) 工作电压范围宽：8～35 V。

(2) 内置 5.1 V 微调基准电源。

(3) 振荡器工作频率范围宽：0.1～400 kHz。

(4) 具有振荡器外部同步功能。

(5) 死区时间可调。

(6) 内置软启动电路。

(7) 具有输入欠电压锁定功能。

4. 应用举例

一个主电路采用全桥式变换器,控制芯片为 SG3525 的开关电源如图 8-30 所示。

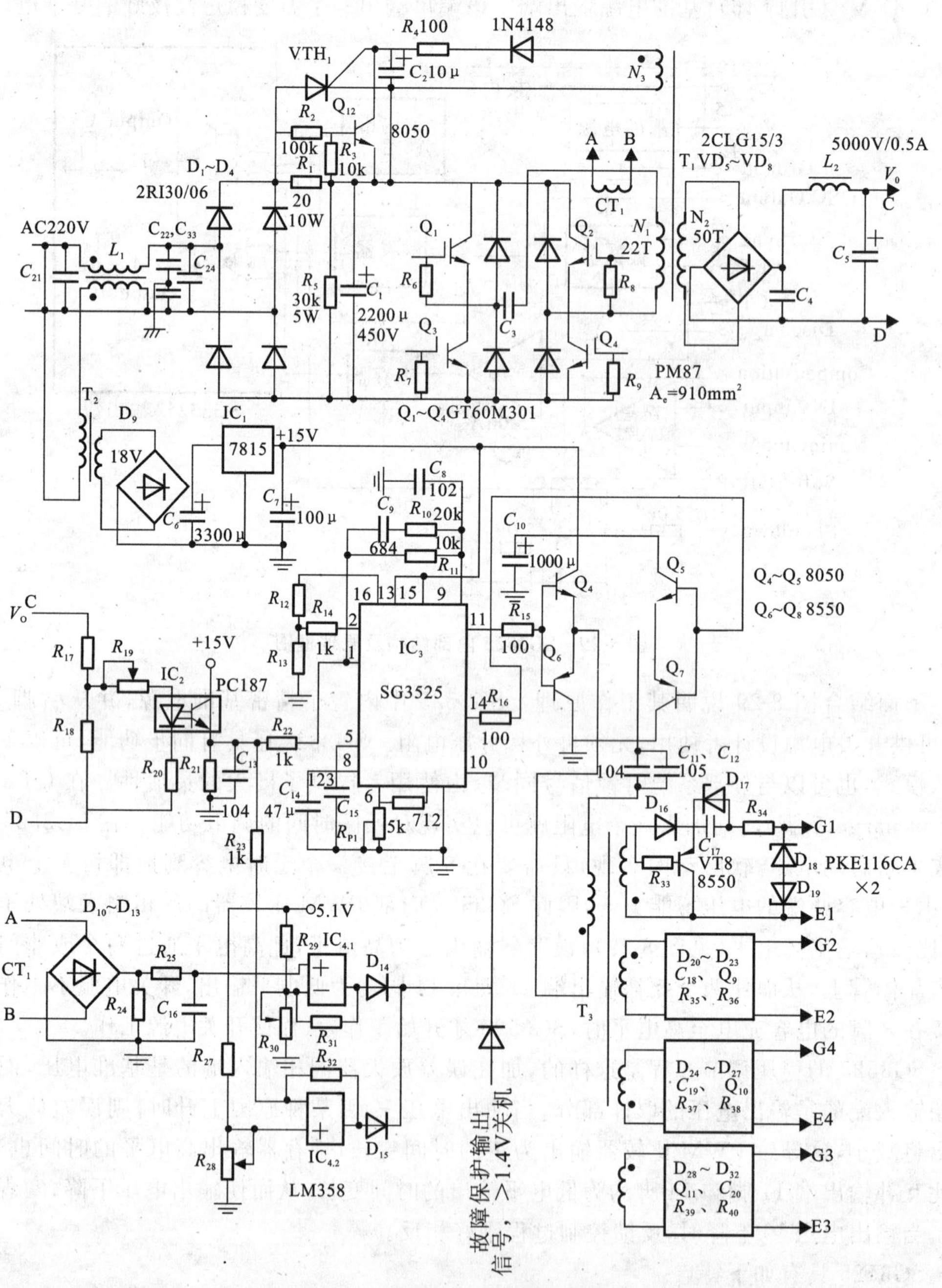

图 8-30 输出为 5 000 V/0.5 A 的开关电源

由图可以看出,Q_1~Q_4 就是构成全桥的四个功率开关管。交流 220 V 电压经 L_1 和 C_{21}~

C_{24}组成的输入滤波器后，由 $D_1 \sim D_4$ 组成的桥式整流电路进行整流，为变换器提供直流供电电源。串联在供电回路中的电阻 R_1 和 VTH_1、n_3、R_2、R_3、R_4 等元器件构成防冲击电流的软启动电路。其中，C_2、Q_{12} 是用于断电后再接通时防止 VTH_1 导通而使软启动失败。

与 n_1 串联的 C_3，是隔直电容，可以防止高频变压器因直流磁化而饱和。

在高频变压器 T_1 的副边，输出整流电路采用桥式全波整流，用 4 只 15 kV/3 A 高频高压整流二极管。由于副边为高压输出，因此对变压器的制作工艺有特殊要求，常采用多槽绕制、每个槽承受约 400 V 电压，一、二次侧套构绕线架的方法。

由变压器 T_2 及其后续电路 7815 构成 15 V、1.5 A 的直流稳压供电电源，为低压控制电路供电，实际上为一辅助电源。

开关电源的控制芯片采用 SG3525，SG3525 的内部结构和工作原理及管脚功能在 8.5 节已作介绍，结合 8.5 内容，不难读懂这部分电路的工作原理。SG3525 从其 11、14 脚输出的互补 PWM 信号，经过 $Q_4 \sim Q_7$ 及 T_3 的原边构成桥式推挽放大电路，T_3 的副边有四个绕组输出，分别驱动全桥中的四只功率开关管 $Q_1 \sim Q_4$①。开关频率由电位器 R_{P1}（接在 SG3525 的第 6 脚与地之间）调整。

CT_1 是接在高频变压器原边的电流互感器，由其检测出的信号经桥式整流滤液后送至运放 LM358 单元 IC_{41} 之同相输入端，IC_{41} 的反相端加入了 SG3525 输出并由 R_{29}、R_{30} 分压后的基准电压。

当流过 n_1 的电流过大时，CT_1 在 AB 两端的电压变高，此电压经 $D_{10} \sim D_{13}$ 桥式整流和 R_{25}、C_{16} 滤波后，变成直流电压送到 IC_{41} 的同相输入端，此电压和基准电压比较后，输出电平经 D_{14} 送到 SG3525 的第 10 脚，可决定是否关断开关电源。调节电位器 R_{30}，可决定最大电流保护值。

运算放大器 IC_{42} 则构成限流、限压保护。当过流出现时，输出电压会有所下降，经 R_{17}、R_{18} 分压，光电耦合器 IC_2 隔离传输至 IC_{42} 的反相输入端，IC_{42} 同相输入端加入的是来自 SG3525 的基准电压 5.1 V 经 R_{27}、R_{28} 分压后的参考电压，当反相端电压低于同相端的参考电压时，IC_{42} 输出高电平，从而关断 SG3525 的 PWM 输出脉冲。因此，无论是 IC_{41} 还是 IC_{42} 输出高平电，均可实现过流保护。

该开关电源的稳压过程是这样实现的：输出电压 V_0 经 R_{17}、R_{18} 取样后，加到 IC_2（PC187）的输入级，经隔离传输后，IC_2 的输出信号经隔离电阻 R_{22}，加至 SG3525 的 1 脚，即 SG3525 内部误差放大器的反相输入端（参见图 8-29），而内部误差放大器的同相输入端，即 SG3525 的 2 脚，是加入的基准电压 5.1 V 经 R_{12}、R_{13} 分压后的参考电压。误差放大器的输出是加到了 PWM 比较器的反相输入端（参见图 8-29），因此，当输出电压 V_0 因某种原因上升时，则误差放大器的输出将减小，这导致 PWM 比较器输出为正的时向变长、锁存器输出高电平的时间也变长，因此 SG3525 的互补输出端 11 脚和 14 脚均为低电平输出的时向变长，从而使输出电压 V_0 下降，实现了反馈调控稳定输出电压的过程。当输出电压 V_0 因某种原因下降时，反馈控制过程刚好相反。

思考题与习题 8

8.1

1. 画出无工频变压器开关电源的原理框图，简要说明各部分的作用。

---

① 在图 8-30 中，有两个 Q_4，标号重了，注意区别，不会影响读图。

2. 画出逆变电路的原理框图，说明其工作原理，举例说明其应用场合。

3. 隔离型 DC-DC 变换器和非隔离型 DC-DC 变换器的主要区别在什么地方？两者的应用场合有何不同？

8.2

1. 画出单端反激式 DC-DC 变换器的主电路，说明其工作原理，给出 U_0 与 V_i 的关系式。

2. 有文献说，单端反激式变换器是在非隔离型升压-降压直流变换器的基础上，增加了高频变压器演变而来，因此，它们的输出电压、输入电压之间的关系式也是类似的，只是增加了一个变压比而已。试分析这种说法有道理吗？

3. 复习"模拟电子技术"、"高频电子线路"课程中的正弦波振荡器，将其与自激型反激式 DC-DC 变换器的基本电路相比较，有何异同点？

4. 画出 JC820 型手机万能充电器的电路原理图，叙述其工作原理，并说明每一个元件的作用。

5. 在图 8-4 中，如果有某一个元件没有焊好，如 D_1 的一端没有焊好，是假焊，将会出现什么现象？先作理论分析，再作实验检验。依次分析每一个焊点是假焊时将分别出现何种现象。

6. 在图 8-4 中，采取了几种稳压措施，分别进行以说明。

7. 为了节约成本，能否对图 8-4 进行简化，但又能基本保持原有的充电功能，进行你的简化设计并作实验。

8. 复习电子技术有关单稳态触发器和双稳态触发器的基本概念和基本电路，查找由晶体三极管组成的单稳态触发器和双稳态触发器的基本电路，以及相应的集成电路资料，研究它们的典型应用。

9. 上网搜索有关 topswitch 器件的资料，到电子市场询问 TOP221 的价格。买一片 TOP221，按图 8-10 所示做一个开关电源试试。

10. 在开关电源中，为什么只能使用线性光耦，使用时要注意些什么？市场常常遇到的 4N××系列光耦是线性光耦吗？

8.3

1. 为什么在单端正激式 DC-DC 变换器的高频变压器中要增加一个磁复位绕组？

2. 详细分析图 8-13 中，是如何实现反馈控制稳定输出电压的。

3. 上网搜索 TL431 和 TLV431 的原文资料，比较二者的异同点。

8.4

1. 有文献说："推挽变换器相当于两个正激变换器的组合，两个变换器轮流互补工作"，这种说法对吗？为什么？给出你的分析。

2. 推挽变换器的缺点是存在直流偏磁现象，产生这种现象的危害性是什么？如何避免？

3. 查找适合于推挽变换器的集成电路控制芯片（至少找到一片）。

8.5

1. 桥式整流电路和桥式变换器有哪些异同点？对二者作一个全面的比较。

2. 在半桥式变换器原理性电路图 8-22 中，隔直电容 C_3 的作用是什么？如果将 C_3 去掉，半桥变换器能否正常工作？

3. 画出半桥变换器在 $T_S/2 \sim T_S$ 区间工作时的等效电路。

4. 查找半桥变换器的应用实例，读懂该实例的电路图，对其工作过程进行解说。

5．查找 MC33066 的有关资料，根据该资料对图 8-25 所示的半桥式 DC-DC 变换器稳压电源的工作原理作详细的解说。

8.6

1．全桥变换器和半桥变换器的区别在什么地方？各有什么优缺点？

2．全桥变换器的工作时序图与半桥变换器的工作时序图有无本质区别？

3．画出全桥变换器在后半个周期内工作时的等效电路，描述电路工作的过程。

4．查找用全桥变换器制造的开关电源电路原理图，描述其工作原理和工作过程。

第9章 无线话筒

在舞台演出中，经常会用到无线话筒。本章就来介绍一种简易实用的无线话筒的工作原理。

9.1 无线话筒的电原理图

一个简易实用的无线话筒的电路原理如图 9-1 所示。

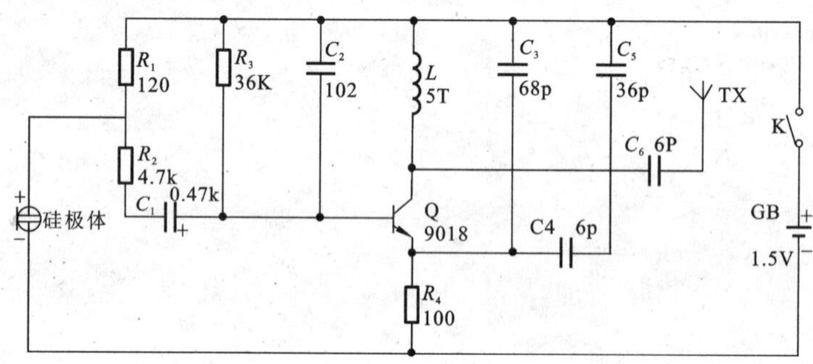

图 9-1 简易无线话筒的电路原理图

首先对原理图中各元件的作用解释如下。高频三极管 Q 是图中唯一的有源器件，由它产生高频正弦振荡，并且该高频正弦振荡的频率将被由驻极体话筒传送过来的音频信号调制，即实现调频，调频信号经 C_6 耦合到天线 TX 上，由 TX 向外发送，调频接收机收到调频信号后，经过一系列的信号处理，会还原出原来的声音。

Q 的静态工作点是由 R_3 和 R_4 决定的。

其静态工作点的计算如下。由图 9-1 可得

$$R_3 \cdot I_B + V_{BE} + (\beta+1) I_B \cdot R_4 = 1.5$$

于是，可得静态工作点为

$$I_B = \frac{1.5 - V_{BE}}{R_3 + (1+\beta) R_4}$$

$$I_C = \beta I_B$$

$$V_{CE} = 1.5 - (\beta+1) I_B \cdot R_4 \tag{9-1}$$

由上述结果可以看到，Q 的静态工作点与自身的放大系数 β 有关。因此每次做实验时，应记下 Q 的 β 值，观察、分析 β 值与实验结果之间的关联程度。

设 Q 的 β 值为 110，$V_{BE}=0.78$ V，代入上述各式，可分别求得静态工作点为 $I_B=49\ \mu$A，$I_C=5.39$ mA，$V_{CE}=0.956$ V。

Q 的静态工作点确定之后，Q 应构成一个正弦波振荡器，仔细分析图中各元件的参数可知，对于高频振荡信号，Q 构成一个共基极放大电路，在满足相位和振幅平衡条件后，形成高频正弦波的振荡。

为什么说 Q 是共基极放大电路呢？

从图 9-1 中可以看到 C_2 是连接在 Q 的基极和电源正极之间的，对于高频振荡频率

98 MHz来说①，C_2 的容抗为

$$X_{C2}=\frac{1}{\omega C_2}=\frac{1}{98\times10^6\times2\pi\times1\ 000\times10^{-12}}\ \Omega=1.626\ \Omega$$

可以认为 C_2 是短路的，因此 Q 的基极和电源的正极接通，对于交流信号来说，电源的正极和负极都是交流地，因此 Q 是一个以共基极放大电路为基础的 LC 并联谐振的正弦波振荡器。画出 Q 的高频小信号等效电路如图 9-2 所示。

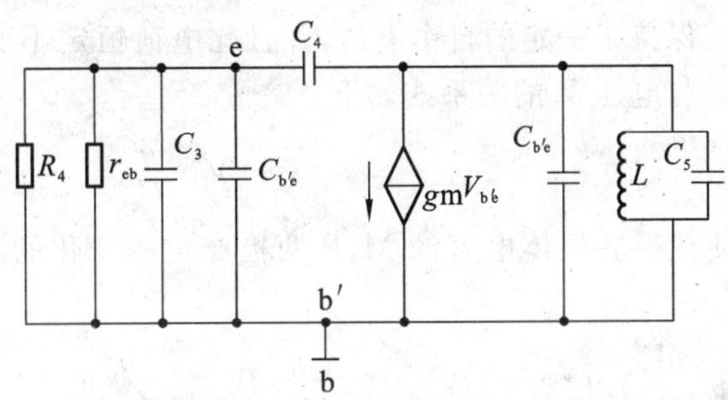

图 9-2　Q 的高频小信号等效电路

图中，r_{eb} 为三极管 9018 的共基极输入电阻，根据前述的静态工作点，可以求出三极管的共射极输入电阻为

$$r_{be}=r_{bb}'+(1+\beta)\frac{26\ \text{mV}}{I_E}=\left(200+\frac{26}{0.049}\right)\Omega=731\ \Omega$$

故
$$r_{eb}=\frac{r_{be}}{1+\beta}=\frac{731}{111}\ \Omega=6.6\ \Omega$$

图 9-2 中 b′是三极管基区中的一点，它是在研究三极管的高频小信号模型及频率参数时，为了分析方便而虚拟的基区内的等效基极，r_{bb}' 表示基区体电阻，在分析共基极放大电路的高频响应时，r_{bb}' 可以忽略不计，故 b′、b 可以等效为一点。这样一来，在图 9-2 中，振荡频率决定于 L、C_5 和极间电容 $C_{b'c}$，其公式为

$$f_0=\frac{1}{2\pi\sqrt{L(C_5+C_{b'c})}}$$

式中：C_4 是反馈电容。当 C_4、C_3 满足一定条件时，便可产生高频正弦振荡。

再来分析图 9-1 中驻极体话筒产生的音频信号，经驻极体内的场效应管放大后，通过 C_1 加到振荡管 Q 的基极-集电极之间，从而使 $C_{b'c}$ 发生变化，$C_{b'c}$ 的变化，使得高频振荡频率随音频信号的变化而变化，从而实现了调频。

关于驻极体话筒的工作原理，在下节将进行简要分析。

 9.2　驻极体微音器(话筒)的外特性、结构和工作原理

驻极体微音器(话筒)是一种常用的声电转换器件，具有体积小、电声性能好、价格低等优点，广泛应用于各种需要使用微音器的场合。

从电子工程师的角度来理解，驻极体微音器的结构由一只驻极体电容和一个结型场效应管组成。其电路结构示意图如图 9-3 所示。图中，M、P 是驻极体电容的两个极板、极板 M

① 该无线话筒的调频波载波范围是 88～108 MHz。

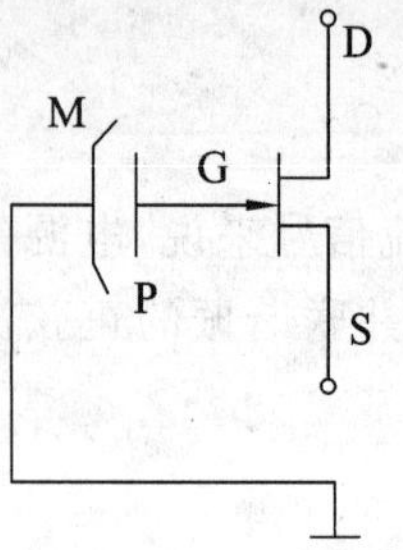

图 9-3　驻极体话筒的电路结构示意图

是蒸发在塑料薄膜上的一层金属薄膜，并且与话筒的外壳相连。电容的另一个极板 P 和结型场效应管的栅极 G 相连，因此驻极体话筒可有三根外接引线，分别为场效应管的漏极 D、源极 S，以及外壳。外壳通常用接地符号表示，在电路中应该接最低电位点。

驻极体电容是声电转换器件，当声波推动塑料薄膜振动时，驻极体电容的电容量会发生改变。但是，预先用高压电场在驻极体上保持了一定的自由电荷，并且此电荷恒定不变，则其电容 C、电荷 q 与电压 V 的关系式如下。

$$V=\frac{q}{C} \tag{9-2}$$

当 C 发生变化时，便使得驻极体电容的 M、P 两极产生了变化的电压。对式(9-2)两边求导可得

$$\frac{\mathrm{d}V}{\mathrm{d}C}=q\cdot(-1)C^{-2}=-\frac{q}{C^2},\mathrm{d}V=-\frac{q}{C^2}\mathrm{d}C$$

由上式可知，电容量的变化，会产生电压的变化。由于驻极体电容量很小，一般为几十皮法，其输出阻抗很高，可达几十兆欧，因此在驻极体电容之后接了一只结型场效应管与之匹配，以便放大由声波转换而成的电压信号。因此，由以上分析，并结合图 9-3 可知，由声波转换而来的微弱的声音电信号通过驻极体电容的两极板，加在了场效应管的栅极 G 和地之间。至于如何将此信号经场效应管放大器放大，即场效应管工作于何种方式，有如下两种不同的方法。

1）场效应管接成共源极放大器

场效应管接成共源极放大器时驻极体话筒将场效应管的源极 S 与外壳接通，驻极体话筒和外电路的连接电路原理图如图 9-4(a)所示。

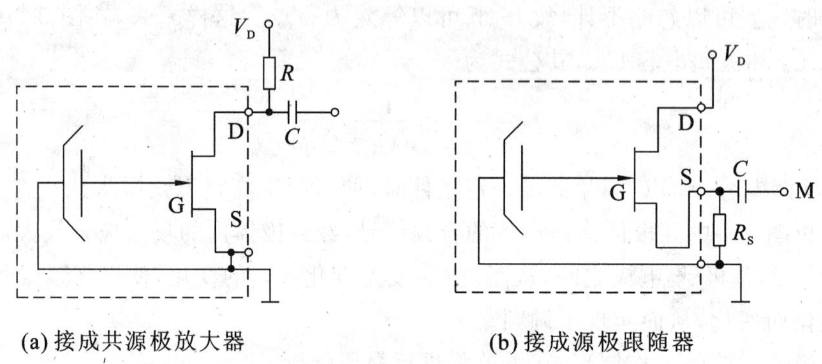

(a) 接成共源极放大器　　(b) 接成源极跟随器

图 9-4　驻极体话筒的两种接法

图 9-4(a)中，虚线框代表驻极体话筒，话筒对外只有两个端子，分别为结型场效应管的漏极 D 和源极 S，并且源极 S 是与外壳连通的，很容易判别。声音信号(音频信号)从漏极输出，经电容耦合到下一级放大器。这种连接方式的优点是增益大，话筒的灵敏度高；缺点是动态范围小。实际应用中，此种接法使用较多。

2）场效应管接成源极跟随器

场效应管接成源极跟随器时的电路原理图如图 9-4(b)所示。虚线框内为驻极体话筒，此时话筒对外有三个引出端，分别是场效应管的漏极 D、源极 S，以及驻极体电容的 M 极。电阻 R_S 为外接的源极电阻，C 为耦合电容器，通过 C 将音频信号接到下一级继续放大。

这种接法的优点是输出电阻小，电路工作稳定，动态范围大；缺点是输出信号比漏极输出小。

思考题与习题 9

9.1

1. 题图 9-1 所示为一改进型无线话筒，试说明各元件的作用及整机的工作原理。

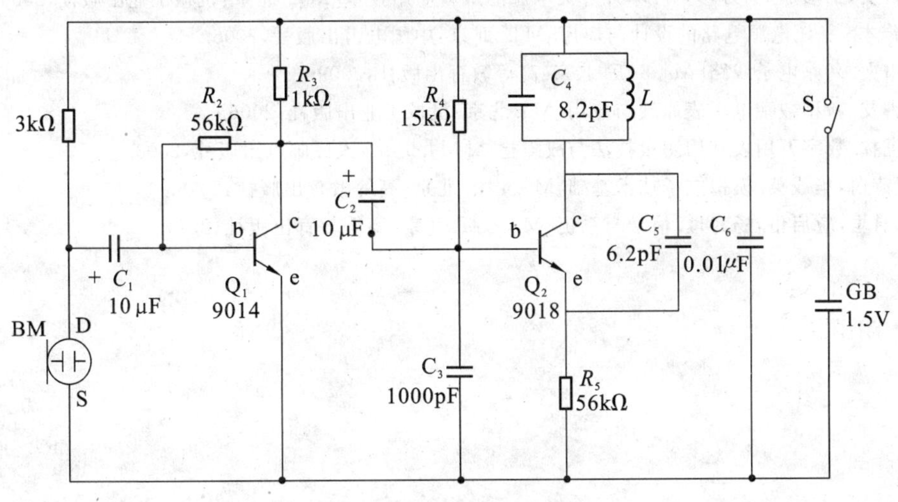

题图 9-1　改进型无线话筒电原理图

2. 在题图 9-1 中如果将驻极体话筒的两个极接反了，将会出现什么现象，为什么？

9.2

1. 查找驻极体话筒的有关资料，详细说明驻极体电容的结构和声电转换原理。

参 考 文 献

[1] 李定宣,丁增敏.开关稳定电源设计与应用[M].2版.北京:中国电力出版社,2011.

[2] 周志敏,周纪海,纪爱华. 开关电源实用技术[M].2版.北京:人民邮电出版社,2007.

[3] 杨恒. 开关电源典型设计实例精选[M]. 北京:中国电力出版社,2007.

[4] 侯振义.直流开关电源技术及实用[M]. 北京:电子工业出版社,2006.

[5] 沙占友,王彦朋,周万珍,等.单片开关电源的最新应用技术[M]. 北京:机械工业出版社,2006.

[6] 何希才. 稳压电源电路的设计与应用[M]. 北京:中国电力出版社,2006.

[7] 张肃文.高频电子线路[M].5版.北京:高等教育出版社,2009.

[8] 沙占友.新型数字电压表原理与应用[M].北京:机械工业出版社,2006.

[9] 杜虎林.数字万用表实用测量技法与故障检修[M].北京:人民邮电出版社,2003.

[10] 童诗白,华成英.模拟电子技术基础[M].4版.北京:高等教育出版社,2006.

[11] 郑君里,应启珩,杨为理.信号与系统[M].3版.北京:高等教育出版社,2011.